JN146865

# これでよいのか！インフラ専門技術者

―大修繕時代をどう生き抜くか―

髙木 千太郎

ぎょうせい

# はしがき

早稲田大学名誉教授である依田先生と私が執筆した『橋があぶない』を出版してから8年が経過した。『橋があぶない』の副題は、「～迫り来る大修繕時代～」である。『橋があぶない』では日本が抱えている喫緊な課題、社会基盤施設の高齢化と脆弱化が急速に進む現状を解説し、今すぐにでも対処することの必要性を声高々に訴えた。しかし、『橋があぶない』を多くの方にお読みいただき危機感は十分に伝わったと思っていたにも関わらず、残念ながら私が最も危惧していた悲惨な大事故が起こってしまった。それは、中央自動車道路・笹子トンネル天井板落下事故だ。笹子トンネル天井板落下事故は、道路橋とは構造が全く異なってはいるが事故原因が明らかになればなるほど、起こるべくして起こった事故とも思えるのは何故であろう。

その理由の第一は、社会基盤施設に関連している多くの人々、特に技術者が維持管理が重要であることを口では唱えていても、実態は大きく異なっていた落差にある。第二には、数多くの技術者が海外に行っているにも関わらず、視野を広くし、これから起こるであろう大事故に繋がる「綻び」を学ばなかったことにある。しかし、不思議なことだ。関係技術者の注意しているポイントの隙間を狙うようにトンネルの天井板が落下するとは。それも、ＮＥＸＣＯ中日本が管理する道路で事故が起こったから影響は大きい。地方自治体管理のトンネルで同様な事故が起こったと仮定して考えてみると、トップニュースになったかもしれないが、国を動かすような事態には至っていなかったであろう。その理由は、起きてはならない、いや、起こしてはならない専門技術者集団として呼び名が高い高速道路会社の事故だからだ。

２００７年8月に起こったミネソタ州・ミネアポリスの高速道路崩落事故は世界を震撼させ、日本の専門家もミネアポリスを訪れ種々な調査を行っている。当然、事故の教訓を生かし、お決まりの有識者会議からの提言、国は何とかメンテナンスへの舵を切ろうと取り組みを開始はしたが、その後の急降下するモチベーションには寂しい限りであった。メンテナンスの笛は吹けど、肝心の組織が踊らずの状態が当時の日本だと思う。行政組織である国、地方自治体、高速道路株式会社は建設の夢を追い、ゼネコンやファブリケータ、コンサルタントが儲け主体で動き、教育機関は後追い的なメンテナンス教育を机上の空論で行う状態では、笹子トンネルの事故は起こるべくして起こったと言われても、反論ができない。私は歯がゆい、非常に残念である。課題解決の方法は、インフラを造り続けなければ日本は成り立たない、と考えている官民の主導者を洗脳しない限り、最悪のストーリーに進む道は変わらない。

私は、今から3年ほど前から機会あってネット上で『これでよいのか専門技術者―分かっていますか？　何が問題なのか―』を毎月連載している。ネットで私の連載を読まれた方々の反応は、連載開始当初はほとんどなかったが、連載が1年を越えるあたりから反響が出始め、「髙木さん、読んでいるよ」「よくあんなに書くことあるね」などと声を掛けられる機会も増えてきた。今回、1冊の本に取り纏めようとした動機は、私が知り得た多くの情報や経験をより多くの人々に知っていただき、1日も早く日本の建設主体の体質を変え、縦割り社会を切り崩したいと思ったからだ。そのため、連載時に書ききれなかった部分を加え、ネットで読まれた方や初めて読まれる方にも、私の真意が伝わるように可能な限り分かり易く執筆したと思っている。私の訴えたい趣旨を多くの方々、特に構造物に関係する方々に知っていただき、国内外に再び悲惨な事故が起こることの無いような社会へと移り変わって貰いたい強い思いである。

2018年1月

髙木　千太郎

# これでよいのか！ インフラ専門技術者 ◆目 次◆

# 序章

今回、機会あって国内の技術者に私の思いを取り纏めて出版することになった。付けたタイトルは馴染み深い『これでよいのか！　インフラ専門技術者』副題が（大修繕時代をどう生き抜くか）である。タイトルを見て読んでみようと思った人は、「日本のインフラにはおかしなことばかり起こるな、何故か」と思っていた人であり、読みたくないと思った人は、「今更、社会を変えるなんてとても無理」と無関心を決め込んだ人と思う。

さて、本書のタイトルの一部として使った『専門技術者』であるが、ノーベル賞を授与されるようなトップレベルの技術者においては、２０１６年生理学・医学賞を受賞された大隅先生の言葉を借りると、ここ数年は世界をリードする立場でいられるとの事だ。一方、ハイレベルでなく、私のような実務を担う技術者、ピラミッドの頂点ではなくその下、裾野として広がり底辺を支える技術者はどうであろうか？

新聞やテレビなどで報じられる話題の多くは、国内外に自慢できるような話は稀有で、聞きたくも見たくもない恥ずかしい話がやたらと多い。特に、国内の技術者、それも私を含めたインフラに関係する技術者に対する国民の信頼が限りなく堕ち込んできている。その理由は、住民の生活や命を脅かす事故の多発と専門技術者に関連する不祥事の尽きないことにある。本書は、国内の社会基盤施設、特に道路橋を主としての維持管理を中心に今すぐに考えなければならないポイントを行政技術者の視点で取り纏めてみた。

私が専門とする国内の道路橋は、２０１４年度（平成26年度）から、5年に1度の頻度で近接目視による『橋梁定期点検』を行うことを法制度化した。国が公表した平成29年8月のメンテナンス道路年報によると、道路橋は約54％、道路トンネルは約47％、道路附属物は約57％の点検完了となっている。道路メンテナンス年報には、参考として橋梁の現状が示されている。それも道路橋の管理実態を日本と米国と対比した資料で、グラフまで添付されている。日本は、管理道路橋数が約73万橋、米国は約61万橋、管理橋数が多いという現状を紹介したとは思えない。前年度の資料には「米国と比較しても、日本の市町村管理の橋梁が極めて多いことが特徴です。」とご丁寧にアンダーラインまで引いている。これを見た人々は、日本は市町村に大きな負担を強いている、可哀そうだと感じてほしいのかとも思える。しかし、米国と日本には道路橋管理の考え方が大きく異なっていることを知っている人は少ない。米国・連邦政府が直接管理する道路は、ワシントンと国立公園内のみであるし、多くの主要幹線は州が管理し、郡や市が管理する数は少ない。また、道路に対する補助率も大きな差異がある。日本の場合、交付金事業の補助率は55％と地方自治体が残りの45％を負担しなければならない。しかし、米国の場合、州や郡及び市への補助率は80％、残りの20％を負担すればよく、州は郡や市に10％補助していることから郡や市は僅か10％の負担で済む手厚い体制が実態だ。ここで管理橋数や措置が必要な橋梁数を考えると、国の補助率を見直すことが急務と考えるが如何か。

これから少子高齢化社会が到来する。いずれ日本の総人口は一億人をきることは確実ともいわれている。このように急速に変化する社会において、これまでのようなスクラップアンドビルドの考えは通用せず、既存施設の長寿命化、維持管理コストの縮減、施設の統合と廃棄など社会基盤施設にとって冬の時代が到来することになる。国民が納める税金も右肩下がりとなり、地方自治体、特に市町村の財政状況は厳しくなることは確実だ。しかし、国内で起こっている社会基盤施設に発生する種々な変状事例を見ると、安全を守る措置に必要な費用が下がるとはとても思えない。社会基盤施設の現状や厳しい財政状況を考えると、我々技術者の目標は何処にあるのか霞んで見えないばかりか、例え、それがあったとしても目標地点への到達は限りなく遠く、険しい道のりであると感じるのが昨今なのだが。それでは私の知り得た事例から何が問題か、解決策は何かを考えてみることにしよう。

# 第1章 現場で何が起こっているのか？

現場に出ることが重要だと産官学を問わず多くの場で言われ、耳にする機会が多々あるが、現場とは何で、何故現場に出ることが必要なのかを事例を挙げて説明しよう。まず、現場とはである。私のような技術者がよく発言する古き良き時代とは異なって、仕事の多くは分業化が進んでいる。ここで、実際に供用開始した直後の道路橋を事例に起こっている変状を見てみよう。事例は、橋長約５５７ｍの鋼床箱桁形式の橋梁と橋長約４６１ｍのアーチ・ローゼ形式の橋梁である。重大な問題を抱えているこれらは、国内に架かる種々な道路橋と同様で何ら特殊な事例ではない。一つは、渋滞箇所として毎朝のように報道される交差点の道路を跨ぎ短期間に建設した市街地の鋼橋、もう一つは美しい外観とシンボル性を重視して広幅の一級河川を横断して建設した田園地域の鋼橋である。問題の箱桁橋は、供与開始2年後に調査したところ、箱桁に取りつく伸縮装置取付けボルト部からの漏水で既にボルト及び端部の腐食が始まっていた。また、鋼桁添接部からの空隙からこれも雨水が浸入し、同様に腐食が始まっていた。短期間に建設することは使命であることかもしれないが、長期的な耐久性から考えればこのような変状の発生は許されることではない。箱桁の中を点検する必要性を感じていても、定期点検時にマンホールを開けて中に入り込む点検を行っている組織は数少ないのが実態であることをまずは考え、設計・施工すべきなのだが。もう一つの大きな問題は、添接部分の空きの不揃いも問題であるが（写真-1・1参照）、35㎜以上の空きを許容したことにある。鳥が入り込むのは時間の問題であり、最悪の事態が起こる結果は目に見えている。

ローゼ形式の橋梁はより大きな問題を抱えている。この橋の場合もご多分に漏れず、箱桁内は水抜き穴が機能せずに滞水し、箱桁内面の下部は全面点さび状態にある。問題は、アーチ部の吊りケーブル取付け座金やナットの緩みと欠損が既に発生していることにある（写真-1・2参照）。設計時の考え方からすれば、ボ

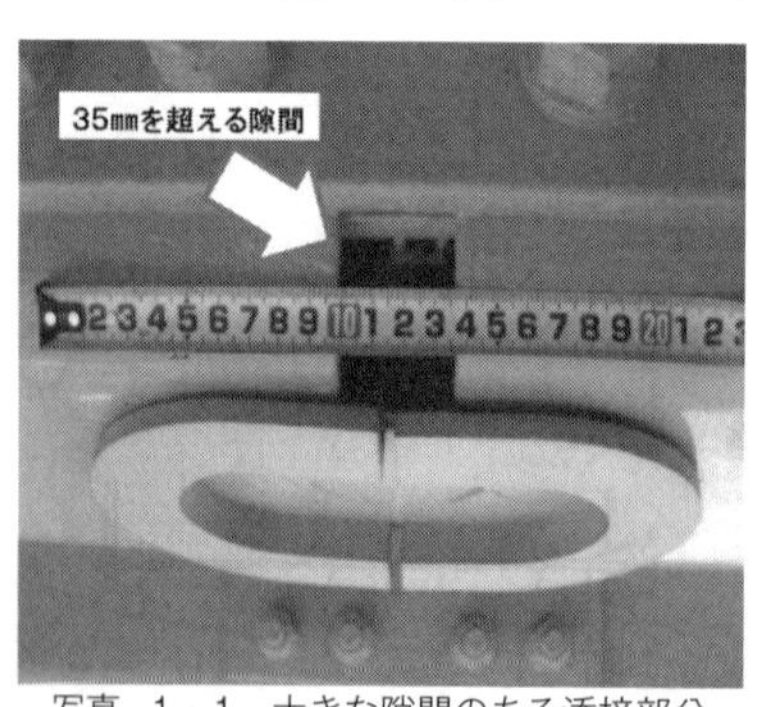

写真 -1・1　大きな隙間のある添接部分

ルトは通常緩まないとの考え方が一般的であるが、現実は違っている。これは、考えられないような振動が発生しているか、ケーブル張力のバランス差から発生している可能性もある。

このように、供用開始した直後の新橋でもここにあげたような変状が起こっているのが現実なのだ。いずれの変状も橋梁が架かっている現地、ある時は桁下から見上げることが必要かもしれない。またある時は、マンホールを開けて暗い箱桁の中を這いずり回らなければならないかもしれない。しかし、このような地道な行動が無ければ、発生する変状を早期に見つけ出すことは困難と言い切っても誤りではない。技術者は面倒がらずに、汚れるのを嫌わずに現場に出向いてなんぼの世界であることを忘れてはならない。ここで示したような事実が報道などで明らかとなると、行政技術者の責任であるのか、それとも工事を受注した施工会社の責任であるのかとの二者択一的問題解決法のお決まり議論となる。同様な問題は、これまでも多く発見され、その都度品質確保を唱え、監督体制を十分にし、責任施工を徹底して今がある。昔も今も何も変わってはいない。しかし、昨日も、今日も、そして明日も同様な将来必ず重要な問題となる事象が必ず起こると私は考えている。何が問題なのかを、どうすればこのような問題が起こらないようになるかを考えてほしい。

写真-1・2　吊ケーブル取付ナットの緩み

## 1. メンテナンスに舵を切れ・変わったのか日本

中央道・笹子トンネル事故を契機に種々な施策が国を中心に展開され、その一つが道路橋を対象とした『道路メンテナンス会議』である。これは、国土交通省の各地方整備局単位で組織され、道路橋など道路施設の安全・安心を国民に提供する大きな役割を担うはずであった。そこで『道路メンテナンス会議』が本当に機能しているかについて、私の感ずるところを述べ、考えてみよう。

## (1) 道路メンテナンス会議の役割は何だったのか？

『道路メンテナンス会議』とは、種々な道路施設を計画的、効率的・効果的に維持管理、補修・補強、更新等を行うために、都道府県単位で設置されている。各道路管理者は、相互に連絡調整し、協力して情報の共有や発信を行うことで点検・診断や修繕計画等の調整、技術基準類の理解、技術の研鑽、技術的支援等を促進する等、道路施設の予防保全・老朽化対策を強化することを目的としている。

具体的な取り組み内容は、第一は、道路橋梁等の点検・診断等に関して、社会的に影響の大きな路線や構造が複雑な施設等について、必要があれば国の職員等から構成される『道路メンテナンス技術集団』を当該組織に派遣し、『直轄診断』を行い、支援結果等を記録して残すなど、技術的支援の体制や制度を構築するとしている。その際、財源の不足については、財政的支援も含めて国がバックアップする体制だ。

第二には、高度の技術を要する橋梁等の緊急的な修繕・更新については、地方自治体に代わって国による業務の代行制度の活用も準備する。さらに、重要性、緊急性の高い橋梁等は、利用状況を踏まえた集約化・撤去を進めつつ、必要に応じて、国や高速道路会社等が定期点検や修繕等を代わりに行うとした国を中心とした手厚い補助体制を敷く。対象となるのは、高速道路などの幹線道路ネットワークや新幹線等の主な鉄道ネットワークに架かる橋梁等としている。

第三には、メンテナンス体制を強化するため、地方自治体の職員や民間企業の社員も対象とした研修を充実し、専門技術者の育成をも行う考えだ。

第四は、好ましい請負契約状態となっていないメンテナンス関連業務の発注において、地域単位での一括発注や複数年契約など効率的な方式を導入するとし、従来の契約制度変更をも行おうとしている。

ここで示す国の支援体制は、メンテナンスの現状を知らない人々から見れば、国内の道路管理体制は完璧となり、安全・安心は確実に提供されると考える人々が多くなるかもしれない。しかし、施策の発表から約3年が経過した道路や橋梁等の状況を見ると、元の状態に戻りつつあると不安を抱くようになったのは私だけではないと思う。スタートの勢いは素晴らしかったが、メンテナンスに取り組み、成果が発現するレベルは産官学ともに空回りし、遅々として進まない。なぜ国内でに適切なメンテナンスサイクルが回らないのか、毎年種々な組織が行っている海外情報収集という観点から考えてみよう。

## ⑵ 忘れ去られる中央道・笹子トンネル事故とボストンBig Dig

笹子トンネルの天井板崩落事故の6年前、ミネアポリス橋梁崩落事故の1年前である2006年7月10日、米国・ボストン高速道路のテッド・ウィリアムズ・トンネルにおいて発生、不幸にして走行中の車両1台が押しつぶされ1人が亡くなられた。事故の詳細は、1993年に建設された市街地トンネル最上部のコンクリート内壁から鋼材によって吊り下げられた約2トンの天井板10枚が落下した（写真-1・3参照）。事故の詳細、固定ボルトの外れなど事故の原因（写真-1・4参照）とも中央道・笹子トンネルの天井板落下事故と酷似している。

笹子トンネルの建設年次は1977年であり、Big Digトンネルより16年前に建設されたトンネルである。

私が大きな問題と感じていることは、海外情報の把握と問題意識の薄さがある

写真-1・3　Big Dig 天井板落下事故

のではないかということなのだが。ではなぜ、ボストンBig Digでの天井板落下事故発生を教訓として活かせなかったのか。

私の記憶では、ボストンBig Digも韓国の清渓川（チョンゲチョン）と同様に、環境改善を目的として市街地高速道路を地下化した代表的な事例として、日本の行政技術者が山のようにボストン市を訪問し、関連資料を持ち帰っているはずなのだ。ボストンを訪れた行政技術者の多くは事故を知れば「国内のトンネル設備は大丈夫か」と考えるはずである。しかし、残念ながら事故は報道もされずに、活かされもしなかったのが事実なのだ。ボストンBig Digと同様な事故は国内には起こるわけはないと高を括っていたのではないだろうか。とても残念だ。

日ごろから海外に向けた情報収集、情報発信をテーマとして行っているはずの産官学の技術者は何を行っていたのか？　中央道・笹子トンネルの事故が起こった時にニューヨークの大学教授から「日本人は米国に何を学んで、どのように活かしているのですか？　笹子トンネル事故には、アメリカの教訓は活かされなかったのですか？」と問いかけられた時に私は日本の技術者として恥ずかしかった。今年もまた数多くの日本の技術者が欧米の主要国を訪問し、情報集め（観光旅行か？）にあたっているが、国内に活かされるのは何時であろうか？

写真－1・4　Big Dig 天井板固定ボルト

## (3) なぜ日本の技術者は教訓を活かせないのか？

日本国内は、2013年は『メンテナンス元年』、2014年は「最後の警告！メンテナンスに舵を切れ」と報道受けする言葉が並んだ。しかし、メンテナンスの重要性を総論では賛成しているが各論となると全く状況は変わる。話は『道路メンテナンス会議』に戻るが、あれほど盛り上がったメンテナンスであるが足が地についていないのが現状だ。大手ゼネコン役員との合同会議で、著名なゼネコンの役員がメンテナンス工事に対する受注について意見交換する場において、私は、答えは分かっていたが切り出した。

「今、国内はメンテナンスに舵を切れとの風を感じますが、役員の方にお聞きしたい。受注金額を含めてどのような条件であれば、受注しますか？」

すると、

「1件20億円程度で工事箇所を分散化しない条件でないと受注する気はないですね」との発言があった。国内のメンテナンス事業への正しい理解があるのか大きな疑問を持つと同時に、メンテナンスに取り組んでいる姿勢のみ見せているのだと裏の顔を垣間見た。事実その後、落橋防止システム関連の工事を4か所まとめて約3・5億円で発注し、指名にメンテナンスに理解を示していた某大手ゼネコンを入れて契約行為を開始したが、入札直前で辞退する残念な結果となった。当然理由を確かめる。分かってはいたが、「ゼネコン業務としては成り立ちません」との冷たい回答であった。役員の口からは「メンテナンス事業に協力したい。ぜひ当社に」。しかし、これが現実なのだ。

先日、東北被災地のとある県で講演を行ったが、同じ会場で講演した地元建設会社社員の技術発表が素晴らしかった。連続桁構造の鉄筋コンクリート床版工事におけるひび割れ処理、養生方法、添加剤等について構造的な解析、施工方法を含めて、汗を拭き拭き若手技術者が発表した。日本を救う若手技術者がここにもいたと安堵し、今後の彼らの活躍に期待を膨らませた。発表者である先の若手技術との意見交換会の中で、「大手ゼネコンは仕事を請け負っていますか？」と聞くと「大手ゼネコンは、大規模の道路や橋梁、トンネル新設時には蟻が群がるように来ましたが、それらが終わると潮が引くように全ていなくなった」とのことであった。

私は、喫緊の課題である予防保全型管理への転換や適切なメンテナンスを行うためには地方の建設会社の技術者を育成することが第一で、大手ゼネコンの机上の空論に付き合っているのは無意味であるとも感じた。国や都道府県の行政技術者は、狭隘な作業空間でのメンテナンス工事の実態を目を背けずに理解し、現場主義と10回お題目のように唱えるよりも1回でも自ら狭隘空間での作業を見てほしい。『メンテナンス元年』『最後の警告！メンテナンスに舵を切れ』『インフラメンテナンス国民会議』『メンテナンス大賞』と今世の中に躍るメンテナンス関連の語句を見ると、少なくともメンテナンス、法制度化された点検・診断の実効性は十分だと思っているかもしれないが、現実は大きく異なっているのが現実だ。それでは、メンテナンスの『要』とも言える、法制度化した点検・診断の現状を説明しよう。

## ⑷ 道路橋を診ること、診断すること

### 4・1　誰が道路橋を診断するの？

道路橋を点検すること、診断することとは、物言えぬ橋にとって自分を世話してくれる人（管理者）に自分の状態を正しく知ってもらい、正常な状態を保ってもらう重要な行為なのだ。点検に関する私の経験を話すと、今から30年も前には、道路橋の点検を行うことが重要だと考えている人は本当に少なかった。点検は、道路監察（道路上で行われている占用工事内容の確認、道路の不法使用や不法占用の取り締まり等の行為）を目的に行う道路パトロールに毛の生えたようなものとの理解が主だった。

道路橋を点検することとは、利用者や住民からの苦情を少なくするために行うと考えている人がほとんどであった。事実、「橋がボロボロだと見栄えが悪い、汚い」「家の前に汚らわしい構造物が横たわっている」「車が通ると振動する」「音がうるさい」など苦情が頻繁にくる。管理者は、「苦情が来ないようにするには、道路施設を見ておいた方が住民対応する時に楽だからね」ということで点検していた。

そんな時代に道路橋の点検要領を取り纏めて、点検をルーティン化することは至難の業であった。「維持管理なんか必要ない、邪道だ、建設こそ橋梁技術の王道である」との時代である。当時（今もその考えはあるが）は、建設部門へは若い優秀な人、管理部門へは定年間近の意欲が薄れた人が職員配置の基本的な考えであった。しか

し、私は、そのような流れにもめげずに将来を見据えて、種々な点検から診断までを詳細に示し、発生する変状写真や図解を組み込んだ国内で初めて『橋梁の点検要領』を取り纏めた。当時の私の考えは、「国（旧建設省）に一歩でも先んじたルーティン化した点検・診断を開始する」を目標に、国内外の多くの資料を集め、既設橋梁の静的・動的載荷試験や応力頻度測定結果等を基に、論理的で長く使うことが可能な要領づくりであった。点検・診断の基本的な流れは、現場で点検を行うのは点検委託を請け負う業者の技術者であることを柱にし、その結果を行政側が受け取って整理する考え方とした。策定した当時は、点検・診断に関心のある人は全く組織内におらず、当時強かった労働組合の方からは「髙木は、組合の敵だ。業務を委託化し職員の首切りを扇動している」とまで言われたつらい時期であった。今の常識が全く通用しなかった時代でもあった。

1987年（昭和62年）に規定化した『橋梁の点検要領』を基に定期点検を5年に1度の頻度で行うようになって30年が経過し、現在7巡目（ルーティン化しない前を含むと9巡目）を行っている。仕事は何でもそうであるが、継続することが必要で、30年も点検していると種々な見えないことが明らかとなる。全国に先駆けて予防保全型管理、それもアセットマネジメントの考えによる施設管理に転換できたのも、組合の反対を押し切って進め、長期間継続的に行っている点検データが大いに役立っている。このように進めてきた私の考え方、流れは当然、時代に沿うようにブラッシュアップすることが必要であるが果たして現状はどうであろうか。

さて、国内の社会基盤施設管理、特に道路橋管理がどうなっているのか問題点も含めて考えてみる。国は、道路橋の点検を2013年に法制度化し、点検・診断の民間資格認定を開始し3年が経過した。さて、本当に法制度化し、点検・診断技術者の有資格による定期点検を開始したが、本当に正しく行われているのかである。

## 4·2　国が公開した資料から分かること

今、国内の道路橋は、対象となる部材に限りなく近づき、変状を見落とさないように調べるという、近接目視点検を行っているはずなのだが。それも一定レベル以上の技術力を持った技術者が業務を請け負う体制と理解している。私は、２０１３年に、２００７年(平成19年)から行われていた点検内容が不十分と指摘し、当時主流となっていた遠望目視による点検では安全は確保できないし、修繕計画策定を第一とし、点検の質を疑うような成果品を受け取っている管理者側に大きな問題であると報道を通して改善を要望した。これによって、全国の道路橋は、遠望目視による点検から道路橋を適切に点検・診断できる専門技術者による近接目視に大きく転換した。法制度化された定期点検は、「道路橋の各部材の状態を把握、診断し、当該道路橋に必要な措置を特定するために必要な情報を得るためのものであり、安全で円滑な交通の確保、沿道や第三者への被害の防止を図るため等の橋梁に係る維持管理を適切に行うために必要な情報を得ることを目的に実施する。定期点検では、損傷状況の把握及び対策区分の判定を行い、これらに基づき部材単位での健全性の診断及び道路橋毎の健全性の診断を行い、これらの結果の記録を行う。」と目的が示されている。

点検の方法は、「定期点検は、近接目視により行うことを基本とする。また、必要に応じて触診や打音等の非破壊検査などを併用して行う」。近接目視点検について「近接目視とは、肉眼により部材の変状等の状態を把握し評価が行える距離まで近接して目視を行うこと…」。発生している変状の把握については、「定期点検の結果、損傷を発見した場合は、部位、部材の評価単位ごと、損傷の種類ごとに損傷の状況を把握する。この際、損傷状況に応じて、効率的な維持管理をする上で必要な情報を詳細に把握する。」としている。

ここで問題なのは、近接目視点検は、対象となる部材に接近して行えば点検方法や点検技術がどうでも良いわけではない。「点検を行う技術者は、道路橋の構造や部材の状態の評価に必要な知識および技能を有する。」と点検技術者の質をも規定している。

私は、国が『道路橋定期点検要領』を取り纏め、関連資料も含め公開した時にこれらを手に取って、「これなら大丈夫、これから国内の供用している道路橋に大きな事故が発生する確率は必ず下がる」と安堵し、これから成果があがるぞと考えた。これで国内の道路橋、専門技術者の少ない市町村は難しいかもしれないが、少なくとも国、高速道路会社、都道府県は、適切に点検・診断が行われるものと確信もした。しかし、『道路メンテナンス年報』を見て大きな疑問を抱いている。それは、管理者別点検実施数と通行規制橋梁数だ。ここ数年でよく多くの点検を行ってきたと考える人もいるし、本当にこんな数を正しく点検できたの？と考える人もいる。私の場合は、性格が悪いのかすぐに疑いたくなる後者なのだ。

やはり実態は、依然として懲りもせずに以前と同じような点検・診断を行っていることが明らかとなった。

## 4・3　公開できない道路橋の通行止め情報

私は、ある人から耳を疑うような事実、数か月前に定期点検を行った道路橋が通行止めとなった件について相談された。送られてきた道路橋の現状とネットに流れている通行止め情報を目にして、「またか！」と思い、落胆もした。通行止めの道路橋は、B県が管理している上路の鋼トラス橋である。山間部に架かる赤色の鋼橋はよく目にする、A橋も秋には紅葉と一体となって美しい外観に目を奪われるような山間の美しい光景が脳裏に浮かぶ。この道路橋が定期点検を行った数か月後に通行止めとなった。A橋は、B県が管理している道路橋の中でも歴史的な価値が高く、国の重要文化財にも指定されている。このようなことが起きなければ、私も知ることのない地域の人々に見守られている橋であろう。

相談があってすぐに調べたネット情報には、「9月22日午前11時ごろ、A橋の異常に気付いた通行人が、道路を管理する業者に通報。県のC土木事務所が確認したところ、橋の下部にある鋼材を三角形に組んだ『トラス』部分が損傷し、路面が陥没していた。」との報道（当文は、毎日新聞の記事を引用）記事が書かれている。A橋は、国の重要文化財で、現役の上路鋼トラス橋である。建設年次は、今から90年以上前の１９２４年。建設当初は木材を運搬する森林鉄道用として建設、その後１９６１年道路橋として使用されるようになったとのことだ。

やはり現実は厳しい、メンテナンス社会に大きく転換とはなっていなかったのだ。法制度化した背景を理解し、〝メンテナンスに舵を切れ！〟が社会や業界に行き渡り、それが現実となって産官学が一体となって取り組んでいるのであるならば、専門技術者が点検を行った道路橋が数か月後に通行止めとなることは考えられない。表題〝公開できない道路橋の通行止め情報〟と書いた趣旨がお判りでしょうか？　ネットに情報が出ているのだから公開されているとお思いの方は本旨を理解されていない。

## 4・4　落ちかかった橋梁を管理していたのはだれでしょう

確かに建設から90年以上使われていることから、Ａ橋は高齢化橋梁と言える。普通であれば、架け替えられても不思議はない。国の重要文化財に指定されたことから、外形を基本的に存続して管理することが原則である、軽微な維持管理ならともかく、本格的な修繕行為を行うには文化庁の許可が必要であることも十分わかる。しかし、供用している道路橋が、使っている住民に通報されて通行止めとは情けない。Ａ橋は、県道であることから一般車両も通る現役の道路橋なのだ。そのＡ橋が、ある時、突然落ちかかったのである。私は、Ａ橋が人もほとんど通らないような橋で、メンテナンスも満足に行うことができない弱小地方自治体が管理しているなら諦めもつく。Ａ橋は状況が違う。

Ａ橋は基礎自治体が推薦、都道府県を通じて推薦書類をあげ、国が審議会にかけて決定した歴史的建造物である。国の重要文化財は、地域の重要な文化的遺産であるはずだ。そもそも文化財とは、「我が国の長い歴史の中で生まれ、はぐくまれ、今日まで守り伝えられてきた貴重な国民的財産である」と国は示し、多くの建造物の中から特に貴重で、後世に残したいと評価されると重要文化財となる。それも、国内で著名な有識者が県技術者のレベルアップを公言しているＢ県の管理橋なのだからお先真っ暗だ。

私が特に言いたいのは、数年前に道路橋の点検方法に関してそれまで主流であった遠望目視から部材に接近して行う近接目視に転換し、少なくとも点検や診断の不備の事故は限りなくゼロに近づくと考えていた。しかし、県が管理する道路橋が、それも一流コンサルタントが点検・診断した橋梁であるはずなのに、崩落一歩手前まで短時間に変状が進むことが解せない。Ａ橋は、崩落一歩手前の状態に至る何と６か月前に定期点検を終わって、点検・診断結果を取り纏めた報告書をB県に提出済みなのだ。私に言わせれば理不尽な通行止めとなったA橋は、レブルアップした技術者の集まる？B県の管理であるから、私の落胆度は大きい。最後の砦と考え、そこではくい止めると期待していた私が甘かった。最近、私は国や高速道路会社にも疑念をいだいていますが、さあどうでしょう。

それでは、技術者が重要視しなければならない通行止めとなったA橋の細かい説明をしよう。

### 4・5　通行止めしたA橋に行われた疑わしき定期点検

A橋も建設年次が古いとはいえ供用しているからには、当然法制度化された定期点検を行う義務が管理する地方自治体にはある。であるから、A橋も2016年2月6日に点検を行っている、近接目視点検による点検であったはずだ。

国が示した『道路橋定期点検要領』では、点検結果から4つのレベルに分けて診断することを推奨している。定期点検では、対象となる部材を近接目視によって点検し、診断することになる。重要なことは診断する部材や橋梁構造全体が現状と次回点検時（現行では5年後）までを予測し、安全性を十分勘案して診断することなのだが。特に、Ⅲランクと Ⅳランクに区分けは重要で、この判断を誤ると重大事故に直結することになる。

改めて今回のA橋について診断結果表見てみよう。2016年2月6日の診断では、道路橋全体の健全性診断が「Ⅲ（早期措置段階）」であること、問

部材単位の診断（各部材毎に最悪値を記入）　　点検者

| 部材名 | | 判定区分（Ⅰ～Ⅳ） | 変状の種類（Ⅱ以上の場合に記載） | 備考（写真番号、位置等が分かるように記載） |
|---|---|---|---|---|
| | | 点検時に記録 | | |
| 上部構造 | 主桁 | Ⅱ | 腐食、防食機能の劣化 | 写真1,2-主桁2-0103、写真3,4-主桁3-0101 |
| | 横桁 | Ⅱ | 腐食、防食機能の劣化 | 写真1,2-横桁2-0104 |
| | 床版 | Ⅱ | 剥離・鉄筋露出 | 写真5-床版1-0101、写真6,7-床版2-0407、写真8-床版3-0404 |
| 下部構造 | | Ⅱ | 剥離・鉄筋露出、うき | 写真9-橋脚[梁部]2-0102 |
| 支承部 | | Ⅲ | 腐食、防食機能の劣化、支承部の機能障害 | 写真10-支承本体1-0101、アンカーボルト1-9999、写真11-支承本体3-0101、アンカーボルト3-9999、写真12-アンカーボルト3-9999 |
| その他 | | Ⅲ | 腐食、防食機能の劣化、舗装の異常、漏水・遊離石灰、その他（基礎の洗掘れ） | 写真1,2,13~19-対傾構、上弦材、下弦材、格点、垂直材、斜材、写真20-舗装2-0101、写真21-防護柵3-9999、写真22-地覆2-9999、写真23-排水管2-9999 |

図-1・1　A橋の定期点検結果（点検記録から抜粋）・2016年2月6日実施

題の主構評価を『Ⅱ（予防保全段階）』としている。先に示した『道路橋点検要領』によれば、「構造物の性能に影響を及ぼす主要な部材に着目して、最も厳しい健全性の診断結果で代表させることができる。」と示しているので、点検表に示す支承、その他Ⅲであることから、全体を早期に措置が必要と判定したと考えられる。判定した人を擁護するつもりはないが、横構、支承、防護柵を確認するとⅢの判定は救える。

しかし、この後で説明する通行止めした以降に確認した鋼部材破断の箇所と変状程度を見ると、定期点検を疑わざるを得ない。定期点検においてⅡランク評価の部材が約６か月で腐食が一気に進み部材破断に至るのかだ。私がいつも言う、「点検は見るのではなく、診るのだ！」を理解していない。請負業者から、点検・診断結果を受け取った管理者側技術者にも大きな問題がある。90年も供用している重要文化財であれば、関心を持って当たり前、無関心ではダメだ。確か、先の著名な有識者は、「自らでもしっかり点検・診断ができるようになった」と職員教育を自慢げに言っていたような気がするが？

## 4・6　驚愕のＡ橋の変状実態

通行止めとなっていた道路は、その後直近に迂回路が完成し、無残な姿をさらしているＡ橋を横目に見て通行できる状態に復旧されている。６か月前に点検して早期措置と評価され、万が一、人や車が通行している時に主構造が破断して、床版が落ちかかったらどうなったのか？　考えただけでも恐ろしい。しかし、地元の新聞には通行止めの記事は載ったが、真実は語られてはいない。

では、どのようにして橋が落ちかかったかを推測してみる。現状で確認できるのは、Ａ橋の斜材が４箇所破断（写真-１・５参照）した。４箇所の破断した部分を確認するとどこが最初に破断したかが概ねわかる。崩落しかかったＡ橋では、破断した部材を見て確認したのではないので断定はできないが、Ａ橋は上路鋼トラス橋であるこ

写真－1・5　崩落しかかったＡ橋

とから、写真−1・6で示す格点か格点部付近の鋼材腐食が徐々に進行し、活荷重ではなく、死荷重（自重）に耐えきれずに写真−1・7で示すように桁が連続して破断、直後に床版が落ち込んだと推測される。A橋が架かる周辺環境が著しく悪く、飛来塩分を常時浴びて、重要な部分に固結している状態であるなら、いざ知らず。最もこのような環境状態であるならば、急速な劣化進行を予測し、緊急措置を講じていたはずであるからこれもない。結論は、定期点検の重要性、近接目視点検が必要となる状況と点検の目的を管理する担当技術者が正しく理解していないことが主原因だ。この事実に対し、運悪く見落としたたった一つの事象と、片付けようとする人々は多くいるであろう。しかし、これは氷山の一角、今回と同様な無限大のリスクが予備軍として隠れていることを忘れてはならない。

トラスと言えば、先に示したミネアポリスの高速道路橋もトラス構造である。ミネアポリスの橋梁は、破断したのは格点部のガセットプレートであったので、格点が破壊、安定性を失って崩落した。今回のA橋は、写真でもはっきりわかるように、トラスとして重要な格点が残り、下弦材や横構が斜材破断による影響を吸収できたから崩落一歩手前で留まったのである。管理者は運が良かった。

ここで今回の通行止め橋梁の問題点を考えてみる。

### 4・7　あわや重大事故発生となる変状を見逃したのは何故か?

そもそも、今回の定期点検は、B県から発注された委託業務を一流コンサルタントであるD社が請負、D社の専門技術者が点検し、診断したことになっている。好意的に解釈すれば、鋼斜材のリベット部は点検時に塗膜に覆われ、確認が容易ではなかった。塗膜に覆われた鋼材内部は、実は腐食が著しく、正しい点検方法

写真−1・6　6か月で腐食から断面欠損、破断??

破断しかかった亀裂の走る下弦材・外れるリベット

写真−1・7　破断した斜材の直下に位置する弦材

であれば、覆っている塗膜の一部を剥いで確認すべきであったが、重要文化財でもあることから躊躇し、見逃したのであろう。たぶん私であれば、腐食して塗膜が膨れている部分を剥いで、どの範囲、どの程度まで腐食し、腐食していない鋼材の残りは次回点検の５年後プラス５年程度の間十分性能があるのかを確認する。特に、腐食し、断面が著しく欠損すると当該箇所以外に変状、例えば、鋼材の変形などが発生している事例が多い。A橋が90年以上経過した高齢化橋梁であるからこそ、点検者も診断者ももっと慎重に愛情のある点検作業を行うべきではなかったのか。人で言えば、平均寿命を超えた高齢者といえる。名医が老人を診る目は、身体の少しの変調が命取りになると十分わかっていて、若者を診察する時よりも慎重で、早め早めの措置を、それも確実に効く処方箋を書くはずである。

　ある地方自治体の定期点検結果を見る機会があって驚いたことがあった。逆の事例である。建設して数年しか供用していないのに、高齢橋梁と同じような点検を行った記録表であった。いや、同時に見た高齢橋梁の方が、記録表も内容も薄く、短時間に点検したことが見え見えであった。これは個人的な判断で物事を言うなと怒る方がいるかもしれないが、高齢橋梁は、長い間外気に曝され、塵埃や汚泥が付着して汚いので、点検する技術者も近接したくないのかもしれない。私も、汚い箇所は診たくない。でも、その汚れた部分を除いて診てあげないと、隠れた重要な変状を見落とすことになる。供用して間もない道路橋にも変状はある。しかし、高齢橋梁の変状は、設計思想も古いので耐荷力も劣っている場合が多く、少しの変状が命取りになる。１日の点検行程を決めていて、手をかけなければいけない箇所の手を抜き、必要性の無い箇所に時間をかけるような、作業を行うようになったら最悪なのだが。

　国内の点検・診断結果を全て見たわけではないので、軽はずみなことは言えないかもしれないが、私が確認した種々な点検結果は見掛け倒しの連続で、肝いりで始めた点検・診断制度に大きな疑問を抱くような昨今である。

## 4・8　一流コンサルタントは、全ての技術が優れているのか？

一流コンサルタントと世間から評価されている請負会社は、道路橋に関して言えば、国内に数社ある。建設コンサルタント協会に加盟し、受注案件の多くは、学会や協会の○○賞を何度も受賞している常連会社がこれにあたる。しかし、本当にここに挙げたような輝かしい業績を持つ会社イコール優れた会社であるのか？　確かに、一流コンサルタントが落札すると、発注者側に委託業務資料として提出される主任技術者の経歴、実績を見ると素晴らしい方がほとんどなのだが。でも、その人が点検現場を診るわけではなく、直属の部下、そのまた部下が点検を行うのが実態だ。ひょっとしたら、下請けコンサルタントの経験もない担当者が、技術も判断力も無いのに点検し、診断しているのかもしれない。

先に事例として紹介したA橋も、点検業務を請け負ったのは橋梁設計においては国内で一、二を争う超一流のコンサルタントである。A橋の点検・診断を担当したE技術者も、種々な資格を持つ一流専門技術者であるかもしれない（会ったこともないのでわからないが）。しかし、いかに橋梁技術や点検技術、診断技術に優れていると外部から評価されていても、数か月後に鋼材が腐食で破断する状態を正しく診ることができないのであれば、二流、いや三流か四流と技術力を評価されても致し方ない。

全国70万橋を超える道路橋が供用されているが、5年に1度の頻度で点検・診断を行うことが成果、アウトカムではなく、70万を超える道路橋の安全・安心を確保することが成果なのだ。点検・診断した数は、アウトプットであり、アウトカムではない。しっかり点検・診断し、しっかり措置を完璧に行ってこそ真のメンテナンスが行われているのであると言えるのだが。

## 4・9　点検・診断は、橋への愛情

『道路橋の横分配実用計算法』などの著書がある高島春生氏は、「橋に関する学理、計画、設計、施工、管理などに関連する仕事のサークルの中で日々を過ごしていると、橋が好きになり橋に愛情を感じるようになる。そうして自分自身が関係した橋に親しみを感じ、自分の心の中に記念碑として残る。永い間かかわっていると自然に、自分に関係がない全ての橋にも愛情を感じるようになり、心の中に生きている橋を認める。この時初めて橋を愛するようになったと言える。」と述べている。

私が高島氏にお会いした時には、優しいジェントルマンの様な技術者との印象深いが、仕事ぶりは厳格で公正さを重んじられた方だと聞いている。橋を計画、設計、建設する一連の流れに身を置いていると、必死に我々技術者に助けを呼び続けている橋の声が聞こえるようになり、橋が望んでいることを身を粉にしてもそれに取り組むようになる。そうなると、橋を愛すると初めて言えるようになると言うことでは、と私は考える。

道路橋を、丈夫で助けを呼ばなくても良い状態にし、その寿命を限りなく延ばすことこそ、技術者の使命ではないのか。技術者は、ややもすると長大橋を造ることに情熱を注ぎ、そこに生きがいを感じがちであるが、橋梁は大きくても小さくても住民の生活を支える重要な施設である。橋梁を利用し接する人々の愛情に違いはない。橋梁を人と考え、寿命を延ばし、健康を良い状態に保つ基本となる点検・診断を適切に確実に行うことは技術者の基本であり、責務なのだ。間違っても、内容の伴わない成果も得られないような業務を、高い評価をする社会となっては最悪だ。

〔参考文献〕

1）高島春夫：道路橋の実用診断学　現代理工学出版㈱（１９８８）

# 2．欠陥・鋼道路橋製作の実態と業界

メンテナンスの『要』である法制度化した点検・診断が悲しいかな以前と全く変わっていない問題点を指摘した。次は、あってはならないこと、それも安全と思っている構造物に潜む重大な欠陥について、鋼とコンクリートに分けて話すとしよう。スタートは私の専門、鋼橋である。既に供用開始してかなりの時間が経過した道路橋に発生した事故、事故報告を受け、安全を確保するために原因の究明を行っている段階で明らかとなった驚きの業界対応と問題点を事例を絡めて考えてみよう。

## (1) 溶接継ぎ手とは

本題に入る前に今回の話のポイント、道路橋の継ぎ手について説明しておこう。道路橋を建設する場合、鋼やコンクリートなど、どのような材料を使おうが、建設現場や部材輸送条件などから、ある一定の規模を超えると必ずどこかに継手ができる。橋梁を工場で製作しても、現場で製作しても継手方法の差異はあるが同様である。例えば、鋼橋の場合、鋼板を溶接によって繋ぎ合わせて種々な部材を造る。溶接は、融接、圧接、ろう接に分けられ、橋梁に使われているのは、被溶接材である鋼板の溶接する部分を加熱、鋼板と溶接材とを融合させて溶融金属を作り出し、凝固させる接合方法が一般的である。冶金的接合方法の一つである融接には、ガス溶接、被覆アーク溶接、サブマージアーク溶接、イナートガスアーク溶接（ティグ溶接等）、マグ溶接、セルフシールドアーク溶接などがある。

溶接による接合は、リベットやボルトによる機械的接合法と比較して、①継手構造が簡単である、②継手効率が高く、優れた気密性、水密性がある、③接合する板の厚さ制限が少ない、③作業時の騒音が少ない、などの長所がある。一方、短所としては、①溶接部分に加熱冷却によるひずみが発生する、②溶接部分に残留応力が発生、疲労強度等に悪影響が発生する場合がある、③母材の材質に熱影響による問題が発生する場合がある、④脆せい破壊の発生防止が必要な場合がある、⑤溶接欠陥が継手に存在すると、疲労亀裂の発生など性能上大きな問題となる、などである。今回話題として提供するのは、サブマージアーク溶接を使った溶接継手において、橋梁製作・施工会社が行っていた意識的で重大な欠陥となる事象とそれらを隠蔽しようとした体質だ。

突合せ溶接部に採用される溶接法は、一般的にサブマージアーク溶接（写真-1・8参照）が多く、長所は、溶着速度が大きく、溶け込みが深く、小断面開先の溶接が可能で、安定した品質が得られるなどである。当然短所もある。サブマージアーク溶接は、手動溶接と比較して設備費が高く、開先精度も厳しく、開先内の錆び、水分、油脂等があるとその影響を受け、図-1・2に示すようなブローホールなどの溶接欠陥が発生しやすいなどである。本溶接法は、鋼橋の製作自動化に必要な工法であることから、鋼部材の種々な箇所にも数多く採用されている。しかし、どのような溶接法であるとも、適切な溶接を行うために必要な溶接条件の遵守が品質確保には重要となる。このようなことから、溶接法を継手として採用して鋼桁の製作を行うには、溶接技術者、溶接作業指導者、溶接作業者、非破壊検査技術者が必要となり、それぞれある一定の水準以上の能力と経験を保有することが大前提だ。

溶接構造の品質保証には、必要水準以上の技量と人格・良心を持つ溶接技術者が必要であることは、鋼部材製作メーカーの常識なの

写真-1・8　溶接板継ぎの施工状況

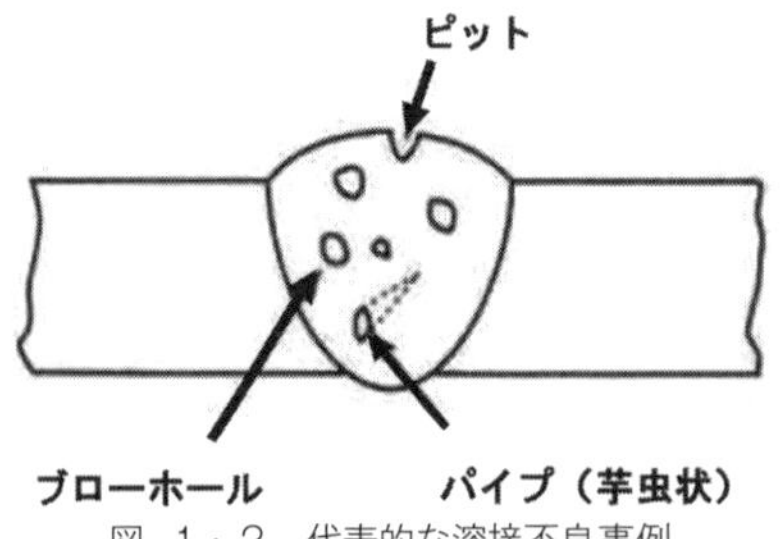


図-1・2　代表的な溶接不良事例

だ。担当する技術者には、バランスのとれた正しい知見の所有者であると同時に、①溶接のプロセス・機器、②材料、③構造設計、④施工と検査等の溶接技術を偏ることなく習得することが要求される。

いよいよ話の本題に移ることにしよう。話は、道路橋の重要な継手部に発生した、あわや重大事故となる鋼桁の破断事故とその後の対応等である。

## (2) 溶接不良と疲労亀裂

さて、ここで取り上げる話の第一は、供用している道路橋の主桁に発生した破断事故と亀裂発生の主原因である溶接不良、そして溶接不良を認めなかった橋梁ファブリケータ技術者の倫理観が欠如した対応である。今回の話は、首都高速道路を跨ぐ主要幹線上の道路橋を、定期点検（図－1・3参照）している時に発見した重大変状が話のスタートとなる。臨海部を含む区域の道路橋を順次点検を行っている時に、事件は起こった。当時まだ、道路橋の疲労による亀裂の事例報告が少ない時代だ。定期点検を請け負ったAコンサルタントが1972年（昭和47年）12月に建設したB橋の点検を開始して1時間ほど経過した時、コンサルタントの技術者が主桁（耳桁）の下フランジにひび割れ（鋼桁の亀裂に関する知識がなかったので、私への連絡は亀裂ではなく、ひび割れであった）を発見、偶然にも点検現場を確認に来た担当監督員に、直前に見た状況を相談した。問題の主桁は、幸いにも取り付け道路から容易に確認することができる箇所なので、相談を受けた箇所を直近で確認。相談された担当監督員も、鋼材の疲労亀裂に関する深い知識はなかったが、「何だ、これは！」と思ったそうだ。

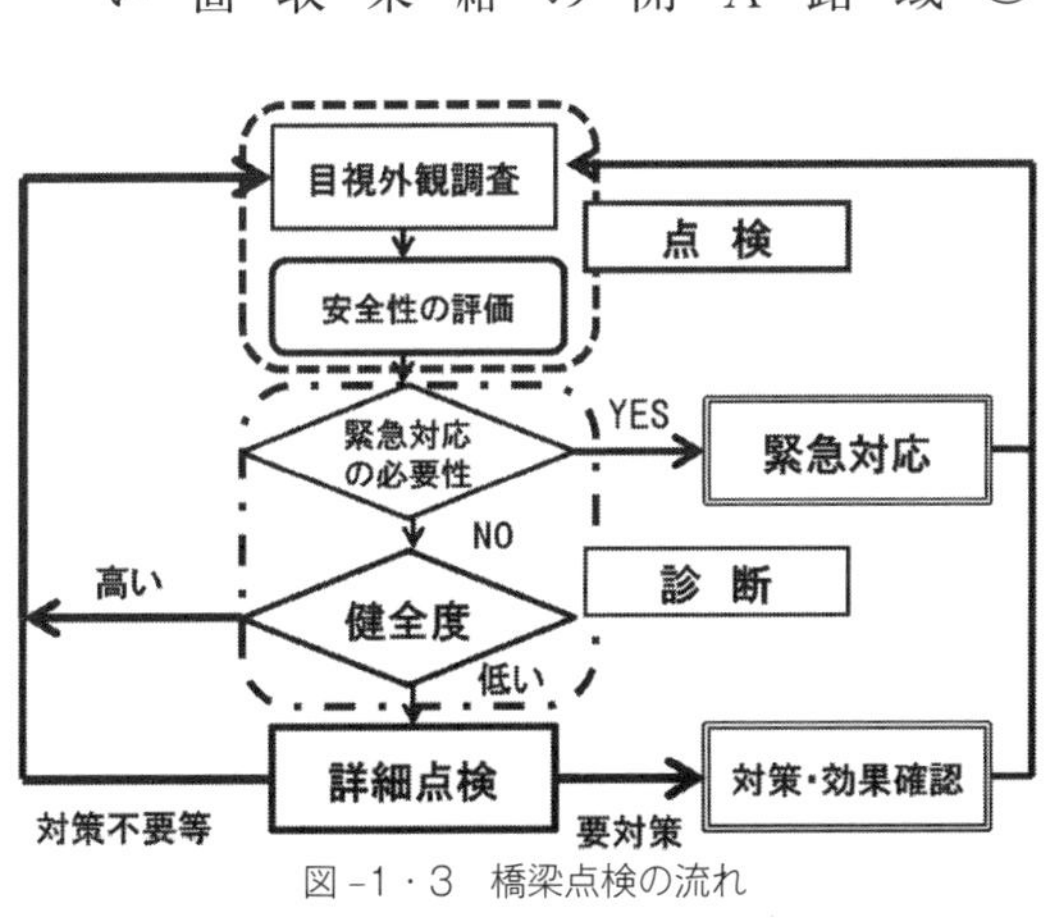

図－1・3　橋梁点検の流れ

そもそも鋼桁の下フランジが破断することは当時想定外であり、それもグループ溶接部に発生した亀裂である事実の重大さを感じないのも無理はない。写真−1・9でも明らかなように、疲労亀裂の知識がある技術者が見れば、驚きの事態なのだ。破断している箇所は、主桁の継手部に開先をとってグループ溶接した継手（図−1・4参照）である。一般的にはここに示すような継手は、溶接作業も注意して行うことから信頼性が高く、写真−1・8（前掲）に示すように溶接不良も少ない箇所と理解されている。信頼している箇所、しかし橋梁が安全な構造物として成り立つ上で最も重要な箇所が破断した。

点検請負業者の技術者も担当監督員も鋼桁の知識が無いのか、私にこう連絡してきた。「高木さん、お忙しいところすみません。B橋の点検現場で変わったひび割れがあるのですが、どうしましょうか？」ひび割れ報告箇所を聞いて、下フランジにゴミか植物の蔓でも付いているのか、見誤ったのだろうと一瞬思った。しかし、電話での話を聞いていて、何か胸騒ぎがした。すぐに現地に向かった。幸いにも、B橋の桁下は空間があり、連絡のあった箇所を下から確認できる。確かに主桁の下を見ると、高力ボルト継手のすぐ横に、直角方向に黒っぽい筋がある。双眼鏡を取り出して細部を確認、驚きは頂点に達した。写真−1・9に示すように主桁の下フランジグループ溶接部が破断していたのだ。さらに驚いたことは、私の横で請負会社の点検員から事情説明を受けた時である。「私の感じでは、部材の下側にひび割れが見えますが、良くある事例で直ぐにどうこうする様な必要は無いと思っていますが」との説明。鋼材の溶接や脆性破壊等の知識が全く無く、発生した亀裂を単なるひび割れでコンクリート桁と同様と考えているから恐ろ

図−1・4　破断したＢ橋主桁と同様な板継ぎ部イメージ

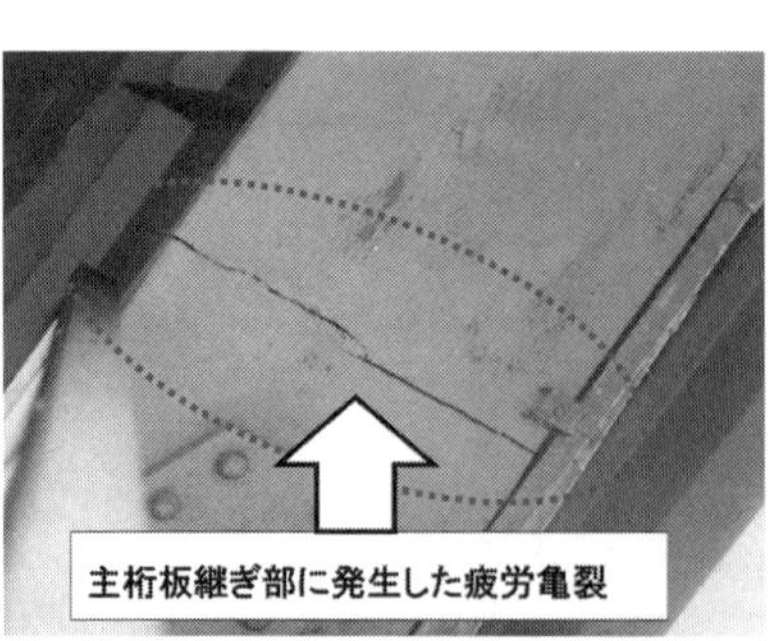

写真−1・9　主桁下フランジが破断した状況

しい。ひょっとしたら、請負点検業者の点検員は鋼桁とコンクリート桁の違いも分からなかったかもしれない。発見した鋼桁の破断を破断でなく、コンクリート部材のひび割れが少し大きいだけと判断し、大きな問題でないとの認識なのだ。

私も、今でこそ鋼道路橋に発生する種々な変状に関する知識を行政技術職員よりも多く知っているが、当時は恥ずかしながら、疲労亀裂なんぞ見たことも聞いたことも無い状態であった。しかし、管理者としての第六感が働き、亀裂が発生した外主桁の上に車両が乗らないように交通を規制し、当該箇所への活荷重載荷を回避する措置をその場で指示した。このことが、下フランジの破断がウェブに進展するのを防いだことを知ったのはかなり後のことである。次に、主桁の破断箇所を両側で支えるベント台を緊急設置（写真-1・10参照）し、亀裂の進行及び主桁破断を回避する対策を担当者に指示したまでは良かった。自分のデスクに戻って自分で策定した『橋梁の点検要領』を確認。それが、溶接部に発生した大きな問題となる亀裂であるとわかったのは翌日である。

その理由は、少なくとも疲労亀裂の知識は、点検要領を策定する時点で種々な資料を基に、例えば、写真-1・11に示すような桁切り欠き部の応力集中箇所の疲労亀裂は自分の知識の一つとはなっていた。しかし、主桁の工場溶接部に亀裂が発生することは、皆無であると考えていた。知識はあっても、実務に生きない事例がこれだ。当該箇所及び橋梁全体に恒久対策が完了した後、請負業社及び点検員に対し、変状見落としや勘違いが重大な事故に繋がることから、今後同様な変状の見落とし・未報告が二度と起こらないように厳重注意したのは、今考えると良かったと思う。

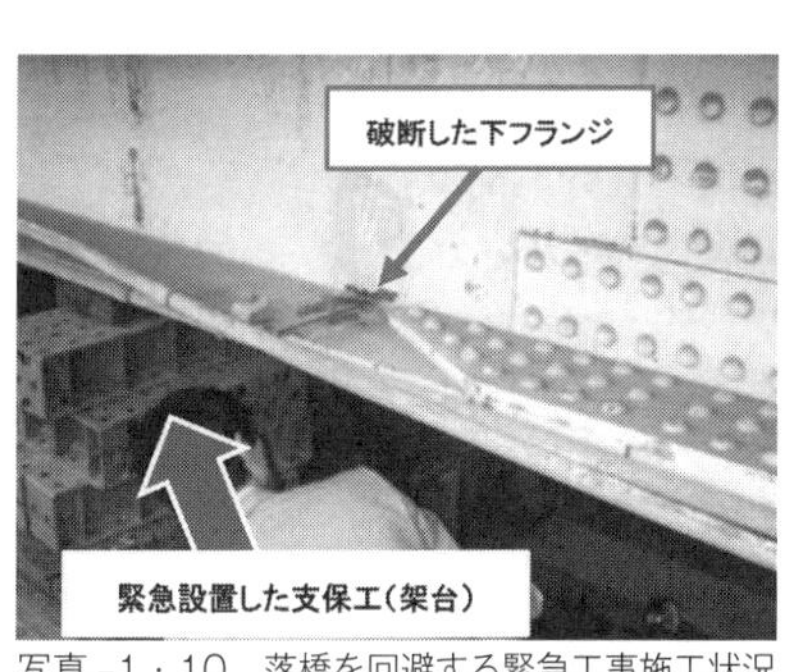

写真-1・10　落橋を回避する緊急工事施工状況

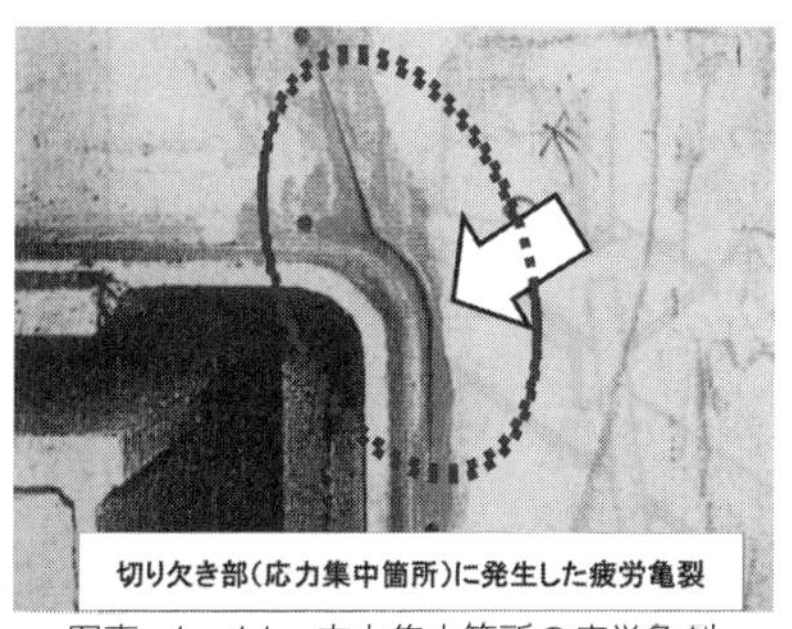

写真-1・11　応力集中箇所の疲労亀裂

ここで、今回重大な問題として紹介したかったのは、点検時の誤りではなく、当該橋梁を製作・架設したC社の私への対応だ。C社は、鋼桁製作・架設では多くの実績があり、国内ではトップレベルの一流企業である。にもかかわらず、鋼桁が破断し、崩落に至るような亀裂発生が、自社が製作した主構造の突合せ継手箇所に起こった事実を認めず、組織ぐるみ、いや業界ぐるみであったかもしれない隠ぺい行為を行ったからだ。破断した箇所は、開先処理した接合面を完全に溶融させた溶接部分である。このような箇所は、工場製作時において必ずX線透過試験を行う最重要接合箇所なのだ。以前製作工場に立ち合い検査に同行した時の経験がこの時役立った。私は、主桁の板継ぎ箇所とは疲労亀裂が発生しやすい切り欠き部のような応力集中箇所でもないことから、技術者の直観としてこれは軽視できないと思った。

そこで、鋼道路橋、特に疲労亀裂における第一人者である東京工業大学・三木教授（現東京都市大学学長）に電話で相談、現場に急遽来ていただくことになった。当時、三木教授は、私自身土木学会での接触しかなかったのでお付き合いは浅く、雲上人のような存在であった。しかし、三木教授も、電話口での私の事故内容の説明や対応が、尋常なことではないと感じ取ったようである。現場に来ていただいた三木教授の言葉は、「髙木さん、良く連絡してくれましたね。主桁の板継ぎ箇所に疲労亀裂と思われる変状が出たのは、まれな事例ですよ。私も、国内の道路橋では見たことも無いですね」であった。三木教授の適切なアドバイスもあり、当該箇所の主桁下フランジの破断部分を切り取り、疲労亀裂の発生原因を詳細に調査することにした。

私は、過去にこのような鋼材を切り取って調査を行った経験が無かったため、組織内でのことの重大さの説得力に欠け、説明も論理的（今から考えると、熱意のみで切り抜けた）でなかったことが災いし、事故調査や対策方針の決定にかなりの時間を要することとなった。上司や幹部に説明するたびに、「鋼材が切れかかっている、なんだそれ。なんで切れるんだ、厚い鋼材だろ」「髙木君の言っている話には裏付けがあるのか！」「憶測で物事を進めるのは、取り返しのつかないことになるぞ！」「C社の技術者は何と言っているのか？」「国の調査機関に持っていく調査は何のためだ」など、要するに不確かな予測で物事は進めない、それも現場でなく、本庁が行う理由がない。本庁は研究組織とは違う、との判断が大勢を占め、ことは順調に進まなかった。また、地方自治体としては国をもしのぐ規模で橋梁建設工事を発注していたことから、常時多くの橋梁製作・架設会社の営業が出入りしている。工場溶接部の断面を切り取って試験をすることに対し、身内に矢を向けるとの考えか、組織内に異論を唱える人が多くいたことは事実である（これも憶測ではあるが、C社からの圧力が既にあったのかもしれない）。

その後のC社関係者とのやり取りを詳細に記述することは避けるにしても、組織内からもグループ溶接部を国の試験機関（東京都清瀬にあった労働省所管の試験機関）に持ち込むことが、異例の事態と判断され、日々多くの人々からの中傷に飽き飽きしていた当時を忘れもしない。写真-1・12に示すように桁から切り取った亀裂発生箇所の調査は先の労働省の研究所で行い、その結果を実際に確認して驚きは頂点に達した。目の前に示されている亀裂破面は、ストライエーション模様から確かに疲労亀裂であることは明らかであった。三木教授の紹介で緊急調査をお願いした著名な研究者橋内氏からの説明は、「亀裂の発生原因は、溶接不良が主原因であることは間違いないですね。グループ溶接部に内在していた溶接不良が起点となって疲労亀裂が発生、その後進展したことはここにある破面の状態を見れば分かります」との見解を示され、「髙木さんも、是非この破面を見てみた方がいいですよ」と電子顕微鏡の前に座らせられた。私の目で、初めて実物の疲労亀裂破面を見たのである。帰り際に「三木教授にも、私の方から電話しときますね」と話され、これは異常事態であることを肌で感じた。

試験所の帰りにB橋に立ち寄り、再度破断した箇所と同様な継手のある全ての箇所を目視で詳細に確認した。幸いなことに、塗膜割れや亀裂の発生しているような箇所は皆無であったので胸をなで降ろした。しかし、新たな不安がよ

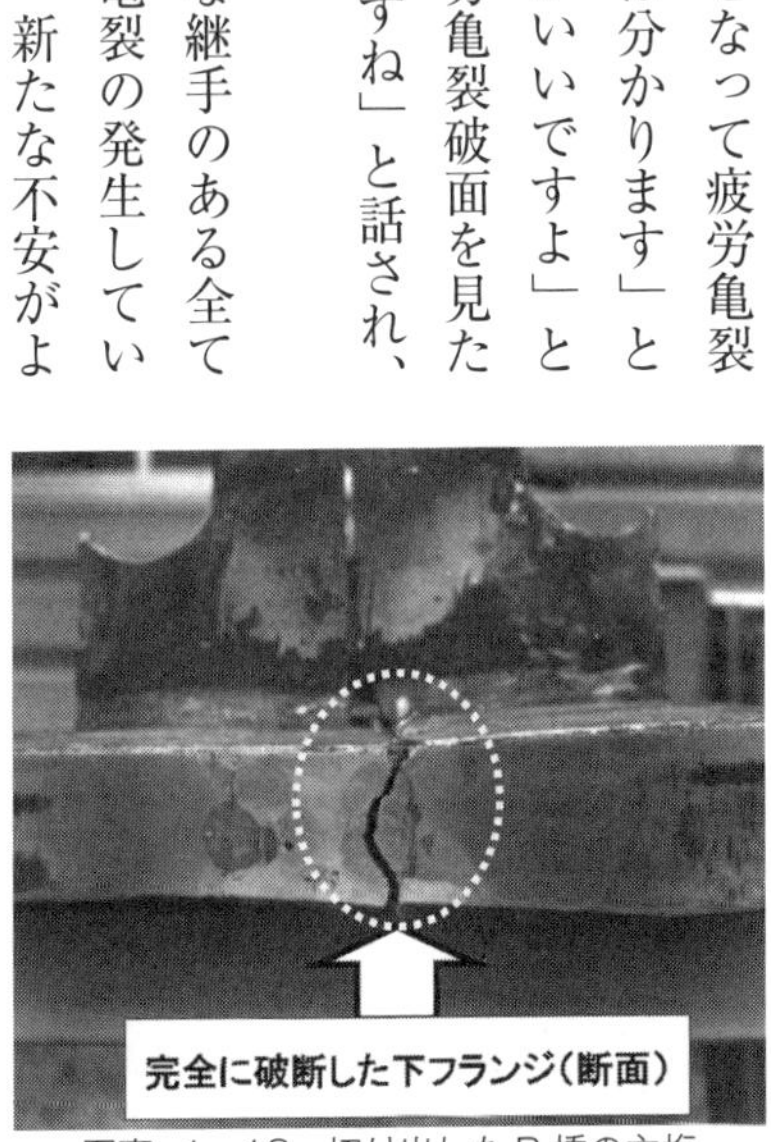

写真-1・12　切り出したB橋の主桁

ぎった。それは、目視で確認はできなかったが、溶接不良は他の溶接箇所に内在するのではないか？　隠れた重大欠陥箇所があるのではないか？　見えない部分に亀裂があるのでは・・・。その時に、以前私が行った製作工場での製品検査、仮組検査で経験した知識が役立った。自分の経験では、板継ぎ部分は、全てＸ線検査を行っていた。Ｂ橋を製作した会社には、工場製作時に撮影したＸ線フィルムがあるはずだ。と言うことは、Ｂ橋のグループ溶接部の検査結果を確認すれば、少なくとも溶接不良箇所の有無程度は分かるはずだと思った。そこで、Ｃ社の営業担当者に電話、製作時のＸ線検査フィルムの有無を依頼した。ところが、翌日の夕方には「Ｂ橋の製作時の継手検査フィルムは破棄しているので無い」との冷たい答えが返ってきた。Ｃ社の営業から期待外れの回答を聞いた途端、不安はさらに増すことになる。その理由はＣ社の関係者が工場内を調べたにしては返答時間が早すぎる。それ以降Ｃ社は協力体制でなく、抵抗勢力だと考えるようになった。これは腹をくくるしかないと覚悟し、供用している道路橋を止めずに、溶接継手部を確認する方法はどのような調査法があるのか、それも非破壊調査法に関連する文献を重点的に、調査法探しが始まった。

自分に知識が無いのを痛感しつつ数日が経過した。その結論は、超音波による溶接部の調査法が現実的で、かなりの精度で不良箇所の検出が可能であることが分かってきた。当然、藁をもすがる気持ちで頼りの三木教授に相談、先生のアドバイスもあり、超音波探査法を行うことを即断し、直ぐに開始できたのは不幸中の幸いであった。これは、この後説明するが、Ｂ橋には数多くの溶接欠陥箇所を抱えていたからである。万が一、内在する先に示した溶接欠陥から亀裂が発生、進展し、桁が破断したとすれば重大事故となる確率は極めて高い。超音波による現地調査が始まって直ぐに、同様な箇所に溶接欠陥のあることが明らかとなり、それが、かなりの数に上るとの報告を受けた。緊急報告書を見て、どのように処理するのが適当か、予算はどのように確保するのか、補強する業者選定はどうするか、緊急工事で発注できるのかなどを考えている時、Ｃ社の営業と技術者から連絡があった。しかし、懲りない連中とは恥もプライドも無いもので、調査状況を外から監視（?）していたのか営業と技術者から交互に電話があった。電話口での説明を聞いて怒り心頭である。電話の内容は「工場内を隈なく調べたところ、髙木さんが依頼されたB橋の突き合わせ継手部の検査フィルムを発見しました。これからすぐに持参します」との話。私はすぐに「あの時に、工場内全て確認したが、当時のフィルムは破棄した、と言っていましたよね！」と。それに対し相手は無言であった。しかも、その後は、OBや恩師を使っての調査中止の依頼・・・何とも情けない話となった。

あわや落橋一歩手前となっていたB橋については、溶接不良箇所が明らかとなった箇所の全てを新たに高力ボルトによる添接を追加で行ったのは言うまでもない。B橋の補強後の状況を写真-1・13に示したが、この写真でお分かりのように、均等に配置された正規な継手（継手が主桁下フランジに均一に並んだ箇所）と溶接不良箇所を高力ボルトによる追加補強した継手（先の均等に並ぶ継手の直近にあるイレギュラーに並ぶ箇所）が混在している、何とも奇妙な外観となってしまった。これもこのようなことがわかる専門技術者でなければ気がつかないのかもしれないが。その理由は、その後このイレギュラーな継手について他の技術者から聞かれたことも無ければ、私がその後現地点検に行った技術者に聞いても正しく答えた人がいないから不思議なのだが。

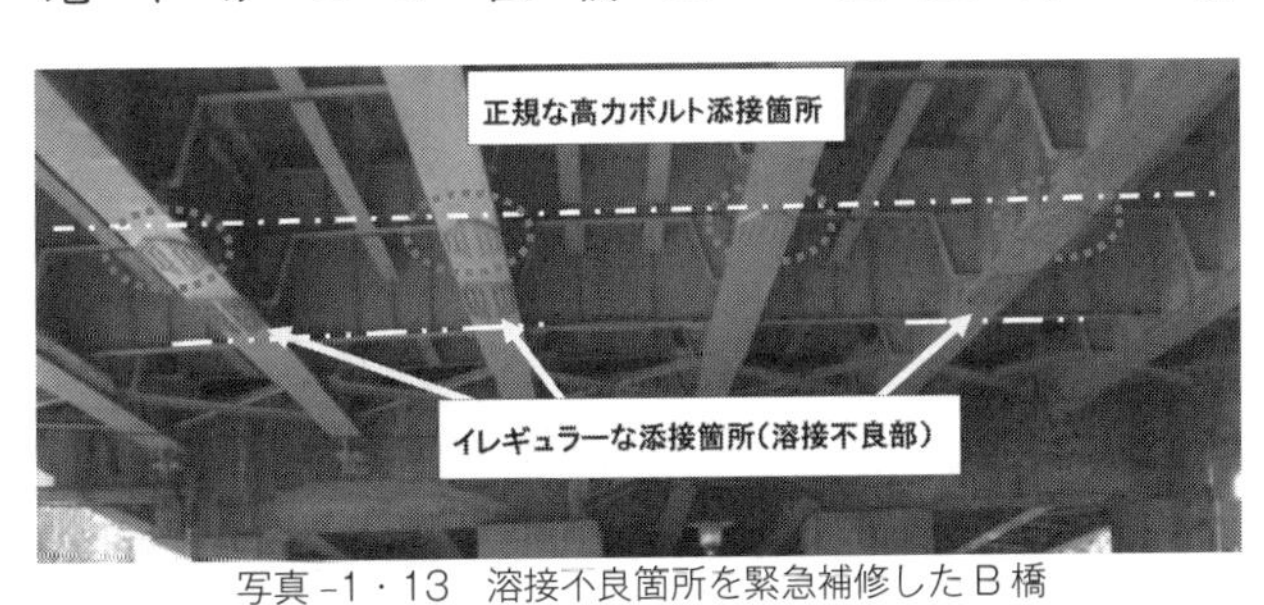

写真-1・13　溶接不良箇所を緊急補修したB橋

## (3) 専門技術者のプライドとは

下フランジの継手箇所は、超音波による非破壊検査で抽出された溶接不良部分の対策を一応完了はしているが、他の同様な、例えば、ウェブや上フランジの溶接部分は調査が出来ずに終えている。であるから、内在する不良部分を多く抱えているB橋の将来は不安一杯なのだ、と思っているのは私だけかもしれない。非破壊試験による調査は、試験機器が使え、確認できる箇所のみに絞られていることから、Ｂ橋は傷を抱えた人間と同様である。主要幹線に架かる橋梁、なぜかコンクリート床版も抜け落ち事故を起こしているなど多難の橋梁でもあることから、要注意な橋梁とも言える。その後、製作・架設会社の技術者との会話の中で、「大量に製作・架設した時代の橋梁の中には、高い溶接技能の必要性を理解せずに種々な技術者に溶接を任せた事もあった。会社の資料を確認すると、Ｂ橋の場合もその事例に該当し、その結果不良個所が多い可能性が高い」「確か当時、大量発注に対応するために、橋梁専門の溶接技術者に加え、船舶等の溶接技術者にも加わってもらったからかもしれない」との発言には、日本の信頼する技術力も倫理観も地に落ちたと感じた。誰の責任か？建設工事の発注者とそれを受注する会社が責任感を持ち、溶接作業に関する技術者が正しい倫理観を持って業務を行えば、このような事態は回避できるはずだ。今回紹介した鋼主桁の破断事故は、言わば人災と言える。

国内で隣国中国や韓国の製品や、製作技術の低さを棚に上げての議論は多くあるが、最も悪いのは、ここで示したようなプライドも無く、倫理観も欠如した技術者と経営者は当然ではあるが、業者よりの考え方を後世大事に守ろうとする行政技術者ではないのか？

欠陥鋼構造編の最後に、私の徹底的に追求する姿勢を披露しよう。Ｂ橋の対策に目処が立った後C社の同一年次、同一工場、同一ラインで製作した橋梁を全て調べ上げ、該当する橋梁の溶接個所中からランダムに抜き取り調査を行い、全てに対策を行ったことを報告して終わりとする。

## 3. プレストレストコンクリート橋の欠陥と業界

鋼道路橋の次の事例は、巷ではプレストレストコンクリート（以下、ＰＣ橋）橋のメンテナンス不要論を信じる人々が多く、鋼道路橋と比較して経済的で安全性が高いと言われるＰＣ道路橋のこれまた信じがたい話をしよう。

## ⑴ プレストレストコンクリート橋とは？

ここでＰＣ橋について原理や製作方法等についておさらいをしよう。道路橋を事例とすると、ＰＣ橋とは、橋梁上を走行する車輌荷重や自重などの各種荷重作用によって生じる応力を減殺するように、逆方向にプレストレッシングによる応力をあらかじめ与える構造原理を使った橋梁のことである。であるから、ＰＣ橋において、ＰＣ鋼材によってもたらせるプレストレッシングはプレストレスト構造として成り立つためのキーポイントであることはおわかりと思う。今回話題とするＰＣＴ桁橋の製作方法には、現場で緊張作業を行うポストテンションタイプと工場で緊張作業を行うプレテンションタイプの2種類がある。

より細かく説明すると、現地に製作ヤードがある場合は、現場で緊張作業（プレストレッシング）を行うポストテンション方式によって主桁を製作し、下部工上に移動させて架設し、その後荷重分配等で必要な横桁を打設し主桁間に間詰床版を造り、ＰＣ鋼材によって橋軸直角方向にプレストレッシングすることで一体構造とする建設工法である。現地ヤードが無い場合は、工場で緊張作業を行うプレテンション方式によって主桁を製作し、架設現場に輸送し、その後はポストテンション方式で説明した方法と概ね同一方式で架設する方法が一般的である。ＰＣＴ桁橋は、これまで国内の中小橋梁に数多く採用されている。その理由の第一は、建設費用の総額が安価であると判断されていること、第二には、供用開始後の維持管理作業が鋼道路橋と比較して少ないと考えられていたからである。ここに示すように信頼の高いＰＣ橋の中でも採用事例が多いのは、ＰＣ床版橋とＰＣＴ桁橋である。今回、私が何度

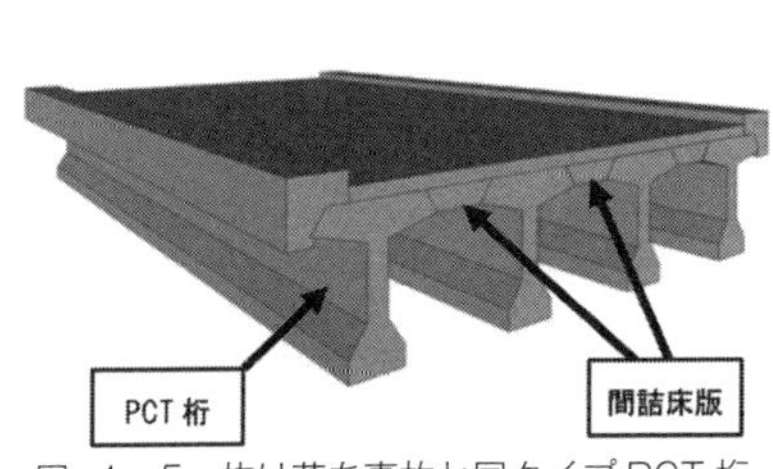

図 -1・5　抜け落ち事故と同タイプ PCT 桁

も執筆する機会を窺っていたのは、図-1・5に示すPCT桁橋の話なのだ。

## (2) 道路橋の桁下から空が見える

当時、管理する全ての橋梁を対象に、自らが定めた点検要領によって定期的な点検を開始して3巡目となった時に、予想していた変状と異なった事態が起こった。話題として提供するPCT桁橋についても、5年に1度の頻度で行ってきた定期点検で発見された代表的な変状は、写真-1・14で示す主桁と間詰め床版の継ぎ目から析出する著しい遊離石灰、鉄筋腐食、はく離、写真-1・15で示す支承腐蝕など、現在と同様である。これら代表的な変状について、発生する原因を考えてみると、例えば、間詰床版に絡む前述のような遊離石灰の析出は、現場コンクリート打設時の配慮不足など施工時の瑕疵によって問題を抱えていた可能性が高い。このような場合、変状の進行が早く、周辺部を含めてコンクリートが欠け落ちるような状態となる場合が多いことから、要観察もしくは早期措置と判断するべき変状である。しかし、このような著しい変状状態となった以降に抜け落ちる事例も少なく、ましてやほとんど外観上変状も観察されない状況であれば間詰床版が抜け落ちるとは、当時は考えもしなかった。

PCT桁橋は、比較的支間長が短い箇所、取り付け道路橋などに採用されている事例は多いが、ここで紹介する事故が起こるまでは、致命的な状態に至るような変状事例はないと考えていた信頼性の高い構造形式と判断していた。具体的なコンクリート構造に発生する変状としては、桁端部のせん断ひび割れや支間中

写真-1・14　代表的な変状遊離石灰析出

写真-1・15　ひび割れたPCT桁

央の曲げ、ひび割れ、ＰＣ鋼材に沿ったひび割れの発生であるが、私の経験ではこれら変状は少なく信頼できる構造であった。しかし、その時発見された間詰床版の抜け落ち事故は、私の前述したＰＣＴ桁橋への信頼性を大きく覆す事件となった。

抜け落ち事故は、定期点検を行っている現場からの通報で始まった。

「髙木さん、海岸通りの運河を跨ぐA橋の路面点検を行っているのですが、伸縮装置から少し離れた箇所でアスファルトの路面が下がっているように見えるのですがどうしたら良いでしょうか？」

現場担当者Ｂさんは、橋面上で無ければ、常温合材等で穴埋め作業をすることになるが、橋梁部分であることから安易に穴埋め作業することは止めた方がよいと感じただけでなく、路面が下がった今回の事態はいつもと違って重大な報告事項であると感じたようである。私は、彼の通報により現地の状態を細かく聞くうちに、いつもの嫌な直感が働いた。

「Ｂさんの心配していることは取り越し苦労かもしれませんが、安全策を取りましょう。すぐに交通規制の手配をして、路面が下がっている箇所に車両が乗らないようにしてください。これから直ぐに現場に行きますから」

と指示し、現場に向かった。そこで見た光景が写真-1・16である。驚いた。路面が下がっているとの報告から悪い方向に一歩進んで、路面に穴が開いているではないか。なぜ、穴が開くのか？

一般的な鉄筋コンクリート床版であるなら桁端部であることから抜け落ちの確率は高いし、事例も多く見ている。しかし、当該箇所は、鉄筋コンクリート床版ではない、デスクで見てきた資料が合っていればＰＣＴ桁橋である。私の過去の経験ではＰＣＴ桁橋でこのような事故が起こった記憶がない。そこで、直ぐに桁下にまわって、どの

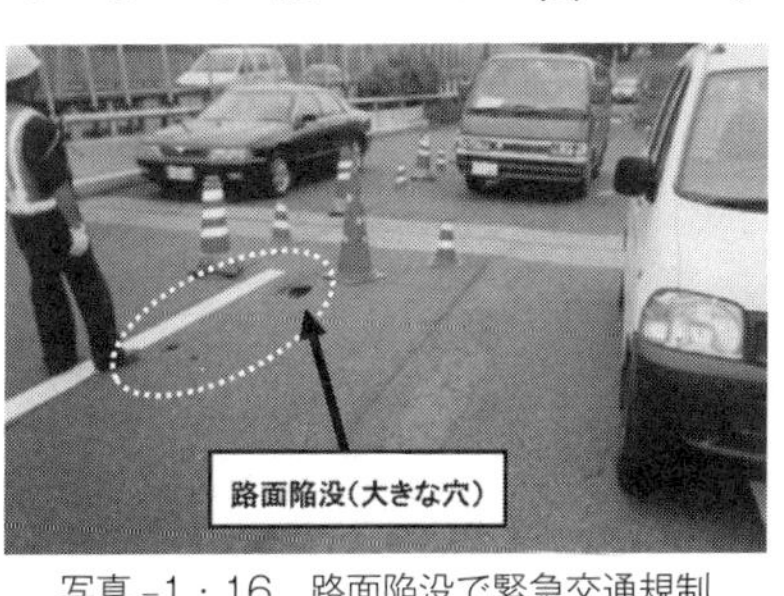


写真-1・16　路面陥没で緊急交通規制

ような状態となっているのか確認することとした。側道にまわり、桁下で現場を見て腰が抜けるほど驚いた。橋脚から2m程度離れた地上に黒いものが付着しているコンクリート塊（写真-1・17参照）が転がっているではないか。それも、桁下にお住いの方（桁下によく、路上生活者が住んでいる事例がある）の写真-1・18で示すように残した残骸（段ボールや食べかす）のすぐ横の地面にコンクリート塊がある。私が行く前に先行してネットフェンスのカギを開けて桁下の落下現場を確認したBさんの話では、路上生活者と見られる人がコンクリート塊の横に立っていて、「大丈夫ですか?」と聞いたところ、「何だか知らないけど上から石の塊が落ちてきた。私は橋にも触れていないし、何もやっていないから無実だ、たまたま今ここにいるだけだ」と言い残して逃げるように立ち去った、とのこと。

　桁下からコンクリート塊が抜け落ちた箇所を見た状況が写真-1・19である。写真でも明らかなように、確かに抜けた先に空が見え、アスファルト舗装の一部が確認できるだけでなく、設置したばかりのような光沢のある横締めシース材も確認できる。不思議だ、なぜ補強鉄筋がないのか?（この時は、自分に施工の変遷に関する知識がなく、昔、同様なPCT桁橋を架設した際、間詰床版部分には、補強

写真-1・18　間詰床版が転がっていた桁下

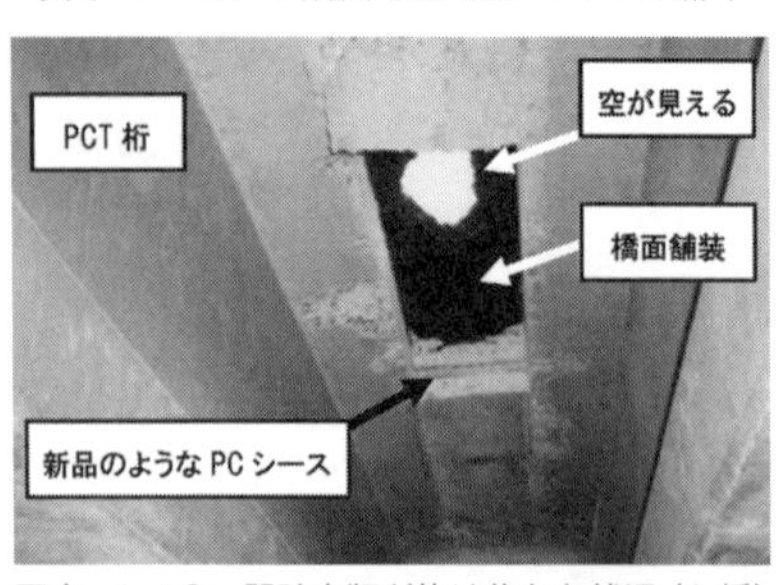


写真-1・19　間詰床版が抜け落ちた状況（A 橋）

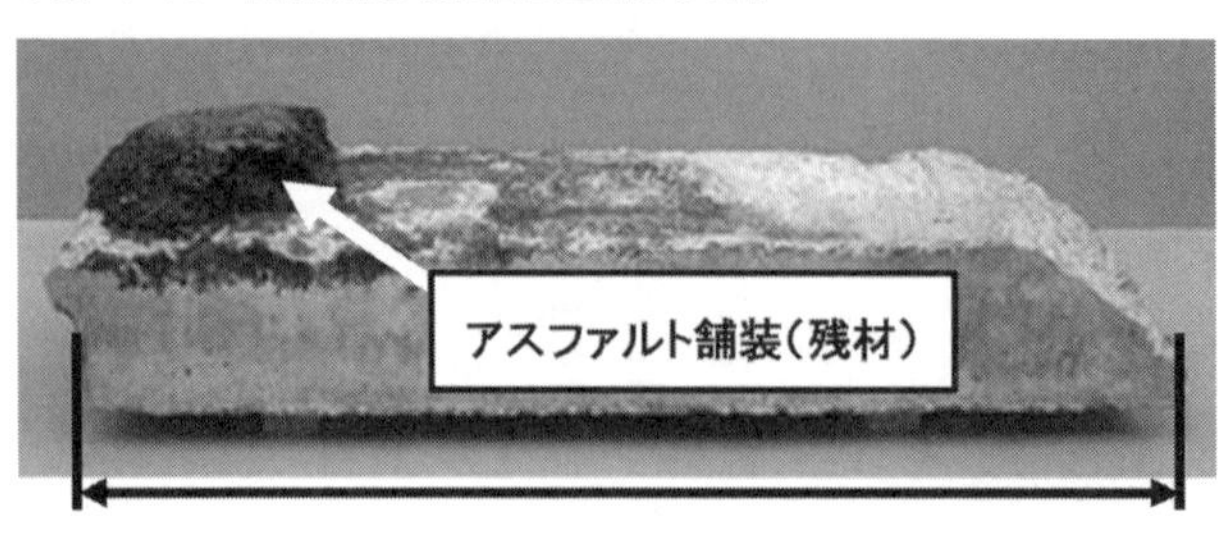


写真-1・17　橋の下に落下した間詰床版（A 橋）

鉄筋を組んでいたからであるが）まず頭に浮かんだ原因としては施工不良だ。しかし、こんなことが本当にあるのかと思いながら、「直ぐにカラーコーンによる仮設規制帯を常設の強固な交通規制帯に変更して、それと同時に所轄警察署に現状を説明し、復旧には数時間かかると説明してください」と指示した。当然、次には現場の抜け落ち箇所を塞ぐ鋼製の覆工板による仮復旧を依頼し、半日後には交通規制を解除したのは言うまでもない。

現場担当者Bさんのお手柄だ。彼があのまま何も不安も感じることなく当該箇所を通り過ぎて行ったとしたら、その後確実に大きな穴が開き、車両が横転するような大惨事となり、その日の夕刊、テレビで大騒ぎになったことだろう。紙面には、「橋に落とし穴、懲りない管理者、またもや安全を軽視・・・」となっていたかもしれない。さてそれからが事態の収拾に向かって、私を含め大変なことになった。

## (3) 間詰床版の抜け落ちは稀有な事故なの？

路面陥没事故は、管理者として判断すると極めて危険度レベルが高い状況であると明言できる。その理由は、都市内の主要幹線上の路面とは、平坦で大きな凹凸が無いと利用者は考えているのが国内の常識である。しかし、路面に穴があることは利用者には全く分からない。底のない落とし穴が道路にあるような重大事なのだ。万が一、この穴に車両がハンドルを取られたり、バイクや自転車の車輪が穴にはまって交通事故となった場合、管理者として重大な瑕疵と判断されるだけでなく、住民の信頼を大きく失う事態となる。

同様な事例として、1990年1月JR御徒町（おかちまち）駅前の春日通り路面大陥没事故があげられる。この事故の時は、博多駅前路面陥没事故とは異なって、轟音とともに陥没した穴に数台の車両が嵌り、テレビ画面に映し出された状況から組織あげての緊急事態となった。ひっきりなしにかかる報道からの電話への対応、広報担当や警視庁への対応など事態収拾に1年以上かかった苦い経験がある。御徒町駅前陥没事故発生当時、私は道路管理に関連する組織に在籍していたが、事故発生時に不幸にも国の委員会で離籍していた。技術を担当している総括責任者であるC部長からの電話で「この緊急事態にどこをほっつき歩いているのか！」と叱責されたのが昨日のようだ。

この事故が道路管理における大きな教訓となり、事故対応委員会を組織、埋設物や空洞探査の調査要領書を策定、管理区域全域で路面の空洞探査が開始されることになった。その教訓があったからこそ、今回の事故内容を軽視できないと考えたのは当然なのだ。ＰＣＴ桁橋の間詰床版が抜け落ちる変状は、当時は発生した原因が明らかでなかったことから、想定できるあらゆる手段をとって原因究明を行うことが必要であると考えた。

しかし、思い違いとは怖いものである。前章で鋼桁の溶接不良について説明したが、今回のＰＣＴ橋の場合も鋼桁の溶接部と同様な施工上の瑕疵があったのかと思い込み、施工会社は何処か、同一建設年次の道路橋は何処にあるのかを主として調査を開始した。当然事故橋梁の前後と分離して架設している逆車線の橋梁を調査し、再度現場に行って抜け落ちた部分をしばらく眺めている時、自分が考えていたことと大きな違いがあることに気づいた。それは、空が見える状態となった間詰床版の両サイドにある桁構造が想定と異なっていることである。主桁の側面に、あるはずのハンチ加工（斜めにカットしたような構造）が無い。自分が監督したＰＣＴ桁架設工事の時にはハンチと補強鉄筋があったのに、今回は両方とも無い。すぐにデスクに戻り、現地の橋歴板から分かった建設会社のＤ建設会社に電話、発生した状況を話し直ぐ来てもらうことを依頼した。

Ｄ建設会社の営業と技術者と私を含めた打ち合わせが始まったのは事故の２日後である。私が、一昨日の事故状況、現場で確認したことなどを説明、写真を見せて変状発生の原因を聞いたところ、Ｄ建設会社の担当技術者は、

「今見せていただいた写真のような抜け落ち事故は、私の経験では見たことも聞いたこともない。たまたま、当該箇所に路面上の走行車等から落下物があり、それが引き金となって一部抜け落ちるようなことになったのではないでしょうか」

との説明であった。私は、

「走行中の車両から重量物が落下したのであれば、所轄警察署や道路パトロールもしくは利用者から通報があ

るのが普通ですが。確か、現場で聞いた時に担当者からはそのような話は聞いてはいませんし、路面にも傷はなかったと記憶していますが」

と答え、次に私から、

「言いにくいのですが、Ｄ建設会社が施工した同様な橋梁で同じような抜け落ち事故の報告はありませんか？」

と聞いたところ、Ｄ建設会社の営業は、

「先ほども説明したように、このような事故は起こってはならないことです。私どもが建設した道路橋は数多くありますが、同様な事故は無いと断言できます。再度、社に帰って調べてはみますが」

と答えが帰ってきた。最終的な結論が出た後で考えれば、この答え方は何とも無責任で、組織的な隠ぺい体質を物語る回答となる。同様なやり取りが何回か続いた後に私は、

「まあ、どちらにしても抜け落ちの原因と他の箇所への抜け落ちの進展等を至急調べてください」

と依頼し、聞き取り調査及び打ち合わせは1時間もかからないで終了した。

しかし、何度考えてもＤ建設会社のプロフェッショナルとして評価されている技術者の説明した内容に大きな疑問を抱くと同時に、何か腑に落ちない気分が増してきた。私の質問したことに対し、どう考えても真摯な対応ではない。それまでは、業界の専門技術者と話し、説明を聞くとスッキリした気分となるはずが、打ち合わせ会議が終了しても、もやもやした気分が晴れない。

そこで、私が疑念を抱く間詰床版に関する資料を徹底的に調べることとした。第一に建設年次である。橋歴板を見ると１９６９年（昭和44年）1月の竣工を示している。その過程で、自分自身がＰＣ構造に不勉強で、設計上の構造詳細の変更を何度か行っていることを全く気付いていないことが明らかとなった。ＰＣＴ桁は、建設し始めた当初、上フランジ側面部分は鉛直形状であり、テーパーが無い。プレテンションＴ桁の場合、１９６０年制定のＪＩＳＡ５３１６の構造詳細図にはテーパーは無い。要は、ポストテンションＴ桁橋の場合は、１９６９

年（昭和44年）の建設省標準公開以降、プレテンションT桁橋は、1971年（昭和46年）JIS改正時に上フランジ側面にテーパーを設けるようになったのだ。であるから、私が、橋梁建設現場で見ていた構造には、当然側面にはテーパーがあるだけでなく、補強鉄筋もあるので、その場で感じたのは正しかった。

ここまで調べて私のD建設会社に対して抱いていた信頼は揺らぎ、不信感へと大きく変わることとなった。構造の変遷が明らかとなった時点で再度D建設会社に連絡。当然、本件について再度聞き取り調査を行ったのは言うまでもない。しかし、D建設会社の技術者も変なところで粘り強い。なかなか、抜け落ち事故を起こした構造の弱点を認めたがらない。そればかりか、「構造変更は安全性を向上させるための対策で、テーパーや補強鉄筋が無くても抜け落ちることは無いし、抜け落ちた事例も無い」とのご立派な見解で受け答えし続けるのは何故だったのか。

「それではなぜ構造変更を、JIS改定や建設省標準構造として昭和40年代半ばに集中して行ったのか？」

と再度問いかけると、

「PCT桁橋の間詰床版は、フランスの技術書に示されている考え方を適用したで構造です。具体的には、PCT桁橋に挟まれる構造の間詰床版は、間詰床版を挟む桁のアーチアクション原理であることから、主桁が不同沈下したりしなければ抜け落ちることは考えられない。並列している主桁同士の一体性を保つために PC鋼材で側面から横締めしているので、間詰め部が抜け落ちることは無い」

との立て板に水がごとき説明であった。ご丁寧に、国内にPCT桁を採用し始めた昭和30年代のフランスの資料を持参し、机上に示しての解説。私に納得のいかない説明を行った技術者の名前は、当人の名誉のため差し控えるが、

「私が調べた範囲では抜け落ち事故は今回が初めてです。今後はこのような事故発生はありえない、運が悪かったのですかね・・・」

と強気とも感じられる態度にあきれ果てた。私は、彼が話を続けている後半は心の中で他のことを考えていた。「いや、今彼らが説明していることは嘘だ。この事故は、我々技術者に警鐘を鳴らすために起こしてくれた事故だ」と。それと同時に、私を含めた行政技術者を軽視し、業界の不始末を認めない体質を改善するために、間違いを指摘しようじゃないかと強く思ったのはこの時である。

その後は、彼らの期待を裏切って管理者側が主導権を握った調査を開始することになった。彼らは、私が自らの追求姿勢を諦め、D建設会社の費用で追跡調査等を行うことを私から依頼提案すると考えていたようである。私のPC構造に対する無知が彼らをそのように考えさせ、行動させたのかもしれない。しかし、私は彼らが日頃付き合っている行政技術者とは違うのを判っていなかった。事故原因や変状の進展を上司に説明するには、種々なデータや分析結果から論理的に、それもわかり易く説明するのが最適であることを実務として学んでいる。それは、先に示した鋼桁の溶接不良事件で痛いほど感じていたからなのだが。そのため調査費用は、管理者側の費用で行うのは当たり前で、色を付けたような業界主導の調査を依頼するような行動は絶対避けるのが私のやり方なのだ。

その後、組織内における予備費を今回の調査費用へ流用するための説明が終わり、D建設会社の営業と技術者を呼んで本格的調査を開始することを告げたのは、事故発生から1週間経過した時である。D建設会社の営業は「髙木さん、本当に本件の調査委託を発注するのですか？　どのように、どこまで調査し、いつ頃結論をだす考えですか？」と聞いてきた。どうしたら良いのかを教えてほしい『お先真っ暗な』状態であったのは事実であるが、後戻りできない状態であった。予算管理が厳しい時期に、予備費を流用してまで調査委託を緊急で出すのは、主要幹線での事故であること、事故原因が明らかでないこと、御徒町駅前陥没事故の再来となる可能性があるなどと説明したからもあるが、技術者としてのプライドを優先したのが第一だ。その後、調査を軌道にのせる1か月の間、連日夜中まで残業をしてPC桁の劣化原因など関連資料を調べ、考え込む日々が続いた。次にPCT桁橋の間詰床版抜け落ち事故に関する調査の流れについて説明しよう。

## ⑷ ＰＣＴ桁の緊急調査を行ってみたら

事故当時、私が考えていた抜け落ちの主原因は、横締め力の低下と間詰床版の乾燥収縮によってＰＣＴ桁と継ぎ目に空間が開き、そこに雨水等が侵入し、摩擦力が低下して抜け落ちとなったと考えていた。変状発生の主原因が不明な過程でとった行動は、同様な抜け落ち事故が起こらないように、もしくは抜け落ち変状の兆候をいち早く発見する目的で組織が管理する同一条件のＰＣＴ桁橋の抽出を行った。

ＰＣＴ桁調査の流れを図-1・6に示したが、第一絞り込み対象となる橋梁はＰＣ橋２７４橋、主桁ハンチの有無、補強鉄筋の有無などが抜け落ちの大きな要因である考えていた。そこで構造詳細が変わった１９７１年（昭和46年）以前での絞り込みを行った結果、88橋が実調査の対象となった。さらに、間詰床版の幅、横締め間隔、遊離石灰漏出状況などによって抜け落ちる確率が高そうな55橋について最終絞込みを行い、それらを対象として近接目視調査を行うこととした。

抜け落ち事故を起因とした緊急調査は、３段階に分けて実施することとなった。第一段階は、目視による調査を行政技術職員が中心となって即日総動員体制で行い、第二段階は、床版と主桁の接合部近辺の開口ひび割れ、遊離石灰析出、漏水に着目し、横締め位置のひび割れ発生を見逃さない請負委託による絞り込み調査を行った。第三段階は、桁下が鉄道など抜け落ちによって第三者被害や重大事故となる橋梁を対象に、こ

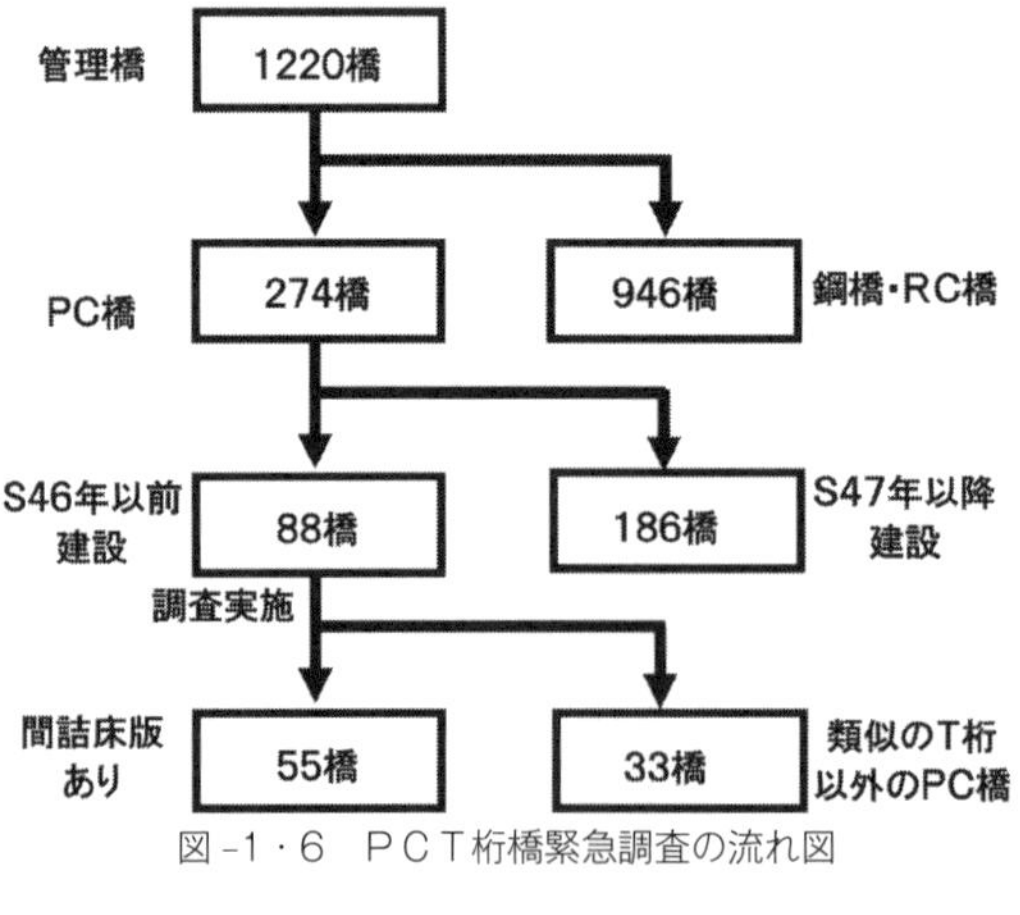

図-1・6　ＰＣＴ桁橋緊急調査の流れ図

れは行政技術職員と請負委託によって行うこととした。

対象部分や発生している現象を絞り込んだ調査を行う過程で明らかとなったことがある。それは、現在にもいえることだが対象数量が多く、点在している箇所を短時間で調査を行うには、やはり人による目視調査が最適であるということであった。人による調査以外に、赤外線調査、弾性波レーダー調査、デジタル写真分析などを使用すれば、より精度の高い調査結果を得られると考えたくなるが、数が多く、点在する箇所を短時間で行えるのは、やはり人による方が最適なのだ。もしも、同様な変状を15年前でなく、今時点で対応方法を検討するのであれば多少違うのかもしれないが。今日のように種々な調査法も開発されていることを考えるとドローンなどの活用も候補にあがったかもしれないが。次に対象橋梁について近接目視点検を行った結果について説明しよう。

調査対象橋梁88橋に対し第一段階の目視調査を行った結果、抜け落ちの可能性を示唆できたのは、床版と主桁結合部に著しい遊離石灰漏出が確認され、開口亀裂が遠望目視でも確認できる1橋のみであった。第二段階の外部委託による調査は、抜け落ち損傷と同様な床版幅となっているPCT桁55橋に対し行った。調査の結果から、床版と主桁接合部にひび割れが既に発生している橋梁は8橋、その中で遊離石灰析出箇所は20箇所、漏水が認められる箇所は3箇所、ひび割れと遊離石灰両方が認められる橋梁は5橋であった。ここまでの調査で、間詰床版の抜け落ちに関連する変状発生が交通量、飛来塩分などの周辺環境との相関性について調査結果を基に分析したところほとんど無いことも明らかとなった。第三段階の調査対象は、21橋である。調査方法は、抜け落ち損傷に最も関連すると考えられるひび割れに着目し、橋軸方向、橋軸直角方向のひび割れ発生数やひび割れ延長などについてそれぞれを重点的に調査した。

調査結果を表-1・1に示したが、21橋の内、過去に健全度評価がDランク（注意）の橋梁は7橋の33・3％である。Dランク橋梁のひび割れに着目すると、ひび割れ本数は、1～192本、ひび割れ延長は16・8m～74・7m、発生度は0・02～0・27である。しかし、Cランクの径間でもひび割れ数が189本の箇所やひび割れ発生度が0・

34の箇所があるなど健全度評価とひび割れに関連性がない。ここで詳細な表を示すのは省くが、パネル毎の橋軸直角方向ひび割れ本数は、大型車交通量に関連する傾向が見られ、桁端部が中間部より若干多い傾向が見てとれた。今回の調査で抜け落ちの可能性大として判定できるのは、橋軸直角方向のひび割れ発生率が、１・０以上の場合は、抜け落ちの可能性がありそうだとのお寒い結論となった。

これは、調査で得られたひび割れ延長や発生確率などを抜け落ち予測には使えず、遊離石灰や漏水などが伴う場合は抜け落ちの可能性が高いと推測する、あくまで定性的な判断基準となった。

しかし、抜け落ちと同構造の間詰床版については、外観調査によ

表 -1・1　ＰＣＴ桁橋詳細調査結果一覧（21 橋 /55 橋）

| 橋梁名 | 建設年 | 桁種類 | 橋梁幅員(m) | 径間長(m) | 主桁本数(本) | 間詰床版延長(m) | 交通量 | | 床版部評価 | | ひび割れ数等 | | |
|---|---|---|---|---|---|---|---|---|---|---|---|---|---|
| | | | | | | | 総台数 | 大型車混入率 | 前々回 | 前回 | 合計(本数) | ﾊﾟﾈﾙ数(箇所) | 発生度 |
| A橋 | 1956 | PCﾎﾟｽﾃﾝ単純T桁 | 46 | 15.4 | 48 | 722.9 | 12,728 | 32.3% | A | C | 192 | 168 | 1.14 |
| B橋 | 1969 | PCﾌﾟﾚﾃﾝ単純T桁 | 38 | 14.1 | 48 | 662.7 | 23,900 | 11.7% | A | A | 0 | 92 | 0.00 |
| C橋 | 1963 | PCﾎﾟｽﾃﾝ単純T桁 | 14 | 19.4 | 9 | 155.2 | 39,426 | 19.5% | B | B | 71 | 36 | 1.97 |
| | | | 〃 | 19.4 | 9 | 155.2 | | | A | B | 1 | 36 | 0.03 |
| | | | 〃 | 19.4 | 10 | 174.6 | | | A | B | 58 | 36 | 1.61 |
| | | | 14 | 17.7 | 10 | 159.3 | | | C | B | 87 | 32 | 2.72 |
| | | | 〃 | 17.7 | 9 | 141.6 | | | C | B | 73 | 32 | 2.28 |
| | | | 〃 | 17.7 | 9 | 141.6 | | | B | B | 58 | 32 | 1.81 |
| | | | 〃 | 17.7 | 9 | 141.6 | | | C | B | 13 | 32 | 0.41 |
| | | | 〃 | 17.7 | 9 | 141.6 | | | D | B | 5 | 32 | 0.16 |
| D橋 | 1963 | PCﾌﾟﾚﾃﾝ単純T桁 | 14.0 | 13.4 | 20 | 254.6 | 39,406 | 19.5% | A | C | 1 | 57 | 0.02 |
| | | PCﾎﾟｽﾃﾝ単純T桁 | | 17.4 | 9 | 139.2 | | | A | A | 6 | 32 | 0.19 |
| | | | | 17.4 | 9 | 139.2 | | | A | B | 19 | 32 | 0.59 |
| | | PCﾎﾟｽﾃﾝ単純T桁 | | 17.4 | 9 | 139.2 | | | A | C | 67 | 32 | 2.09 |
| | | | | 17.4 | 9 | 139.2 | | | A | A | 22 | 32 | 0.69 |
| | | | | 17.4 | 9 | 139.2 | | | A | A | 23 | 32 | 0.72 |
| | | | | 17.4 | 9 | 139.2 | | | A | A | 82 | 32 | 2.56 |
| E橋 | | PCﾎﾟｽﾃﾝ中空桁 | | 15.3 | 22 | 321.3 | 18,372 | 19.4% | B | B | 27 | 84 | 0.32 |
| | | | | 18.2 | 22 | 382.2 | | | B | B | 0 | 84 | 0.00 |
| | | | | 15.0 | 22 | 315.0 | | | C | C | 6 | 84 | 0.07 |
| F橋 | 1968 | PCﾌﾟﾚﾃﾝ単純T桁 | 14.5 | 18.0 | 14 | 234.0 | 38,148 | 25.1% | A | C | 3 | 52 | 0.06 |
| | | PCﾌﾟﾚﾃﾝ単純T桁 | | 18.0 | 14 | 234.0 | | | A | B | 49 | 52 | 0.94 |
| G橋 | 1968 | PCﾎﾟｽﾃﾝ単純T桁 | 32 | 15.0 | 29 | 420.0 | 32,528 | 7.9% | C | D | 90 | 92 | 0.98 |
| H橋 | 1968 | PCﾎﾟｽﾃﾝ単純T桁 | 50.0 | 15.0 | 47 | 690.0 | 34,888 | 12.4% | C | C | 57 | 160 | 0.36 |
| I橋 | 1970 | PCﾎﾟｽﾃﾝ単純T桁 | 55.0 | 16.1 | 40 | 627.9 | 32,015 | 12.1% | C | C | 189 | 152 | 1.24 |
| J橋 | 1966 | PCﾌﾟﾚﾃﾝ単純T桁 | 15.0 | 12.9 | 23 | 283.8 | 8,770 | 20.9% | C | C | 2 | 44 | 0.05 |
| K橋 | 1972 | PCﾌﾟﾚﾃﾝ単純T桁 | 36.0 | 10.9 | 37 | 392.4 | 28,999 | 16.7% | A | A | 35 | 68 | 0.51 |
| L橋 | 1966 | PCﾎﾟｽﾃﾝ単純T桁 | 13 | 22.9 | 7 | 137.3 | 3,557 | 5.7% | B | B | 47 | 24 | 1.96 |
| M橋 | 1964 | PCﾎﾟｽﾃﾝ単純T桁 | 20 | 30.0 | 13 | 360.0 | 24,168 | 24.6% | B | C | 4 | 44 | 0.09 |
| N橋 | 1965 | PCﾎﾟｽﾃﾝ単純T桁 | 9.7 | 21.6 | 10 | 194.4 | 47,795 | 21.6% | A | B | 2 | 36 | 0.06 |
| O橋 | 1965 | PCﾌﾟﾚﾃﾝ単純T桁 | 12 | 13.8 | 16 | 207.6 | 47,795 | 21.6% | A | C | 0 | 30 | 0.00 |
| P橋 | 1965 | PCﾌﾟﾚﾃﾝ単純T桁 | 6.7 | 13.8 | 8 | 96.9 | 47,795 | 21.6% | A | B | 0 | 14 | 0.00 |
| Q橋 | 1961 | PCﾌﾟﾚﾃﾝ単純T桁 | 15.8 | 14.0 | 23 | 308.0 | 14,209 | 7.9% | B | B | 13 | 74 | 0.18 |
| R橋 | 1964 | PCﾌﾟﾚﾃﾝ単純T桁 | 27 | 15.0 | 44 | 645.0 | 18,487 | 11.3% | C | B | 1 | 148 | 0.01 |
| S橋 | 1969 | PCﾎﾟｽﾃﾝ単純T桁 | 6 | 19.5 | 5 | 78.0 | 29,593 | 26.4% | A | A | 0 | 16 | 0.00 |
| T橋 | 1969 | PCﾎﾟｽﾃﾝ単純T桁 | 14 | 19.6 | 12 | 215.6 | 29,562 | 26.4% | A | A | 0 | 44 | 0.00 |
| U橋 | 1978 | PCﾌﾟﾚﾃﾝ単純T桁 | 40.0 | 15.5 | 40 | 604.5 | 30,262 | 30.2% | - | B | 74 | 74 | 1.00 |
| 合計(21橋) | | | | | | | | | | | | | |

る判断基準を明らかにすることはできなかったが、設計資料などから抜け落ちの可能性が極めて高いと判断した。その理由は、対象としたPCT桁橋間詰床版は、現在とは異なって補強鉄筋は無く、主桁側面形状がテーパー形状となっていないことが挙げられ、抜け落ちる可能性が生じた時、防ぐ手段が無い構造だからだ。また、頼りの横締め導入プレストレス量についても当時は1・5～2・0N／㎟程度、現在は3・0N／㎟と50・0～66・7％と少ないのは更に悪い。

以上のように、詳細調査結果からは床版抜け落ちの傾向は見極めることは不可能であったが、供用中の主桁と床版の継ぎ目に遊離石灰析出、漏水跡や進行性ひび割れなどが多数確認したことは不幸中の幸いであった。この結果を受け私は、これらをいずれ抜け落ちる可能性が高い間詰床版構造と結論づけ、最終結果を待たずに対策を開始することとした。また、近接目視調査以外に、間詰部がなぜ抜け落ちることになったのかを工学的に説明することが重要であると考え、行政主体で今後の対応を含め、室内実験、実橋実験、高度計算を行うこととした。しかし、行政も悪いが業界も・・・。

## ⑸ 行政技術者のリスクマネジメントとは

これまで予想もしていなかった間詰床版抜け落ち事故の詳細を説明するとともに、分かっていた事実（事故に直結する構造上の弱点など）を隠そうとする業界の体質について、細かく説明した。供用している道路施設に報告の無い事故が起これば、管理者としては当然同様の事象が起こる可能性を危惧し、事故を未然に防ぐために緊急調査を行うのは当たり前である。

第一段階の調査は、職員の協力によって何とか終わりはしたが、私個人としての不安は一層増す状態となった。その理由は、第一段階の調査では、以前から分かっているPC桁に発生する変状をおさらいするばかりで、何ら新たな知見を得ることはできなかったからだ。これでは、なぜ抜け落ちたのか、他に波及する可能性はあるのか等を論理的に説明ができず、安全を確保したと外部に説明もできない。頼りにしていた国内でトップと言われているＰＣ橋梁メーカーＤ建設会社の専門技術者の口からは、原因不明との回答しか返ってこないのが悲しい。万が一、同様の事象が管理区域内で発生し死傷事故となった場合、安全性を軽視しているとの社会的評価が予想され、管理瑕疵を問われるのは我々だ。外部に助けを求めるにしても、四面楚歌に近い現状を考えるとお先真っ暗であった。

それよりも、抜け落ち事故について相談したＤ建設会社から情報が漏洩し報道機関に伝われば、最悪の事態を招く。ここで、記事や番組公開について、管理者と報道担当者とのやり取りが分からない方々に説明する。一般的に、報道は真実を伝えることを基本とはしているが、視聴者の報道内容への食いつき方などから、行政側が悪者と捉えられるような表題となる場合が多い。これは、視聴率や読者数を競う報道社会の呪縛である。本来、正しく報道するべきであるが、公正な記事を出そうとして表題をつくると、それのみで判断し内容を見る人が減ることから、チーフ記者が視聴者の飛びつく表題づくりを記者に指示するのが現状なのだ。報道取材を受けた方はおわかりと思うが、自分の話したことがすべて記事になることは少なく、視聴者や読者受けするように切り貼りされる場合が多い。であるから、ＰＣＴ桁間詰床版の事故に関しても、「危険な橋を放置していた〇〇管理者、安全性軽視の体質が問題だ！」との見出しが躍り、「予想もしなかった、できなかった構造上の弱点・・・」の補足説明は、よく読まないとわからないような記事となるであろう。取材時に、住民や関係者等が誤解しないように、細々と原因、対策方針を述べたとしても、紙面の都合やニュース放映時間の制限等を理由に伝えたい部分をカットされてしまう。

ＰＣＴ桁橋の抜け落ち事故発生時も同様で、私が最も恐れていたのは、先に示した報道の負のシナリオに嵌ることであった。抜け落ち事故情報は、Ｄ建設会社技術陣からも漏洩の可能性はあった。しかし良く考えると、「偶然の出来事、過去に経験の無い事故」などと説明している状況を考えると、その可能性は皆無と考えた。自らの首や会社、業界の不名誉となる評価をかけてそのようなことを行うことは無く、推測の域を脱しないが社内に箝口令を敷いたのであろう。それよりももっと恐れていたのは、自らの行政組織内からの内部告発であった。行政が組織的な問題点を、外部から指摘を受け訴訟に繋がる事象のほとんどは、内部告発が起因となっているからだ。

そこで私が取った苦肉の策は、著名な学識経験者を入れた委員会の立ち上げと報道への委員会開催の公表であった。私は今でも報道を敵ではなく味方につけ、互いにウィンウィンの関係をつくりだすことこそ、行政技術者に必要不可欠であると確信している。住民や報道を敵に回すことを避けるのが第一で、それができないようでは行政技術者として半人前と言える。私がすぐに、組織総動員体制で緊急調査を開始したこと、専門家に原因究明に協力を依頼し、委員会を立ち上げたこと、事故内容を一部公表したことは、行政技術者のとるべき行動鉄則だからである。ここで最悪の事態は、調査や公表が後手に回り、隠ぺい状態で同様な事故が起こることだからだ。

さて昨今、多種多様なインフラに関係する事故報道が溢れている。私がここで述べた、行政技術者の業務におけるリスクマネジメントがおわかりの方はどれほどいるのか？　このところ連続する報道の『管理者叩き』に不安を抱き、住民の信用失墜がますます増加するであろうと感じているのは私だけであろうか。それでは、第二弾の実橋のプレストレス量測定に取り組んだ話に移すことにしよう。

## (6) 葛藤、抜け落ち事故の公表

ＰＣＴ桁橋の間詰床版に着目した現地調査を進めていて、これでは安全確保はできない、ダメだと思うようになった。なぜか？　それは、確かに間詰床版の起こっている変状を把握することはできる。しかし、それが間詰床版抜け落ち予測には繋がらない。どうしても、ＰＣＴ桁間詰床版に関する構造変更について、ＰＣ技術者から納得のいく説明が無いことが頭から離れない。どう考えても、桁側面にテーパーを付けたり、補強鉄筋を入れることは工事費アップとなるはずだ。安全と言える構造に関して請負業者側が構造変更を提案したら、工事費用アップを発注者が認めるのであろうか？　当初設計に無い構造に変更する、過大設計と捉えられる変更案を認めるかである。

私が発注者側であれば、それは『ＮＯ』である。間詰床版の抜け落ちも不思議だ、Ｄ建設会社技術者の説明が何かおかしい、組織ぐるみで私に何か隠している・・・。何か変だ、おかしいと思ったら良く考えることだ。

以前ＰＣ構造について学んだ時、内部ひずみによって発生する応力度が荷重作用によって、発生する応力度を打ち消すアーチ作用も広く捉えればプレストレスとの考え方を聞いている。間詰床版とＰＣＴ桁を一体化させるために、ＰＣ鋼材を使って橋軸直角方向にプレストレッシングする考え方だ。

ここで、当時他の文献を調査してわかったことがある。それは、上フランジ側面に新たに設けたテーパーは、場所打ちコンクリートの乾燥収縮によってひび割れる変状に対し、講じる安全処置との記述である。わからないことはやはり確かめるべき、との考えがついに頭をもたげ、実橋のプレストレス測定が必要との考え方が生まれた。ＰＣ構造に関する知識が少ない頭で、何故抜け落ちるのかについて、種々な資料を基に考え、どのように進めるかも同時に考えた。まずは抜け落ち原因である。間詰床版は、場所打ちコンクリートであり、時間経過に伴って乾燥収縮する。しかし、橋軸直角方向に１.５～２.０Ｎ／㎟程度の緊張力が作用しているので、乾燥収縮したとしても間詰床版とＰＣＴ桁境界部に隙間が空くとは考えられない。となると、何らかの原因で想定しているプレストレッシングが作用しないか、ＰＣ鋼材のリラクセーションなどによって緊張力が弱まるかが考えられる。

しかし、いずれも抜け落ちの考え方としては理解できるが、推定の域を脱してはいない。いずれにしても、抜け落ちた間詰床版を細かく調べてみようと考えるようになった。ここでも変な勘が功を奏したのか、抜け落ちたコンクリート片を廃棄せずにそのままの形で持ち帰っていたのが役立った。第一に始めたのは、コンクリート片の形状測定と性状調査（打設時のコンクリート強度、配合推定、ヤング係数、中性化深さ、付着物質試験など）、第二には、抜け落ちた構造と同様な間詰コンクリート床版を製作し、試験体を使って静的、動的に荷重を載荷、ひび割れ発生や破壊に至る挙動及び破壊耐力などの調査。第三には、同様な構造の既設ＰＣＴ橋について、経年によるプレストレス量の変化と抜け落ちの関係調べる目的で、プレストレス量の測定を行う、以上の３つを行うことを考えた。しかし、不思議なものである。あれほど原因究明に消極的であったＤ建設会社の技術者が、私の粘り勝ちか、何時からか協力的な態度に変わっていった。たぶん、社内で種々な議論をした結果、私の強引な態度に閉口すると同時に、他社に原因究明されては自社のメンツがない、会社としてマイナスと考えたようである。ここまでくれば、一日も早く調査及び原因究明ルートに乗せ、如何に短期間で効率よく全ての調査を行うかとなった。

## (7) 抜け落ちたコンクリート片から分かったこと

抜け落ちた間詰床版コンクリートの形状を確認するために、写真-1・20、図-1・7に示す箇所の長さ、厚み、上下の幅を測定した。１／１００㎜精度のノギスで上下縁の幅を測り橋軸直角方向の幅を上縁側と下縁側で比較すると、表-1・2で明らかなように上縁側が約２㎜大きいことが明らかとなった。これは、橋軸直角方向の断面が下縁側に広い台形形状となっているということになる。要するに、間詰部に直接荷重を受けた場合、抜け落ちやすい逆テーパー形状になっていたと言うことだ。なぜ、ＰＣＴ桁の側面にテーパーを付けたのか一つの謎が解けた。抜け落ちコンクリート片を詳細に見ると、確かにひび割れはある。確認できるひび割れは、中央部付近に下縁及び側面が０・15㎜～０・２㎜、上縁で０・３㎜であった。しかし、ひび割れが落下時に発生したのか、それ以前からのひび割れであるのかは判断できなかった。

また、現場打設されたコンクリート片を見る限り、色調的におかしいなと感ずる状態ではない。その後行ったコンクリートの物性確認試験によって、これは裏付けられた。抜け落ちたコンクリート片から供試体として内径約１００㎜、長さ約２５０㎜４本をコア抜きし、必要な試験を行った。供試体を使った強度試験等の結果、３体の平均値は、圧縮強度が35・９Ｎ／㎟、ヤング係数が27・６kN／㎟、比重が２・39であることから建設時の設計基準強度が30Ｎ／㎟を下回る値でなく、いずれも問題はない。配合推定については、普通セメントを使用したと考えると水セメント比は57・1％、セメントが３４３kg／㎥、骨材が１、８４６kg／㎥、水が１９６kg／㎥といずれの値を見ても妥当な範囲だ。

これで、打設時のＷ／Ｃが異常で乾燥収縮が大きくなる等の問題は少なくとも無いものと確認できた。最も興味深いのは、写真―１・21で分かるように、側面の上縁側にアスファルトが一部付着していることであった。側面にアスファルトが確認されたということは、間詰床版とＰＣＴ桁の境界面に一部空きがあったということになる。付着物質が本当に舗装材料に使っているアスファルトであるならば、硬化した間詰床版とＰＣＴ桁が完全に一体化していたのではなく、隙間があったことになる。付着物質がアスファルト舗装材であることを特定するために、両者を材料分析することとした。分析方法は、一般的な化合物を対象に物質定性・同定分析に用いられる基本的な測定法であるフーリエ変換赤外分光分析法を採用した。側面に付着した黒色物質とアスファルト舗装材の赤外線吸収スペクトル分析結果を路面アスファルトの分析結果を図―１・８及び抜け落ちコンクリートの側面に付着していた物の分析結果を図―１・９に示す。両者を対比してみれば明らかなように、両者の差異はほとんどなく、ほぼ同質であると推測される。

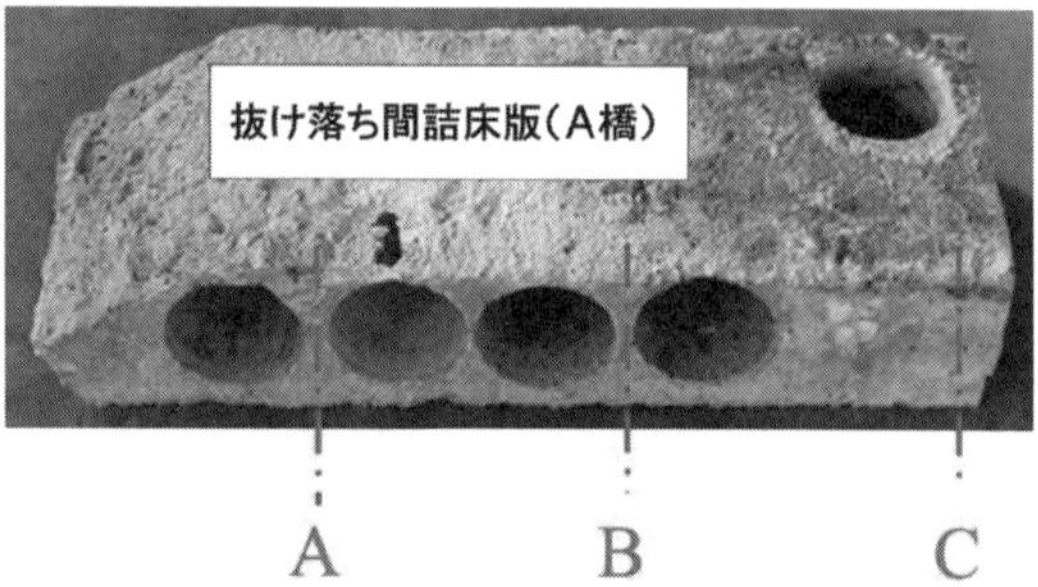

写真 -1・20　落下コンクリート片形状計測箇所

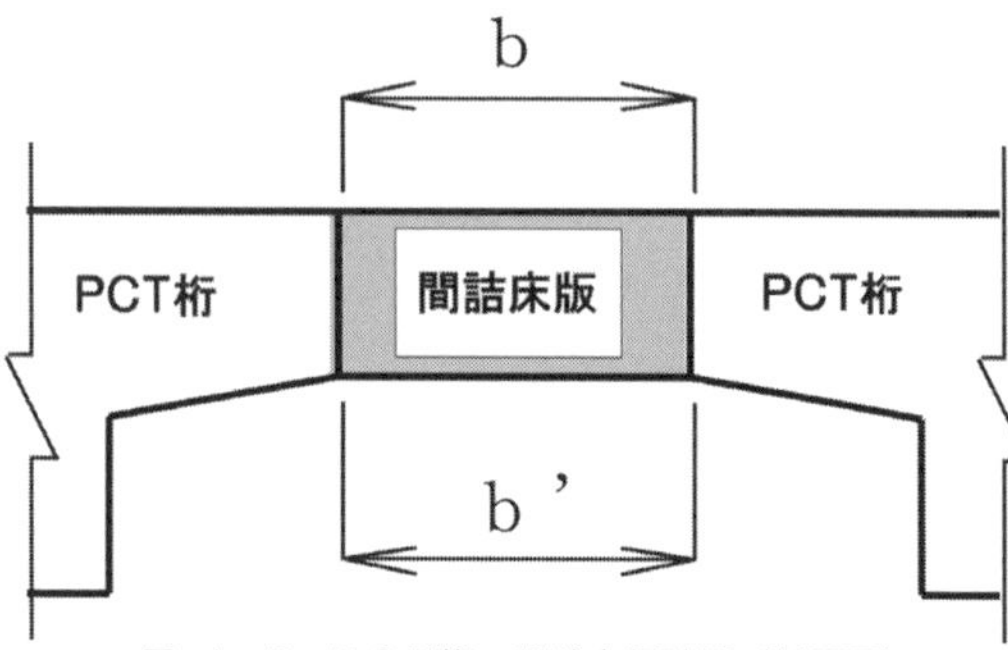

図 -1・7　ＰＣＴ桁・間詰床版計測（断面図）

表 -1・2　間詰床版寸法計測結果表

| 位　置 | A断面 | B断面 | C断面 |
|---|---|---|---|
| b | 273.2 | 273.3 | 273.1 |
| b' | 275.3 | 275.2 | 275.7 |

ここまで説明した間詰床版の形状および性状試験の結果から、抜け落ちる前からPCT桁側面と間詰床版に空隙があり、形状も幾分台形状となっていたこともあって、直上に車輪が乗った時に抜け落ちたものと推測した。しかし、それではなぜPC鋼材による横締めプレストレスが機能しなかったかである。要するに、間詰床版が乾燥収縮したとしてもそれを吸収するプレストレスが効かなかったことになる。プレストレス量不足に着目して考えると、第一には建設当初に十分なプレストレシングが行われなかったと考えられる。しかしそうなると、プレストレスが不足した状態で、供用開始後30数年間も抜け落ちずに持ちこたえていたことになる。そんなラッキーなことが続くのか？ 第二には、供用開始後に何らかの理由で、初期導入したプレストレスが減少したかである。これにはプレストレスの経時変化が考えられる。経時変化としては、PC鋼材自体のリラクセーションとコンクリート特有のクリープと乾燥収縮がある。

ここで何となく分かってきた。構造変更だけでなく、横締めのプレストレス量を1・5～2・0N／㎟から3・0N／㎟に増やさざるを得なかった理由が。しかし、抜け落ちの推測がかなりの確率でできたところで、決め手とは言えない。いずれにしても、現在供用している道路橋のプレストレス量を、何箇所か測定するこ

写真－1・21　抜け落ちた間詰床版の詳細

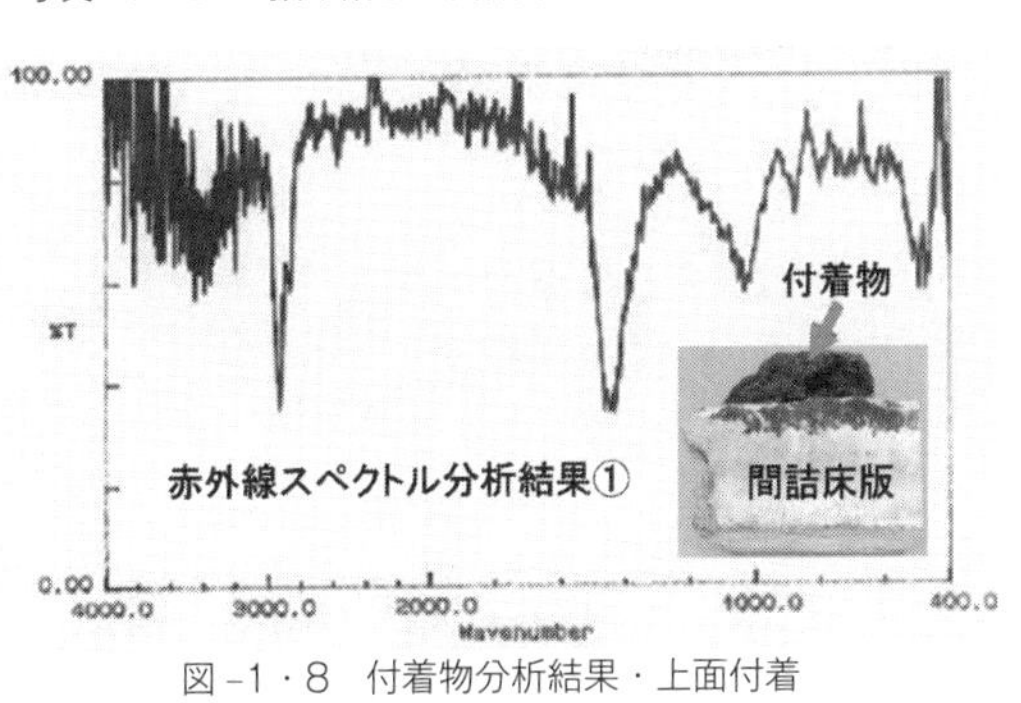


図－1・8　付着物分析結果・上面付着

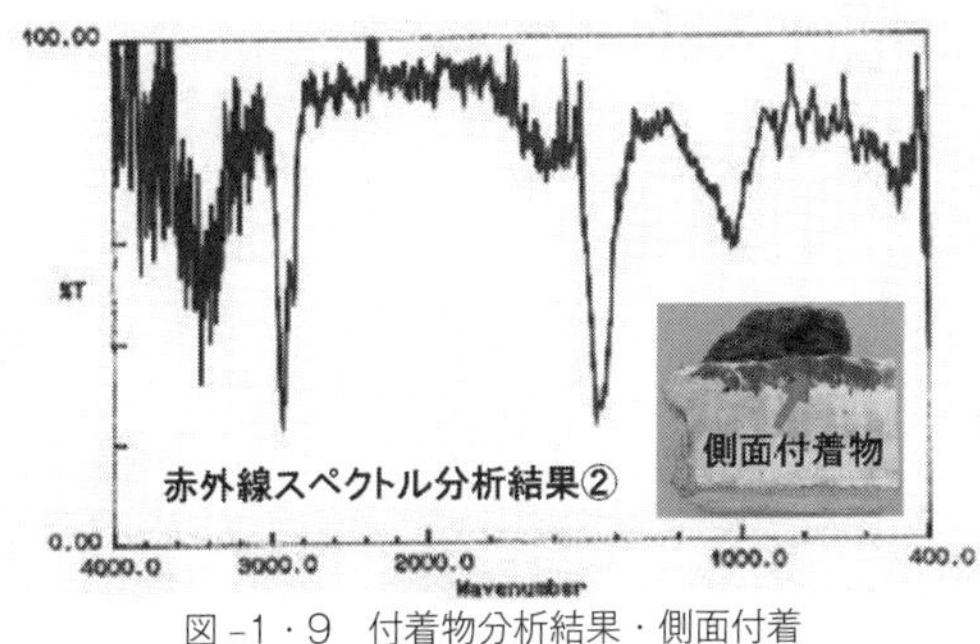


図－1・9　付着物分析結果・側面付着

を対象に、安全に測定するかが大きな課題となった。

## (8) 本当にプレストレスを測定できるの

私がそれまで経験してきた構造物の挙動を測定する方法として使ってきたのは、ひずみを測定するゲージ類、たわみを測定する変位計、亀裂を計測する亀裂変位計などであるが、ＰＣ橋のプレストレス量を測定した経験は皆無であった。いままでに種々な計測を行っている研究所や大学の知人に聞いてはみたが、供用中の実橋での計測実績は無いし、実験室や架け替え橋なら事例はあるけどとの回答であった。

やはり、無理かと諦めかけたところに、フランスの公開資料にプレストレス量測定機器による測定事例があるとの情報提供があった。当然、その情報に、藁をも掴む気持ちで飛びついた。その会社は、多くの橋梁技術者が知っている偉大な技術者であるフレシネ（Freyssinet）が創立したフレシネ社の関連会社、Advitam社である。しかし、第一に見たことも聞いたこともない会社とどのようにコンタクトするかだ。第二に、例えその会社とコンタクトが取れたとしても、測定機器が我々のニーズに適合する機器であるかということ。第三に、Advitam社がその測定機器（当初は、測定機械なのか、機器か装置なのかも分からなかった）を我々にどのくらいの金額で提供するかであった。

しかし、ここでも縁とは不思議なものだと感じた。実構造物に対して行っている、プレストレス量測定に関する資料を見た時である。Advitam社のプレストレス測定装置（写真1－1・22参照）は、フレシネ社が保有しているフラットジャッキ（狭隘空間でのジャッキアップ機器として使用）と似通った外観とシステムであった。そもそも、フラットジャッキは、Ｅ社（フレシネ工法の日本代理店）の営業が何度も私に説明、伸縮装置も使ったし、支承交換でフラットジャッキも使ったことがあったので、すごく親近感がある。ＰＣ構造に知識の無い私も知っているフレシネの関連会社開発となると、スロットストレス（Slot Stress）法にも理由は無いが何となく信頼感が沸いた。さらによく読むと、開発当初の1999年は200㎜であった機器寸法が、提供を依頼した2001年の直前に、80㎜と60㎜まで形状を小さくしている。

「私はついている」実橋でも使えそうだ。何回かのAdvitam社と私を含むD建設会社とのやり取りはあったが、意外とすんなり事が進み、国内にその測定機器を持ち込む話がついた。Advitam社から、国内初めてプレストレス測定機器を持ち込む段階となって、もっと驚きの事態となった。それは、Advitam社から測定機器の説明と使用方法指導の目的で同行してきた技術者のことだ。担当技術者は、東京大学藤野教授（現・横浜国立大学特別教授）のもとに留学していた研究生G氏だったのである。暇を見つけては（結構忙しかったので、この表現に抵抗感はあるが、相手先はそう考えていたようである）、私は相手の迷惑など考えずに種々な先生とお付き合いしていたことが、ここでも功を奏する結果となった。Advitam社のG氏は、私を覚えていて（彼一流の気遣いか?!）、藤野教授の話、日本に滞在した当時の話などから、一気にスロットストレス法の信頼性（利害関係はないが、半ば個人的な判断をしたことを反省してはいるが）も高まり、機器採用の道を走り始めた。このころになると、D建設会社の技術者も研究心に火がついたようで、事故当初の後ろ向きの発言は影を潜め、だいぶ前向きな発言が主となってきた。しかし、私に何度も同じ説明をさせられたH氏、Iさんは大変であったと推測する。今私の最も嫌っている、知識も少なく嫌味で旧態依然とした行政技術者が、当時の私であったからだ。

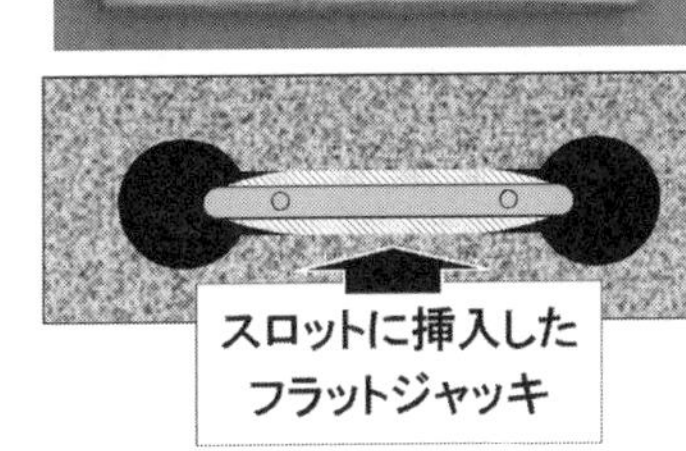


写真-1・22　プレストレス測定に使うフラットジャッキ

## (9) スロットストレス法の検証実験

Advitam社のスロットストレス法は、確実に完成系のＰＣ構造物に導入されたプレストレスを測定できるかの検証を第一に、適用性、推定精度の確認も併せて実験を開始することとなった。その際、従来の計測法、ひずみゲージによる変位測定方法でバックチェックすることとした。

スロットストレス法の原理は、プレストレッシングしたコンクリート部材に対し、切込みを入れることによってコンクリートの応力が解放され、切込みの幅が変化する現象を利用する方法である。例えば、プレストレッシングしたコンクリートに幅doの切込み入れると、プレストレスが抜けたことによって当然切込み幅がdoからd'に変化する。変化した切込みにフラットジャッキを挿入し、油圧を使って切込みを元の切込み幅まで押し広げ、切込み幅がdoに戻った時の油圧値から導入しているプレストレス量を測定する方法である（図－1・10参照）。

ここに示した原理は、考え方として理解はできるが、実橋で使用するのは幾つかの課題を解決する必要があった。一つは、公開しているスロットストレスに関する資料と規模が異なるA橋他の実橋において、本当にプレストレス量を精度高く測定できるかである。それを検証するには、A橋の現況と合うような

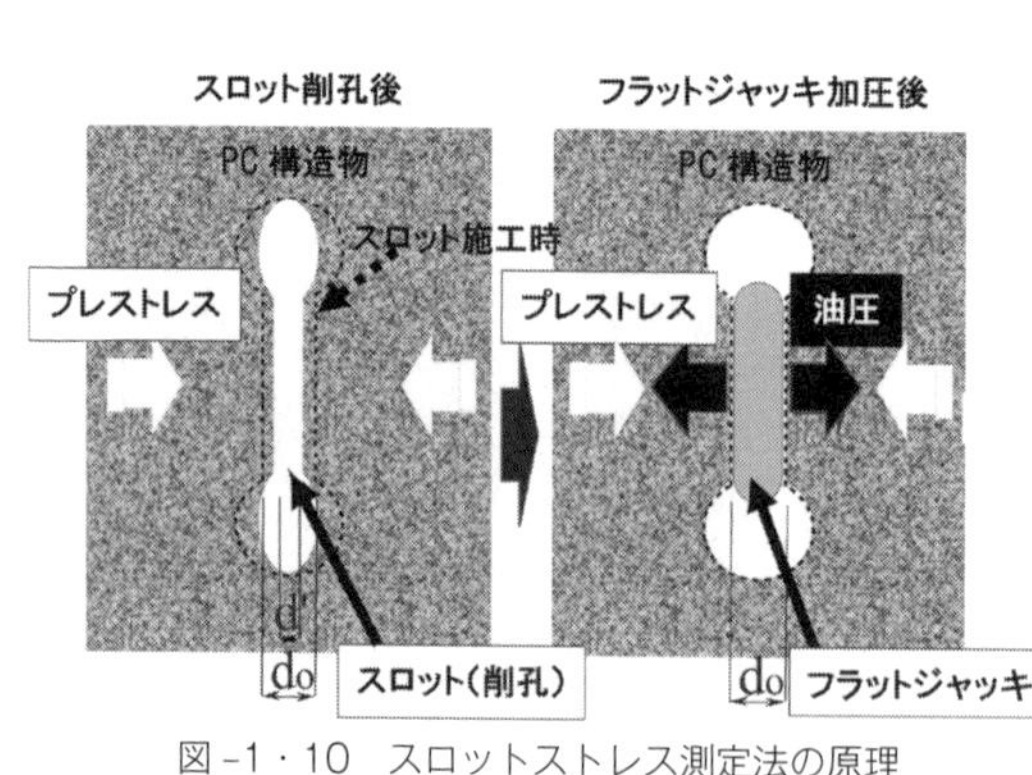


図－1・10　スロットストレス測定法の原理

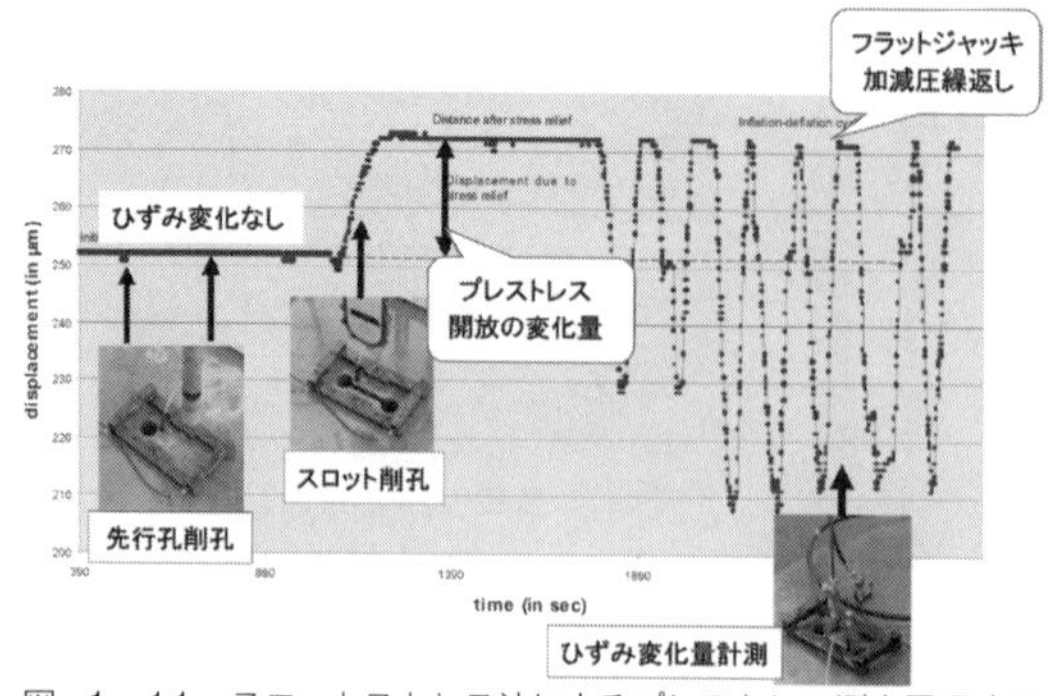


図－1・11　スロットストレス法によるプレストレス測定原理確認

供試体を製作し、想定した条件下において想定したプレストレス量を変化させた時の値を十分に計測できるかを確認することとした。製作した無筋コンクリート（現地の間詰床版と同様）供試体の版厚は、A橋の間詰床版と同じ13㎝とし、３００㎜離した位置に2本のＰＣ鋼材を配置し、ロードセルによって緊張できる状態とした。スロットストレス法を検証するプレストレス量は、当時の設計値であった1・5Ｎ／㎟とその倍である現在の標準設計値である3・0Ｎ／㎟の2種類とし、フラットジャッキを挿入する切込み深さは、A橋の床版厚さ等現場条件を基に80㎜と１００㎜の2ケースで行うこととした。供試体に打設したコンクリートは、間詰床版が抜け落ちたコンクリートと同強度とし、配合設計も同様とした。

スロットストレス法の検証実験は、緊張力管理したＰＣ鋼材によってプレストレッシングした供試体によって行った。詳細は、以下の手順である。①決められた値にプレストレッシングした供試体へ変位計フレーム装置をセットする、②削孔前の変位計フレームの初期値を計測する、③スロット両端のコア搾孔およびダイアモンドソーによるスロットを切削する（写真-1・23参照）、④スロットにフラットジャッキを挿入する、⑤スロットを削孔前の変位計フレームの初期値となるまでフラットジャッキによって加圧する（写真-1・24参照）。

実橋のプレストレス量計測に使用するスロットストレス法の検証実験における時系列的な変位計フレーム装置変位の推移を図-1・11に示した。図の横軸が変位計測を開始してからの経過時間、縦軸が計測した変位計フレームの変位量である。図で明らかなように変位計フレームに削孔前は２５０in㎛上回る値を示している。スロット両端の円孔をコアドリルによって削穴

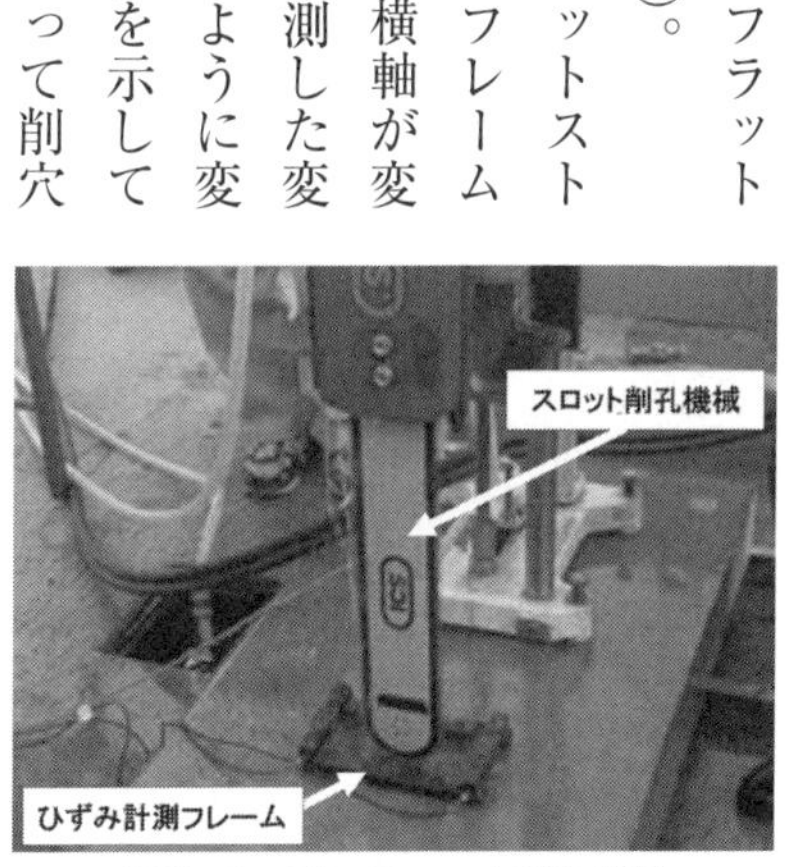

写真-1・23　スロット削孔状況

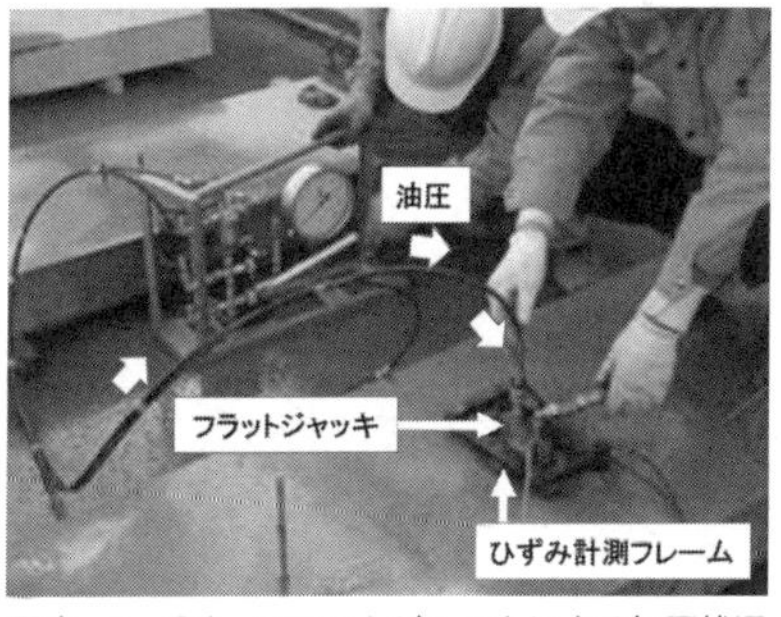

写真-1・24　フラットジャッキによる加圧状況

したときは変位が生じてはいない。しかし、計測用のスロットを切削し始め、切り込みを進めるにしたがって変位が増加する。図を見れば分かるようにグラフの上側が変位計フレームの縮む方向でることから、スロットを切削することによって約20 in ㎛測定間距離が縮まったことがわかる。ここで示すスロット切削したことによる値の差し引き値が、プレストレス開放によって生じる変位量となる。スロットストレス法によって対象構造物に導入しているプレストレス量の推定は、スロットを切削することによって生じる変位量を初期の値に戻すときのフラットジャッキに加える油圧量から換算することで現状のプレストレス量を推定する方法である。

しかし、ここに示した方法によってフラットジャッキ法の検証を行った結果、フラットジャッキを作用させた油圧と油圧を換算して推定する値に誤差のあることが明らかとなった。その原因としては第一に、フラットジャッキの有効面積が関係しているもの考えられる。フラットジャッキによってスロットを広げようとすると、フラットジャッキ自体が膨らむが接触面は一様ではなく、ジャッキ面の周辺は剛度が高いことから変形が小さく、主として中央部分がコンクリートに接触することになる。これは、フラットジャッキ有効係数がAtotal／Aactivとなるために、力の釣り合い条件からプレストレスが油圧より大きくなる。第二は、使用しているフラットジャッキ自体の内部損失に起因するものと考えられる（図−1・12参照）。ここに挙げたジャッキの有効面積と油圧内部損失の誤差を考慮し、スロットストレス法によるプレストレス推定式を以下と考えた。

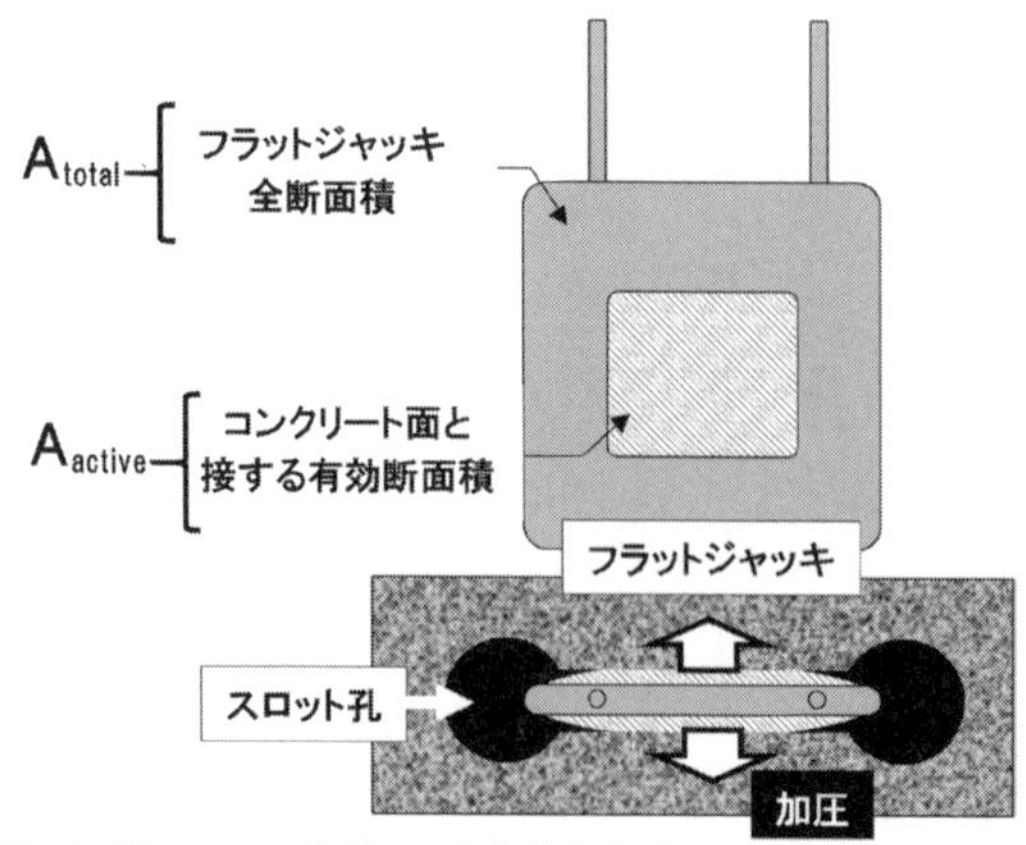


図−1・12　フラットジャッキ有効面積（スロットストレス法）

$$\sigma = \frac{p}{Kf \times {}^{A_{total}}/_{A_{activ}}}$$

σ ・・・・推定プレストレス
p・・・・・初期状態に戻すフラットジャッキ油圧
Kf・・・・フラットジャッキの油圧内部損失係数
Atotal ・・フラットジャッキの総面積
Aactiv ・・フラットジャッキの有効面積

ここに示す本式でお分かりのように、本推定式を成り立たせるために重要なフラットジャッキの油圧内部損失係数をどのように算出するかが課題として残った。さらに、室内実験を行う過程で測定を精度良く行うには、プレストレスの変化で生じる、対象構造物の変位を測定する変位計フレームが動く際に発生する、内部摩擦も誤差を生むことが明らかとなった。変位計のフレームは独立する二つの部品に分かれ、互いの接合部は鞘管構造となっていることから、固定間の変位が拘束なく計測できる構造となっている。ところが、本測定に重要な、配慮したはずの鞘管部分にスロットを開ける際に生じるコンクリートの切削ペーストが、鞘管に入り込むことで、重要なフレームの動きを阻害していることがわかった。鞘管に侵入するペースト以外にも問題があった。それは、スロットを切削する際に切削ブレードの発熱等を抑える目的で供給する水によって、供試体コンクリートの温度変化や体積変化が起こり、プレストレス計測に影響を与えていることだ。

そこで、ここに示す計測精度に影響のある二つの要因を解消するために以下の対策を講じた。最大の要因と考えた変位計フレーム鞘管の摩擦について、鞘管の交点部重複箇所が生じないように変位計を改造し、問題となる摩擦が生じない構造に変更した。次に供給水の影響については、スロット切削を行う前に切削箇所に十分に水を供給し、変位データが安定することを確認した後に切削を開始することに変更した。ここに示すように種々な課題を一つひとつ整理し、対策を講じることでスロットストレス法による計測精度を高め、実橋のプレストレス測定にスロットストレス法を採用することを最終決定した。

次に、国内で初めて採用したスロットストレス法による供用中の道路橋を対象と下したプレストレス量測定について説明しよう。

## ⑽ 実橋のプレストレス測定

プレストレス量測定対象橋梁の選定は、間詰床版が抜け落ちたＡ橋を主として他のＰＣＴ桁橋も含めて行うこととした。「これから、いよいよ実橋のプレストレス量測定を行います」と幹部に言ってはみたものの、選定したスロットストレス法が実橋にスロット（要は穴を開ける行為）を切削することが条件となっている。これまで読まれた方はお分かりと思うが、スロットストレス法は非破壊試験では無いのだ。ひょっとしたら、プレストレス量測定を行うより前に、ホールの削孔やスロットの切削行為によって導入されているプレストレスが解放され、間詰床版が抜け落ちるのではないか?連結しているＰＣＴ桁の一体化が失われるのではないか?など、考えれば考えるほど不安はより大きくなる。しかし、「緊急事態を予測し、対応策を練って準備さえすれば最悪の事態は回避できる。それよりも、全国の同様な構造のＰＣＴ桁事故を防ぐことが第一だ！」との思いが日増しに強くなる。しかし同僚からは、「髙木さん、供用しているＰＣ橋を削孔するなんて、実験室ではないんですよ。大丈夫ですか?」との忠告?管理者としては当たり前の発言なのだが。さらに、「業界にいい様に使われているのではないのですか?　事故が起こったら直接的責任は髙木さんですよね！」と冷たい。上司も、「髙木君、Ａ橋だけ行うのではないのか?　他の橋も調査することが本当に必要なのかね、それも穴を開けるのだろう」と追い打ちをかける。上司や同僚の意見にめげそうになる心を「大丈夫だ、他の組織で同じ目に合わないようにすることが技術者としての務めだ！」と心を奮い立たせ、実橋測定実施案で強硬突破となった。ここで問題となったのは、どの橋のプレストレス測定を行うかである。

予算も時間も制限がある。対象は、2ないし3橋が限界である。そこで、考えた。間詰床版が抜け落ちたA橋は外せない。その他は、同一構造でD建設会社が建設した施工年次が異なるA橋下り線、そして、主要幹線道路で一部鉄道を跨ぐJ橋を選定した。A橋の下り線を選定したのは、同一建設会社であること、仮設年次が多少ずれても同様な問題を抱えているであろうとの私の勘である。当然、D建設会社技術陣は後ろ向きである。でも、ここでも私の同様な事故が起こった時の数ある経験と他の組織、国を説得するための事例となる、との考え方である。

さて、対象橋梁探しを始めてすぐにJ橋に行くことになった。そこで見た状況は驚愕の事実である。私も驚いたが、同行した同僚、D建設会社の技術者も顔色が変わった。写真-1・25を見てほしい。要は、〝灯台下暗し〟である。J橋は、以前に間詰床版が抜け落ちかかって、その場所を補修済みだった。今まで私のもとに何の報告も無い、J橋、それも主要幹線で一部が跨線橋なのだ。さらに悪いことに、写真-1・26でお分かりのように桁下を児童公園として利用しているではないか。建設会社が異なっても、構造的に弱点を持った橋梁のリスクが大きいのは変わらない。J橋にある間詰床版補強事実を見た時に背筋が寒くなり、次に身体が熱くなった状態を今でも忘れない。「恥ずか

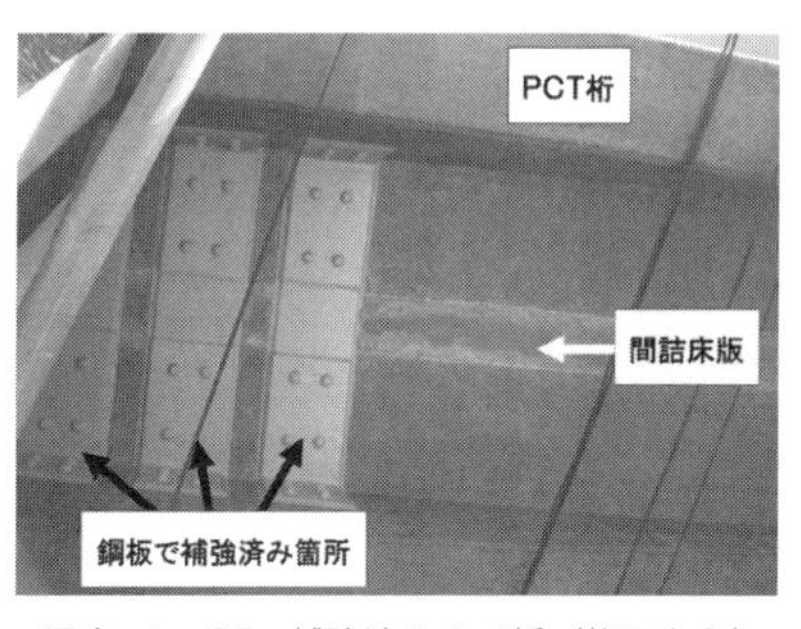

写真-1・25　補強済みのJ橋（桁下から）

写真-1・26　桁下の児童公園

しい、自分が管理している道路橋の現状をもきちっと把握していない自分は何だ！」状態であった。J橋を管理している事務所の責任者にJ橋の抱えているリスクと過去に起こっていた事実を話すと、「髙木さん、止めてよ。私を脅しているの？」「H所長、私が冗談でこんな話をすると思います？最善の策を取りましょうよ」「髙木さん、当然部長も了解しているのですね。わかりました、これだけはお願いしますよ、周辺の住民や公園を利用している人に不安を煽るような説明だけはしないでくださいね」と念を押された。これで測定対象箇所は決まった。表-1・3に示すA橋上り線、A橋下り線と問題のJ橋の3橋となった。

## 10・1　A橋上り線のプレストレス測定結果

A橋の上り線は、間詰床版抜け落ち箇所（桁端部から2・190mの箇所）を中心に挟む位置となる橋軸直角方向に2箇所と、漏水及び遊離石灰析出が確認され、PC定着部に最も近い外桁の第一内桁の挟まれた位置となる1箇所とした。次に、横桁拘束についての検証である。対象箇所は、定着部に近い①の橋軸方向延長上の3箇所を測定位置とし選定した。当該箇所は輪荷重の作用頻度が少ないとの理由でもある（図-1・13参照）。

交通規制を行っているとはいえ、供用中の橋梁下面から削孔するのは勇気がいった。写真-1・27で明らかなように境界部からは漏水と遊離石灰析出が確認できる。D建設会社の技術者に「この場所抜きますよ」と言われて、本当に大丈夫か、止めるなら今しかないと心は揺れる。清水の舞台から飛び降りる気持ちで「ここで決定しましょう！　何かあったら私が責任取りますから」と自分の無責任発言（？）数分後に写真-1・28の削孔が開始された。しばらくすると、試行

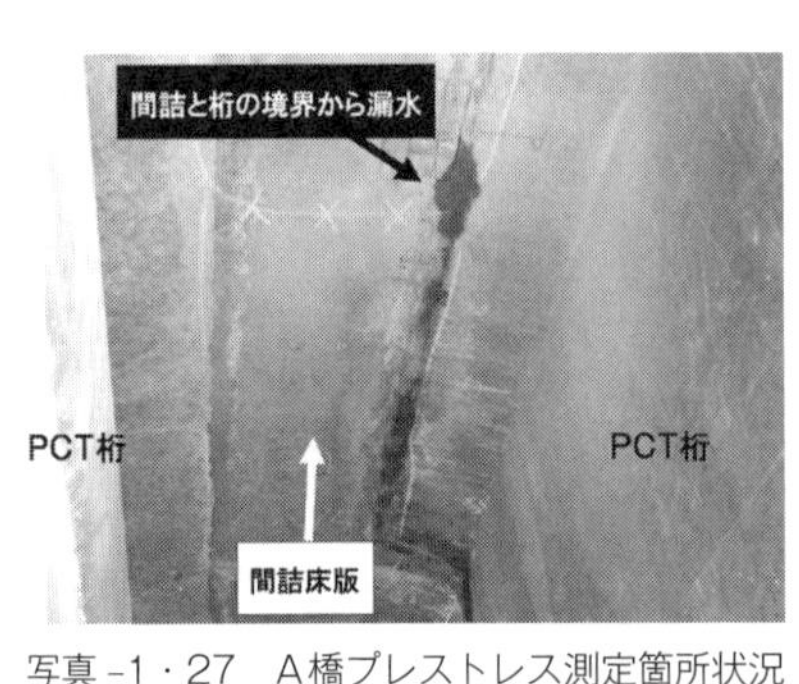


写真-1・27　A橋プレストレス測定箇所状況

表-1・3　実プレストレス量測定橋梁名と測定箇所数

| 測定橋梁名 | プレストレス測定箇所数 | PC緊張力測定箇所数 |
|---|---|---|
| A橋(上り) | 6 | 1 |
| A橋(下り) | 4 | 1 |
| J橋 | 4 | 0 |

錯誤して何とか決定したスロットストレス法によるプレストレス量の測定が始まった（写真-1・29参照）。私にとって最も期待していたスロットストレス法によるA橋のプレストレス量推定結果を表-1・4に示す。推定結果値を見

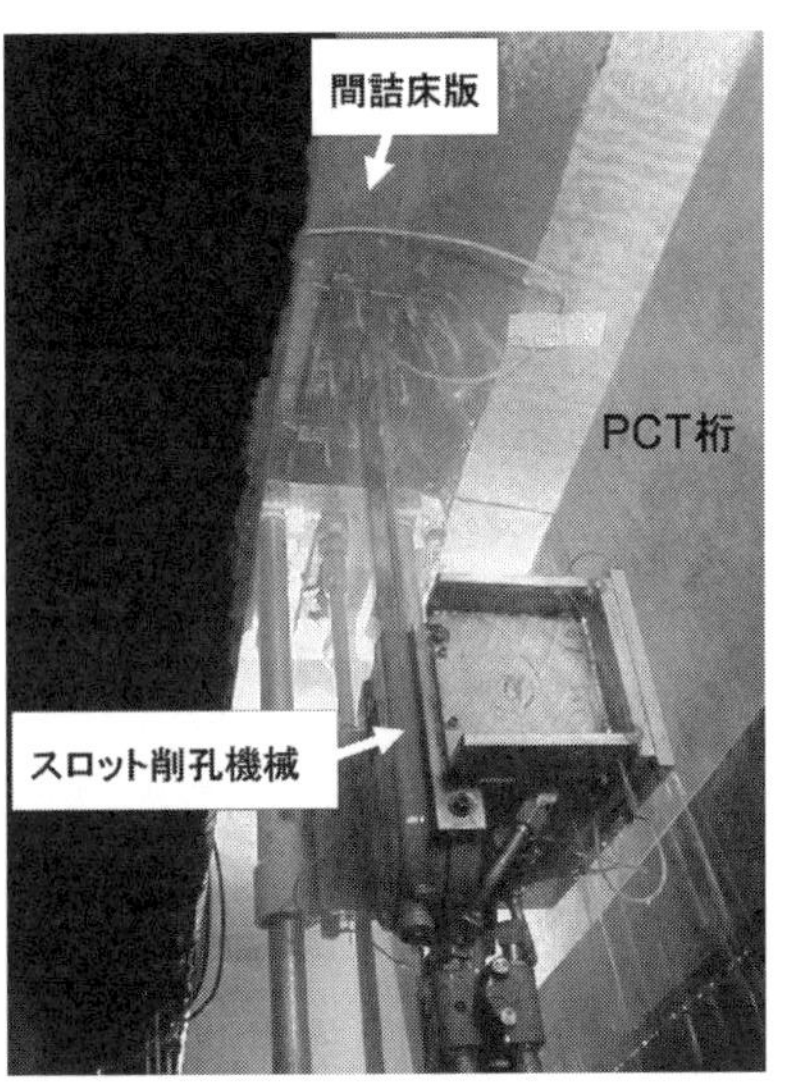


写真-1・28　測定用スロット削孔状況

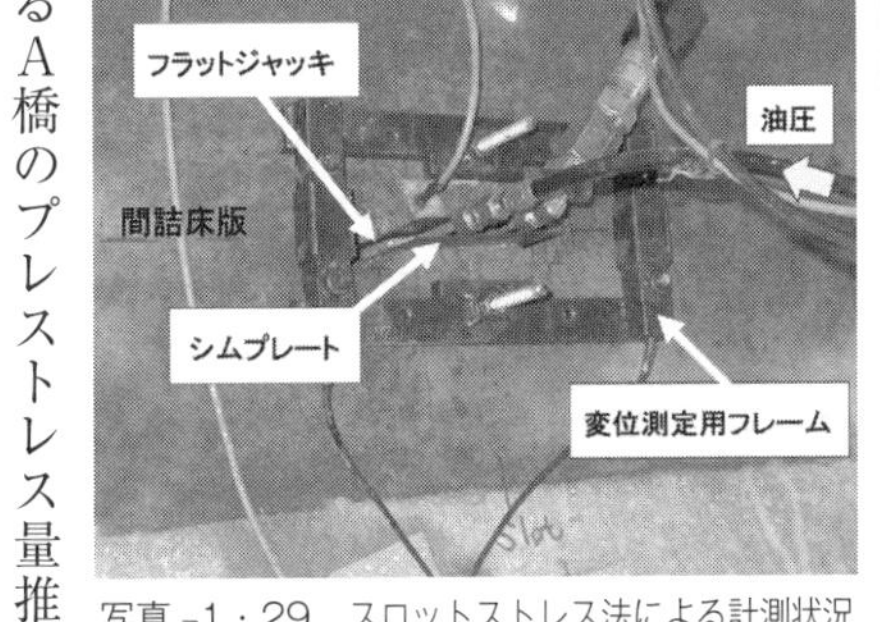


写真-1・29　スロットストレス法による計測状況

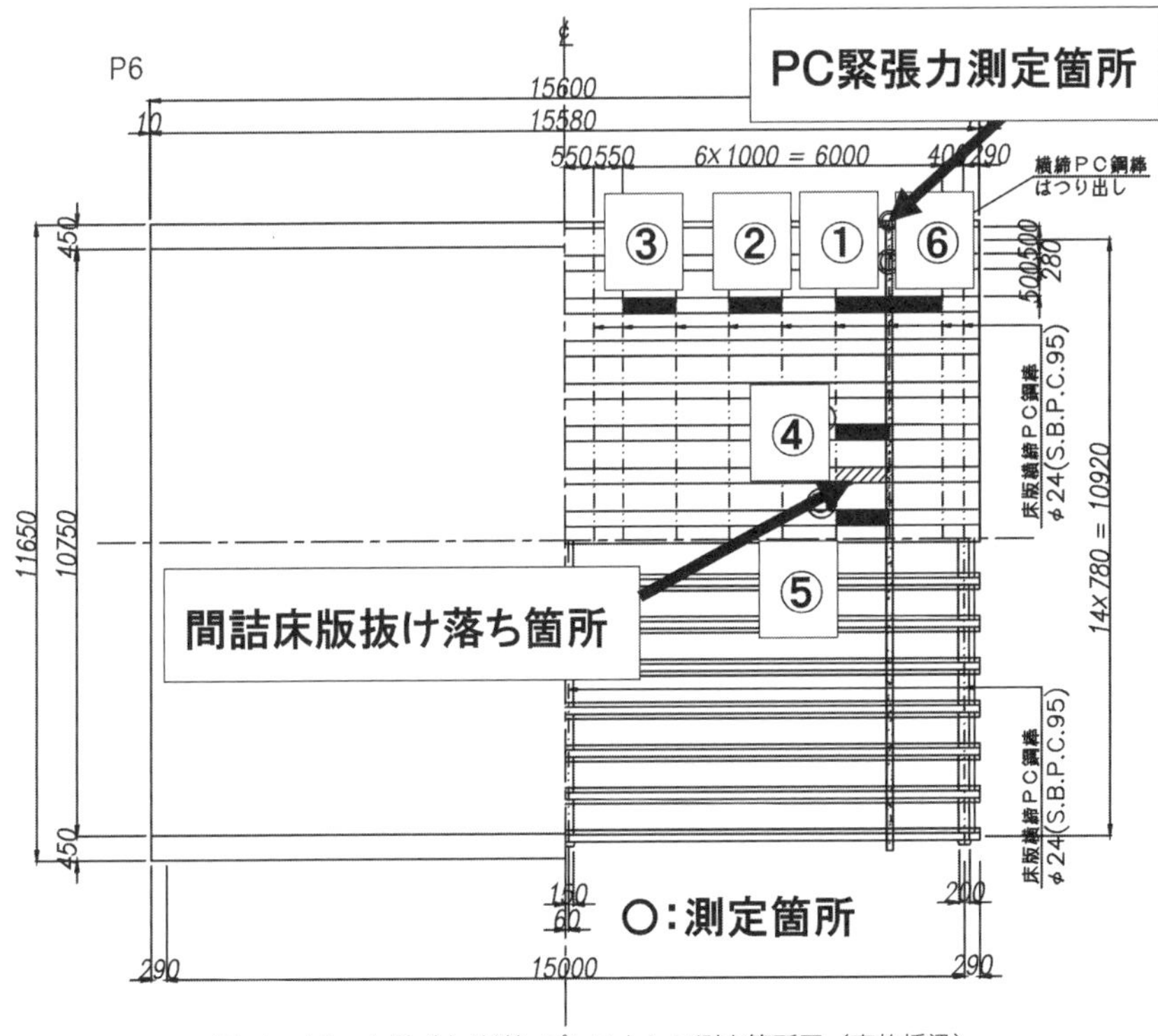


図-1・13　A橋（上り線）プレストレス測定箇所図（事故橋梁）

てどう思われますか？読者の方々に聞きたいものだ。間詰床版が抜け落ちた箇所のプレストレス量は、0・00N／㎟であるか、それに近い0・37N／㎟しか導入されていない結果となった。予想通りの結果である。私はプレストレスが殆ど入っていないことを明らかにしたかったのだ。D建設会社技術者陣の抵抗した結果がこれである。好意的に解釈すれば、間詰床版が抜け落ちた結果、測定箇所のプレストレスが解放されたとも考えられる。しかし、プレストレス量が最大でも0・78～0・98N／㎟と設計値の約1／2であることから、抜け落ちによるプレストレス解放説にも疑問が残る。A橋の間詰床版抜け落ちは起きるべくして起こったと言える。橋軸方向に連続して測定した結果は、抜け落ちた箇所から離れる径間中央に寄る位置ではプレストレス量が1・43N／㎟と設計値に近似する値であった。

実橋実験もこれで終わらないのが私の真骨頂だ。漏水及び遊離石灰析出のある箇所は、PC鋼材の腐食やその他の原因を抱えている可能性がある。それらを調べる目的で、床版下面から横締めPC鋼材シースを写真-1・30に示すようにはつり出し、シース外観、内在するPC鋼材を詳細に調査することとした。さらに、問題の横締めPC鋼材定着部を露出させ、写真-1・31に示すように治具を使って再緊張することで抜け落ちた床版に隣接するPC鋼材の緊張力がどの程度の量であるか検証する実験等も併せて行っ

写真-1・30　PC鋼材斫り出し状況（A橋）

写真-1・31　PC鋼材緊張力測定状況（A橋）

表-1・4　A橋（上り線）プレストレス量測定結果

| | プレストレス推定値（N/mm²） |
|---|---|
| ① | 0.00 |
| ② | 0.98 |
| ③ | 1.43 |
| ④ | 0.00 |
| ⑤ | 0.37 |
| ⑥ | 0.78 |

た。追加で行ったＰＣ鋼材及び定着部を露出させ各種調査は、スロットストレス法によるプレストレス量推定実験のみで終わらせ、他の実橋実験もできたのではと後で後悔するよりも、想定される全てのことを行おうと考え、実行した。考え方によっては、危険な状態を更に進める危険な行為とも考えられるが、それよりも真実を定量的に追究することこそ真の技術者といえるのではないだろうか。追加で行った調査及び実験においても、疑念がますます広がり、落胆するような事実が次々と判明する結果となった。しかし、種々な調査を進めれば進めるほど使われている技術、担当した技術者や倫理観に疑念を抱くようなことになるのには、ほとほと閉口した。

問題とした間詰床版抜け落ち事故、国からの指導、事実の公表から何年も経過しているが、未だに同様な調査を種々な機関で行っている現在の実態を、知れば知るほど情報の伝達や技術の継承は難しいと感じている。

Ａ橋のコンクリートをはつり取って横締めＰＣ鋼材の調査を行った結果、写真−1・32に示すようにシース内のグラウトは無く、鋼棒表面には部分的ではあるが腐食していた。グラウトが無ければＰＣ鋼材はやり腐食することが確認された。そこで、露出した箇所からファイバースコープを使ってシース内の目視調査を行うこととした。その結果、緊張した端部から約5〜6・0ｍの区間はグラウトが未充填もしくは不十分な状態であった。この結果からいえることは、ＰＣ構造物において、全てとはいえないがかなりの確率で、鋼材の腐食を防止するために充填しているはずのグラウトは不完全充填の可能性が高いということである。

これは何を物語るかだ。距離の短い横締めがこのような状態であることは、主たる桁方向のＰＣ鋼材のグラウトも未充填あるいは不完全充填の可能性が高いという結論となる。これはＰＣ構造物の重大損傷、応力腐食の発生に至ると予測がつく。数年前に話題となった妙高大橋のＰＣ鋼材破断事故もＡ橋で明らかとなったグラウト未充填等の事実と同様な原因であるのかもしれない。これには、

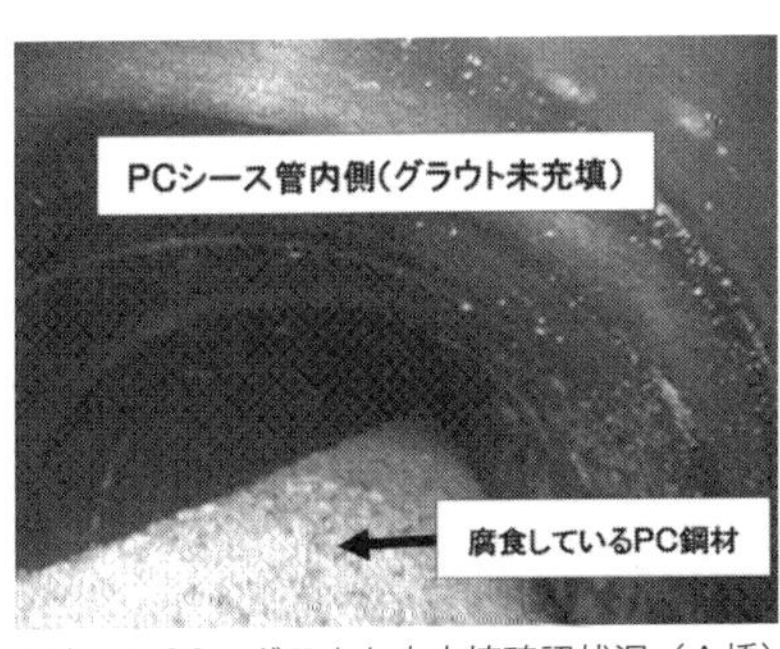


写真 -1･32　グラウト未充填確認状況（Ａ橋）

１９８５年に起こったYnys-y-Gwas（英国）の落橋事故や２０００年に起こったノースカロライナ州の歩道橋（米国）の崩落事故もグラウト充填不足からのＰＣ鋼材腐食が主原因であるのと同様だ。国内の数多いＰＣ構造物は本当に大丈夫なのか不安となるのは私だけであろうか？

次に、私が異なった建設会社のＪ橋について説明しよう。

## １０・２　Ｊ橋のプレストレス測定結果

Ｊ橋は、Ａ橋のポストテンション方式ではなく、プレテンション方式のＰＣＴ桁である。建設方式は異なっていても同一構造であることから横締めプレストレッシングは同様に行っている。そこで測定位置は、Ａ橋と同様な桁端部の端横桁付近、間詰床版から漏水や遊離石灰析出が確認された箇所及び前述した鋼板で補強した箇所を選定した（図−１・14参照）。しかし、Ｊ橋は、橋周辺に住宅があり、大量の交通を処理する幹線道路である。もしも、Ａ橋と同様な抜け落ちが発生したらと考えると本当に自分は幸運だ、と思わざるを得ない。いや以前抜け落ちかかっ

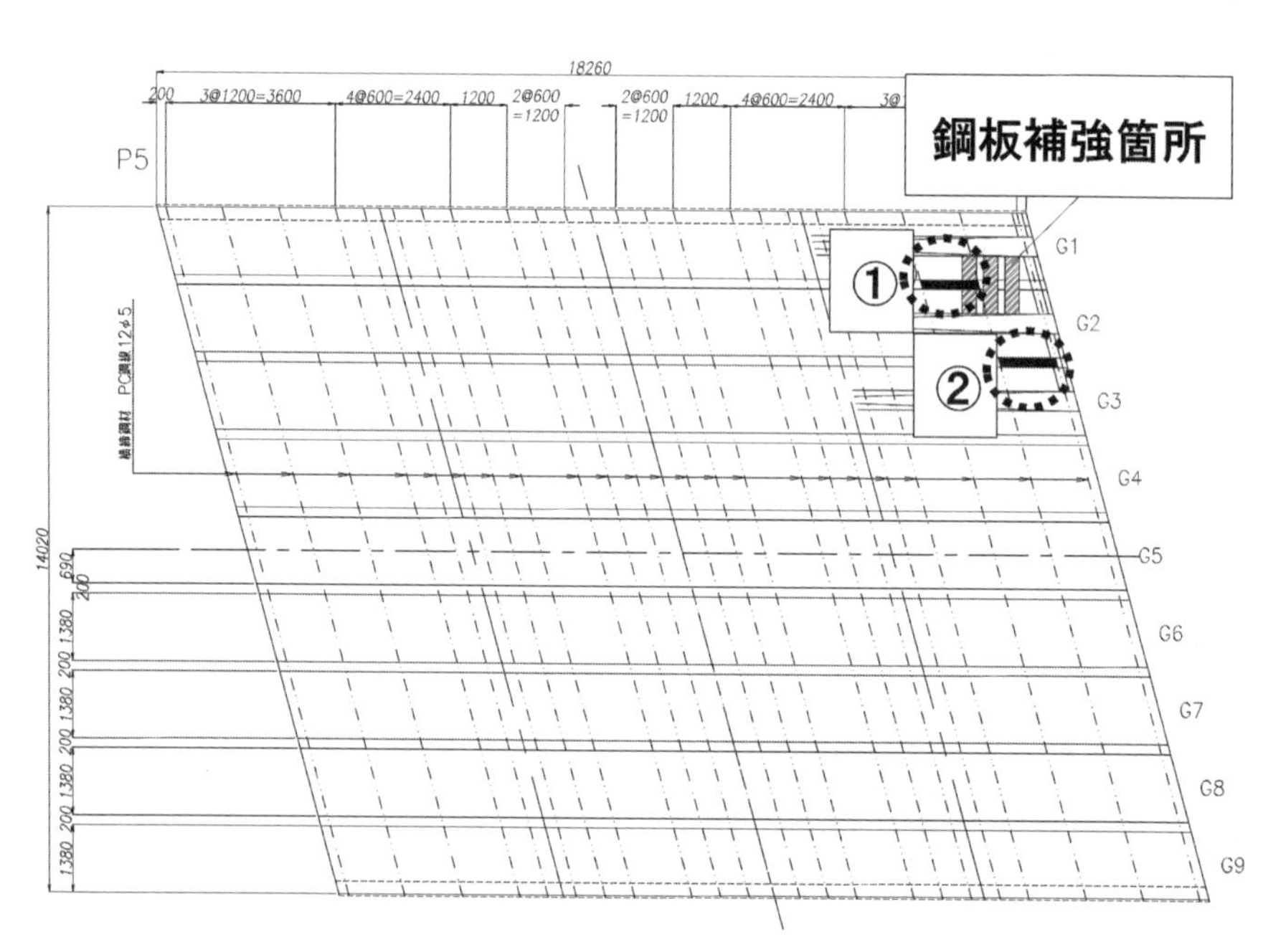


図−1・14　プレストレス量測定箇所図（Ｊ橋・鋼板補強箇所周辺）

て（これも推測の域を脱せず、ひょっとしたらA橋と同じように桁下から空が見える状態となっていたかも。知らないとは改めて恐ろしい）補強した時に知っていれば、もっと早く手を打っていたはずである。

また、内回りの測定個所は、漏水が著しい箇所はスロット切削時の抜け落ちの可能性が危惧されることから回避し、ひび割れは見られるが大きな損傷ではない当該箇所を挟む位置を測定箇所とした。J橋のプレストレス量を測定した結果、桁端部のA橋と同様に間詰床版が抜け落ちかかった（?）箇所の①は0・85N／㎟、②0・31N／㎟と外桁より高く、補強した橋軸直角方向の値は小さい結果となった。また、漏水や遊離石灰析出が認められた箇所のプレストレス量は、0・59N／㎟、0・36N／㎟とやはり設計値よりもかなり少ないプレストレス量であった（表-1・5参照）。これは、当然ではあるがプレテンション方式とポストテンション方式による差異はなく、建設会社の施工の違いによるプレストレッシングの差異も無いと判断した。以上が、実橋を対象とした日本で初のスロットストレス法によるプレストレス量測定結果である。

表-1・5　J橋プレストレス量測定結果

| | プレストレス推定値（N/mm$^2$） |
|---|---|
| ① | 0.85 |
| ② | 0.31 |
| ③ | 0.59 |
| ④ | 0.36 |

さて、結論を示そう。今回間詰床版が抜け落ちたA橋、説明は省略したが変状の無かったA橋下り線や間詰床版部を補強してあったJ橋の計測結果から類似したPCT桁橋については、実際に導入されているプレストレス量は少ないと考える。また、プレストレス量が少なくなる理由としては、端横桁が存在することから横締め緊張力を拘束し、設計通りのプレストレスが導入されていない可能性が極めて高いといえる。このような状態では、プレストレスの利きが悪く、乾燥収縮などによってコンクリートが収縮し、荷重が直接作用すると抜け落ちやすいとの結論だ。

## 10・3　事故発生を防ぐ警鐘活動

ここまでA橋の間詰床版抜け落ち事故とその後に行った検証実験について順を追って説明した。今回の調査及び検証実験によって明らかとなったことは、やはり当初の設計が安全側ではなかった事実だ。当然、昭和30年代にＰＣＴ桁構造及び間詰床版の詳細構造変更を行ったことは、ＰＣ業界では不測の事態を回避する目的で行い、業界内では周知の事実であったはずだ。私は、事故発生の確率が高いと判断し、安全側に改善することは技術者として当然の義務である。しかし、変更した構造に関連した重大事故が発生したにも関わらず、それらを知らない行政技術者に説明しないばかりか、隠ぺい工作をしようとしたD建設会社に関連する社員、特に営業の私への対応には怒り心頭状態である。万が一、私が多くの時間と費用を投じて調査を行わなければ今も事実は闇の中、いやそうはいかない。その後、抜け落ち事故発生によって被害者が必ず出たに違いない、そうなった時、ＰＣ業界はどう対応したのであろう。

緊急調査、室内及び実橋実験の進む過程で事実が徐々に明らかになった時点でD建設会社の営業から次のような報告があった。「申し訳ない、調査不足で抜け落ち事故が他にあったことを報告できなかったことをお詫びします。その後調べた結果、阪神高速道路、群馬県などに抜け落ち事故の事例がありました、これが詳細です」と資料を持参したから余計頭にきた。「私は、確かに技術者として未熟であるかもしれませんが、多くの人々の命を預かる身であることにプライドを持っています。少なくとも、あなたのような人を欺くような技術者にはなりたくないと思っていることをお忘れなく」と言い、「今までわかったことは、全て国に報告し、全国に警鐘を鳴らしてもらうようにしますから、上司と十分に今後の対応をお考えください」と言って、D建設会社の営業の方々には丁重に（?）お引き取り願った。私と同様な苦い経験をされる行政技術者が出ないことを祈るばかりである。

国土交通省には、本省道路局に正式に文書化した説明資料を提出した。その後国は、ＰＣＴ桁橋の間詰床版の対応について他の地方自治体や管理者に適切な処理を促す説明をしたのは私の技術者としてのプライドだ。ここで伝えたいのは、国内で今供用している種々の施設には、ＰＣＴ桁橋と同様な事例は多く隠れているし、それを知っている業界は見て見ぬふりを決め込み、肝心の国がそれを理解していないのが恐ろしい。

今思えば、行政を後ろ盾にする発注者側に立った強い立場に安住していた自分と原因究明に難色を示した民間技術者に対し、正しく探求の趣旨を伝えられなかった自らの技術レベルの低さが大きな原因であった気がする。

抜け落ち事故発生後約1年が経過した時、プレストレストコンクリート技術協会（現在の公益財団法人プレストレストコンクリート工学会）主催の〝第12回プレストレストコンクリートの発展に関するシンポジウム〟仙台大会においてＰＣＴ桁の抜け落ち事故に関して発表する機会に恵まれた。私の発表する表題は『プレストレストコンクリートＴ桁橋の抜け落ち損傷と横締めプレストレスの関係』であったと思う。自分で発表したのであるから表題ぐらいしっかり覚えていろよ！と怒られる方がいると思うが、当時は舞い上がっていたのではっきりとした記憶がない。なんせプレストレストコンクリート関係者、それも国内有数の専門技術者発表会において未熟者の発表である。私はこのような優れた技術者の前で発表する機会は過去になく、初の経験であったからかもしれない。発表の内容は実体験に基づいたスライドであるからしっかりしていたはずであるが、発表者が新米であるから聞くに堪えない発表であったと思う。私の発表を聞かれた方は何を話したいのかわからない、発表者が悪いとの評価であったと私は確信している。

しかし、私にとってこの恥ずべき経験がその後に生かされることになった。まず第一には、自らで技術をしっかり学びなおすこと、第二には、公衆の前での発表するには適切な技術に培われた経験が必要で、それらが無ければ聞くに堪えない発表となること、第三には、種々な経験を積極的に積む必要があることであった。私の体験談等を読まれている方々に私からお願いしたいことは、自らが行動しなければ、成果は自分のものにならないことと、発注者の金看板を背負った驕る態度は、立場が代われば周囲から拒絶される状態となることを一日も早く自覚することだがお分かりか。

優れた技術者は、一日にして成らず、日々の鍛練によって周りから評価されて初めて値するのである。

## 4. 予防保全型管理の切り札アセットマネジメント

ここまで大きく転換するはずであったメンテナンス日本、それも法制度化した点検・診断、鋼道路橋とプレストレストコンクリート道路橋の抱えている課題を述べてきた。本章の最後に、行政にとって重要なマネジメントについて、特に予防保全型管理に有効に機能すると私が考え、マネジメント導入に取り組んだ理由も含め、なかなか想定した通りに進まない現状について私の考えも含めてお話するとしよう。

### (1) EU離脱とアセットマネジメント

数十年にわたってEUの主要国であった英国が２０１６年６月23日に行われた国民投票の結果、EUを離脱することになった。しかし英国の変わり身の早さには、いつも驚かされる。私が英国に関係したこととしては、国内で初めて地方自治体に導入した戦略的インフラマネジメント『アセットマネジメント』と、その思想を基に構築した予防保全型管理への転換と橋梁中長期計画策定に関係している。第一は、国内でも進めている行政改革の原点とも言えるニューパブリックマネジメント（New Public Management：NPM）である。NPMは、１９８０年代にサッチャー政権の基で、英国が抱えた危機的状況を回避する政策として行政のスリム化を掲げ、政府の種々な部門を委託化し、事業評価制度を持ち込んだ。また、従来の保守的であった公共サービスに競争原理と企業経営手法を導入し、財政支出無駄を省く目的で「合理化」を図り一定の成果をあげた。このような行政近代化路線も新たな労働党政権下においては、期待して民営化したものの機能しなくなった鉄道の国営化への転換などNP

Mの考えは重視しているものの方向転換を行っている。

第二は、道路施設の維持管理を行政側が行う従来スタイルからの転換施策があげられる。イギリスの道路庁である『Highways Agency』は、英国・イングランドの高速道路と主要幹線道路を管理している組織なのだ。道路庁が設置された１９９４年以前は、英国国内の主要幹線道路網の維持管理を交通省が91の道路管理区分に分割し、地方の行政機関に委託していた。１９９６年には、20地区に管理地区を統合化、管理代行業務の『ＭＡ』と維持監理業務の『ＴＭＣ』による方式を導入した。その５年後の２００１年には、道路庁の管理する主要幹線道路の日常維持管理及び修繕工事を対象に『ＭＡＣ（Managing Agents Contract）』に転換している。『ＭＡＣ』の行う維持管理業務については、道路の維持管理における先進的な事例として国内関係者の多くが英国を訪問し、学んでいる。

私は、『ＭＡＣ』は先進的なメンテナンス運営組織であることから、しばらくは継続的にその路線を英国は走ると考えていた。しかし、先進的と考えていた『ＭＡＣ』も２０１２年には、資産管理契約である『ＡＳＣ（Asset Support Contract）』に発展、『ＭＡＣ』方式よりも更に道路維持関係費用の削減を図っている。『ＡＳＣ』の導入の狙いは、成果主義評価によって事業者の選択に委ねられる部分が増加、利用者サービスの品質向上、委託価格の単純化と現場で行われる維持管理工事の閾値を向上させる等とし、５年程度の事業期間を目途としているそうだ。国内では、英国のように一定の成果をあげるとそれを見切って次への転換を図る施策は聞いたこともない。先に示したＮＰＭも『ＭＡＣ』についても、英国の国民性か、島国としての危機管理意識が高いのか、変わり身の早さは今回のＥＵ離脱も含め英国の長所なのかもしれない。

先に示したようにメンテナンス先進国と言える英国であっても、『ＡＳＣ』が管理

写真 -1・33 「Blackfriars Bridge」の今

運営しているわけではないが、写真1-1・33に示したように、ロンドンのテムズ川に架かる著名橋『BLACKFRIARS BRIDGE』であっても夏に育つ雑草処理にはメンテナンスの手が回らないようである。やはりメンテナンスは、難しい。

さて本題に戻り、英国のＥＵ離脱報道を受けて、以前から思っていた国内のアセットマネジメント、及び予防保全型管理導入について今感じていることを述べることとする。

## (2) アセットマネジメントとは？

ここで、読者の多くの方が理解しているかわからない一時流行ったアセットマネジメントについて説明しよう。

アセットマネジメントとは、インターネットで検索すると、まずは個人が持っている資産を管理・運用する投資会社であるか会社名○○アセットマネジメントとして検索結果が表示される。であるから、アセットマネジメントは、個人が投じる貴重な資産を市場のリスクを避け、効率よく管理し運用することと理解され、株式、債券や不動産の業界でよく使われる言葉である。私が行政に持ち込んだアセットマネジメントは、道路などの社会基盤施設に関する戦略的メンテナンスを進めるツールである。

具体的には、住民が納めている住民税など多額の税金を社会基盤施設整備や管理に予算化して使う際、税金を運用する投資代行者として行政が組織や費目を超えて適切に配分し、対象とする施設に効率的・効果的に運用することによって、納めた税金よりも価値の高い公共サービスとして住民に還元することである。アセットマネジメントを道路施設に導入する効果を以下に示す。

① 道路資産の把握と組織枠を超えた適切な投資、そして管理・運営
② 民間企業の持つ経営感覚の導入と職員の意識改革
③ 積極的なマネジメントサイクル（計画、対策実施、対策の評価、評価に基づく計画の見直し）の確立

④　納税者に対するアカウンタビリティの向上
⑤　予防保全型管理への転換、更新時期の平準化、コスト縮減

少子高齢化社会の到来による財政危機を乗り切る戦略的施策の一つがアセットマネジメントであると考える。アセットマネジメントのイメージを図-1・15に示す。次に、私がなぜアセットマネジメント、それも道路施設に導入を考えたかを説明しよう。

## ⑶アセットマネジメントを導入した最大の理由

アセットマネジメントの導入理由は、当然、道路施設の高齢化、更新ピークの平準化とコスト縮減をあげるとお思いの方が多いと思うが、それは表向きの理由で、本質は他にある。導入を考えた最も大きな理由は、管理系職員のモチベーションの低さからきた。私が建設部門から管理部門に異動した際に強く感じたこと、消極的な執行体制の改善策としてアセットマネジメントが機能することを期待したからだ。その当時から少し時代を逆戻ししよう。

平成の初め『世界都市博覧会』を臨海埋め立て地域で行うことが知事の基で決定され、開催に間に合うように関連施設の整備が大命題であった。当時の私は、会場となる臨海部に通ずる重要な交通手段として、東京港連絡橋（現在のレインボーブリッジ）及び臨海新交通（現在のゆりかもめ）の建設事業に携わり、土日も潰して設計・積算業務を行っていた。仕事は残業、残業の連続で体力的にも大変であったが、技術陣の悲願であった第一航路を跨ぐ『長大吊り橋』と約12㎞となる新交通システムであることから業界や学生の注目度も非常に高く、技術者

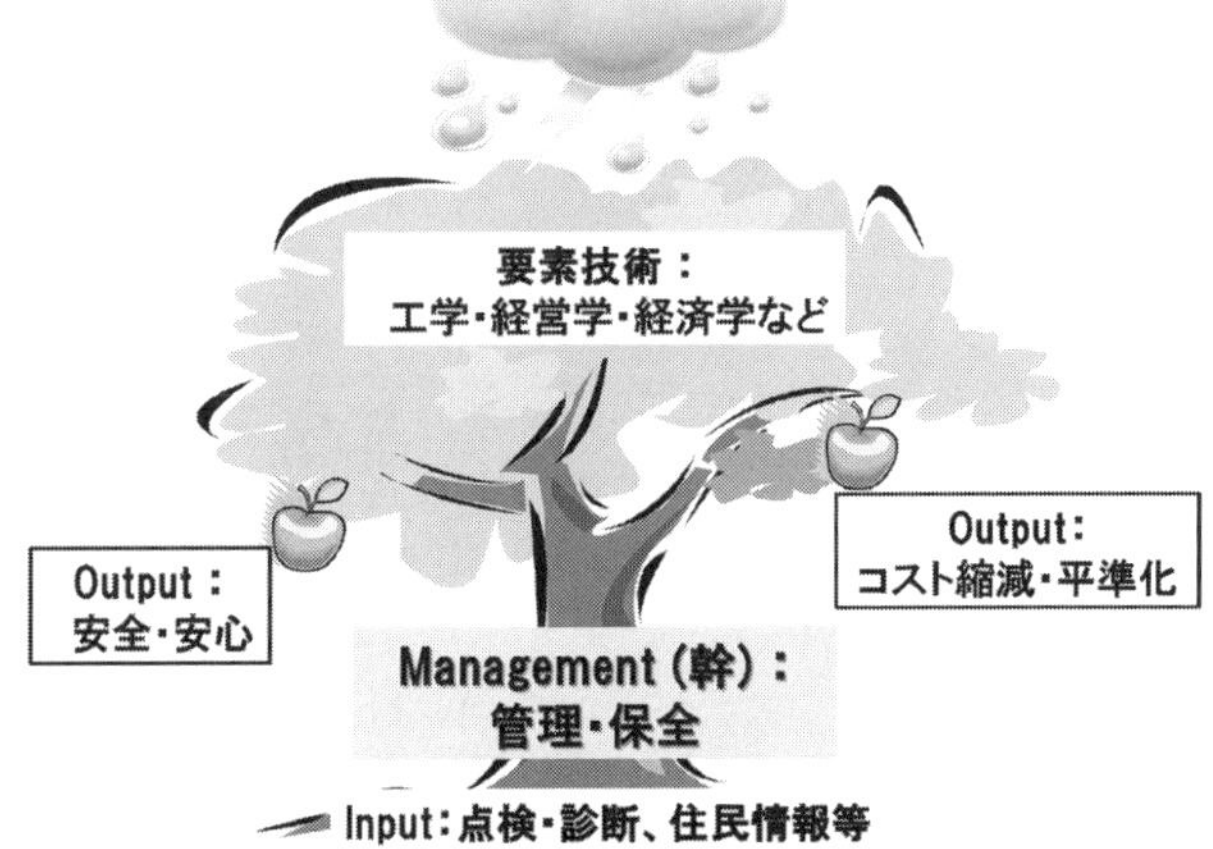


図-1・15 「インフラ・アセットマネジメント」のイメージ

として久しぶりに『やりがい』を感じた職場でもあった。同じセクションに在籍していた多くの職員の仕事に対するモチベーションは凄かった。連日遅くまで残業するのは常識で、土日もほとんど潰して仕事にあたる、まるで社会的問題となっている過剰労働オンパレード状態であった。しかし、業務に取り組む職員の差異はあれ、レインボーブリッジとゆりかもめ完成に向け、一丸となって取り組む姿は自分で言うのも可笑しいが、素晴らしかった。この業務にあたって得た貴重な体験は別の機会にするとして、レインボーブリッジ取付け部（芝浦と台場）及び新交通の主な設計、積算が終った段階で先の業務を離れ、新設橋梁の企画部門に異動、次に問題の管理部門へ異動した時に感じた話である。第一は、国の道路局所管予算を主とする組織の話だ。新規道路及び改良、橋梁建設や更新事業は、確かに技術者として魅力ある仕事ではあったが、高度経済成長期・昭和の時代と比較すると道路局に関連する事業は縮小し、事業費が少ないことから組織存続が危ぶまれている時期でもあった。

行政職員の仕事を知っている方であればお分かりと思うが、議会重視社会であることから行政において魅力の少ない事業、事業縮小が世に明らかになるのは、議会及び関連委員会における議員からの質問数減少が目安と言える。一般的に地方自治体の場合、年間４回の定例議会が開催されるが、１年間に１度も議会質問及び答弁の機会がないことは、担当する局長や幹部だけでなく、部を取り纏める部長にとっても屈辱的なことである。要はその組織が行っている事業に注目度、話題性が無いから議会質問が無いのだ。例えば、東京都を事例に考えると分かり易い。首都である東京は、他の地方自治体と違って『道路事業』と比較して事業費事業量とも『街路事業』がけた違いに多い。ここに示すように、『街路事業』を主とする東京都にも細々ながら『道路事業』が存在する。となると、当然それを担当する組織もある。お決まりの組織縮小案は何度もあった。当然、成果ポイントに繋がる議会質問も右肩下がり、議会での出番も無くなる。

そこで、幹部の『檄』が飛ぶ。組織存続危機を回避し、議会での出番を創る（言い過ぎかもしれないが）ため、企画担当が新たな道路局に関連する事業として成り立ちそうな箇所を都内全域で隈無く調べることになった。その結果、これなら事業化が可能として残ったのが国道と並行するバイパス路線『新滝山街道』（図-1・16参照）、橋梁事業は、『多摩川中流部架橋』（写真-1・34参照）であった。『新滝山街道』を新規事業化として目論み、基礎資料づくりの段階で行った現場調査の時、肌で感じたことを今でも忘れられない。それは、秋川を渡河する旧秋留橋の右岸、東京のオアシス東京サマーランド入口で国道411号線と新たな計画として目論む『新滝山街道』が結節点となる場所である。旧秋留橋には、コンクリートゲルバー部分に大きなひび割れ損傷が発生したことから何度も現地に足を運んだ。当然、多摩地方の主要幹線道路、国道である。側面から掛け違い部を見ると大型ダンプトラックが乗るたびにクラックが開閉するではないか。止むなく、架け替えの計画に組み込むと同時に緊急回避策として、当時施工実績の少ないPCケーブル補強工法を採用し、何とか通行止めをせずに終わったこと。新たな橋に架け替えるために河川管理事務所に足を運び、橋脚本数を含め構造形式を検討したこと。その後、計画を早めた圏央道ランプ等のために何度も詳細構造を変更したことなど、私にとっても思い出深い橋梁でもある。苦労した秋留橋の取付け部（秋川と並行して走る国道と河川に直交していた旧橋）の曲線処理、それが、『新滝山街道』の計画が認められ

写真-1・34　事業のシンボル・府中四谷橋

図-1・16　組織存続をかけた「新滝山街道」

れば、あの時の払った苦労も水の泡となるかもしれない。初めからこの道路を計画していれば、と左岸側斜面のトンネル坑口予定箇所を何度も確認、架け替え事業に着手していた秋留橋を後ろに見て心の中でため息をついた。参考ではあるが、現在の秋留橋は２０００年（平成12年）に架け替えた４径間連続鋼箱桁橋であるが、旧秋留橋は、１９３９年（昭和14年）に都道として供用開始した７径間の鉄筋コンクリートゲルバーアーチ構造、後に国道昇格した３等橋であった。話はそれるが、旧秋留橋と姿が同じであった写真−１・35に示す下流に架かる東秋留橋がある。いずれも鉄筋コンクリート橋であるが、山間部の景色、緑と水辺空間とにマッチする風情ある空間を創り出す。秋留橋は、国道でもあることから架け替えたが、先の美しい景観を創り出す東秋留橋は、旧秋留橋と同様に傷みが激しいことと道路線形改良の目的で架け替えることになったが新橋を追加することに変更、美しい東秋留橋は土木遺産として位置づけ人道橋として保存してある。もし読者で周辺に行く機会があれば、是非現地を見てもらいたい。外見は古いが哀愁を感じ何故か美しい、周囲の景観とコンクリートアーチがマッチするのだ。

先に示した新たな道路事業と『多摩川中流部架橋事業』など新たな事業を立ち上げたことで組織縮小論を断ち切り、議会での出番を創ることにも成功した。民間企業であれば、このようなことは無いのかも知れないが、行政の組織防衛論と定数確保に使われる職員が費やすエネルギーはかなりのものだということがお分かりか。いずれにしても道路、橋梁いずれも担当者が頭を抱え、四苦八苦して新事業の立ち上げを行い、それら事業が財政当局や首長から認められたからこそ成果となったが、一歩誤れば組織は無くなる事態であった。ここに示したような組織防衛論はその後も継承され、東京の臨海部を走る『臨海新交通・ゆりかもめ』建設事業が終ると次は『多摩都市モノレール』、次は事業化が一度頓挫した『西日暮里舎人新交通』の再事業化、そして『中央環状線』施工組織の立ち上げと組織防衛をその都度行い、今日に至っている。国内の多くの行政組織は私が今説明していることと同様な組織防衛や

写真−１・35　土木遺産・「東秋留橋」

職員定数確保策を行っていることではあるが、この考えも将来の先読みと関係職員の熱意、そしてここでも想像力が無いと行き詰る。東京都が唯一、国内でも稀と思う道路橋の建設だけを行う担当課橋梁建設課が今話題となっている環状二号線、築地市場を通過し隅田川を跨ぐ『築地大橋』（写真-1・36）の建設終了とともに解体された。残念である、先に説明した想像力と努力の結果、組織存続を行ってきた私としては歯がゆい思いである。

さて、ここで本題のアセットマネジメントを導入した主な理由についてだ。先の建設部門から管理部門の組織に異動して、道路管理に関連する議会質問の少なさには閉口した。道路を建設すれば管理は増えるため組織廃止の危機とはならないが、組織定数を減らす話は常に付きまとっている。それよりも大きなことは、道路管理部門への異動希望者が少ないことであった。当然、若手、特に新卒の希望者がほとんどいなかったのが当時である。そこで考えたのが、私が渡米した約7カ月間に学んだ『アセットマネジメント』だ。

『アセットマネジメント』何とも響きが良い。暗いイメージが付きまとう『維持管理』、新しいようで何となく後ろ向きな言葉『メンテナンス』、これら暗く、保守的なムードを打ち消すにはまずはイメージ創りが第一と考えた。『アセットマネジメント』は外向き（議会や報道）にも、組織内の事務職、計理担当の職員にも受けがよい。そこで、当時、土木学会でスタートしたばかりの東京大学小澤教授の『アセットマネジメント小委員会』のメンバーに加えていただき、委員会開催のたびに情報収集を行い、有益性を唱え始めた。しかし、私は橋梁の専門家、橋梁バカ、行政技術者の異端児と言われていた人間が、毛色の違った『アセットマネジメント』について解説し、それを推奨するには大変な労力を要することになる。予算化する計理担当からは、「本で読んだ『アセットマネジメント』を東京都に、それも道路に導入しようと考えているのですか?無理でしょう、事務系用語ですよ。高木さん、私を騙そうとしていませんか」である。計理を担当する責任者や総務を担当する責任者からも「高木

写真-1·36　新たな隅田川のゲート「築地大橋」

さん、東京都が全国に先駆けて『アセットマネジメント』導入は知事サイドに受けはいいかもしれませんが、実態が伴っているのですか?申し訳ないのですけど途中で梯子外されたら予算担当として困るのですけど」「まずは、『アセットマネジメント』を導入したらどういうメリットがあるのか具体的に数値で示してください」と私も立場が逆であれば聞くことであった。説得するための資料、プレゼンテーションのＰＰＴ創りが日課となって数週間、苦労も実りようやく幹部まで資料があがり、次年度の主要事業と予算化に漕ぎつけたのはラッキーであった。ここでもいつも私が口にする『目標は何であれ、コツコツ日々努力すること』『ここぞと言う時に打って出ていく勇気、博打根性』が功を奏す。何とか平成13年度以降の道路アセットマネジメント事業に関する予算化及び『道路アセットマネジメント係』の組織新設を勝ち取った。しかし、熱しやすく冷めやすい日本人の性格にはいつもがっかりするがここでも同様な結末となる。

その後、全国に『アセットマネジメント』導入の波が一巡した後、何故かインフラ業界において話題に上る数が激減した。要は種々な地方自治体が流行であるので『アセットマネジメント』に取り組んではみたものの、大きな障害があるのに気づく。効率的な投資と事業費の平準化やピークカットを成果目標とする『アセットマネジメント』の主たる考えを実行するには、組織を超えた横串的な事業展開が必要となるが、従来の縦割り組織からの予想を超える抵抗で計画が実行できない場合が多いのが理由だ。全国の多くの自治体で『アセットマネジメント』に取り組んでは見たものの、予算枠と組織防衛が大きな壁となって立ちふさがる。特に、組織防衛論が強力な抵抗勢力となった。なぜ?と思われるので説明すると、行政組織は名称こそ違うが、組織論から言えば、局、部、課、係に分かれ、ライン組織やライン・スタッフ組織となっているのが一般的である。各単位には組織単位の責任者たる管理職が配置され、組織を統括管理している。組織は当然何らかの業務を行うために組まれ、そこに配置される構成員は定数管理される。構造系（土木系）の定数は、執行する事業量と事業費で算定する。この考え方が、マネジメントを進める過程で大きな障害となる。横断的に事業費を割り当てることは、これまでの定数管理が通用しなくなると同時に部、課、係の構成を旧態然として守る保守的勢力にとって理解できない考え方と思っているのが現実だ。地方自治体の首長には、マネジメント、アセットマネジメント、ファシリティマネジメントを理解し、自分の直属に当該関連組織を置く事例が多い。しかし、首長のような特別職ではなく、一般行政職の人々にとっては、数年ごとに異動を繰り返す現状において何らメリットは無いと考えるのが普通で、総論賛成、各論反対が多くの地方自治体の現状なのだ。これが現実で、『アセットマネジメント』が浸透いしないとしたら日本の未来は暗い。

## (4) 行き詰る『予防保全型管理』

『アセットマネジメント』について持論を展開したが、併せて『予防保全型管理』についても現状の大きな課題を示しておく。まずは『予防保全型管理』とは、今でこそ多くの機会で触れる言葉だが、私が言い始めた当初は、『予防保全型管理』って何なの、どのようなことを行うの、帰ってくる言葉はいつも疑問の域を脱しない疑いのまなこで聞かれることが多かった。国でさえ、日々こまめに点検し、措置を行うことが『予防保全型管理』と言っていたくらいだから本質を外している。平成19年以降、国の『橋梁長寿命化修繕計画策定事業』『インフラ長寿命化基本計画』『公共施設等総合管理計画』・・・などインフラに関係する計画策定は手を替え、品を替え目白押しである。その実態は、本当に機能しているかマネジメントが苦手な日本であるのだが。

首都圏のある地方自治体から、策定した計画と現状が乖離していることについて相談を受けた。全国、各地でよく聞く話である。相談を受けた地方自治体において、何が問題なのか、何を問題にするか等を直接職員から聞いている過程でやはりそうであったかと多くの地方自治体が抱える問題が浮き彫りとなり、大きな衝撃を受けた。公表している計画や予算、執行体制等を説明する企画系職員は素晴らしい。素晴らしい新庁舎にエリート的な風貌、誰が見ても最先端地方自治体なのだ。しかし、話の過程と周囲の動向で現状とは程遠いのが見え隠れする。

当の自治体は、先に示した国の示す全ての計画策定をものの見事につくり上げ、住民に公表しているのである。ここまで完了している自治体は、見たことも無い、お手本となるべき組織と私は当然考えた。

しかしその実態は、私の最も嫌う『絵に描いた餅』計画であったのだ。素晴らしい計画を説明した企画系職員がその場を離れたとたん、「今話した計画は以前の職員たちが作り上げた計画で、計画がスタートした年度から数年まではよかったのですが、今は周囲の条件等から計画と実施の乖離が著しく、今後どうすればよいのか苦慮しています。特に、現計画を修正したくても容易に修正ができないのです」と真剣な顔で苦しい現状をきりだした。現在の悩みをあれやこれやと聞いている後に、それでは現場に行きましょうとの話となった。そこで、目にした事実は、これがマネジメントを進め、予防保全型管理先進自治体の姿かと、わが目を疑う事実を目にした時である。

鉄道を跨ぐ道路橋が未だ必要最低限の対策すら未実施の状態を診た（見たではない）時は現地案内した職員が可哀そうになった。架設後数十年が経過、周囲は住宅街で歩行者も多く、車両の通行も多い跨線橋である。しかし、利用者の安全を守る高欄の高さは遠い昔の旧基準の規定90㎝、地覆に乗れば70㎝となる。付近には、高級住宅街が並び、マンションもある。当然、多くの人が行きかい、家族連れも多い。私が遠方から眺めている時に偶然にも跨線橋を子供を連れた歩行者が通り過ぎ､連れていた子供が橋の上から線路を覗く姿に『ぞっ！』とした。子供は橋の下を通過する電車に興味があるのか高欄から身を乗り出して下を見ている。母親が子供の手を引き、立ち去った後に私は思った。これが先ほど私に滔々と住民に公表している立派な計画を説明した理想的な地方自治体なのか、技術職員もほとんどいない過疎の自治体なのか、表向きは立派でも中身は弱小自治体と同じではないかと。それだけではない。鉄道区域内の橋脚、上部工も耐震補強が全くなされていない危険な状態で放置（言い方は悪いが）されている。不完全な状態について、私が重要な問題であると指摘すると、「鉄道事業者の協力を依頼しているのですが、なかなか快い返答が得られずここまできてしまった」と答えた。国の進めている安全・

安心社会の確立、『道路メンテナンス会議』はどうなったのか？ 少しも変わっていないではないか日本は。

私が以前、国内の点検方法に異論を唱え、遠望目視から近接目視への転換と点検の法制度化のきっかけづくりを行った。その時も、多くの地方自治体が計画策定を行うことで目標達成したのか安心し、『絵に描いた餅』の計画を後生大事に抱えることに対し警鐘を鳴らしたはずだ。忘れられようとしている『熊本地震』の橋梁崩落に跨道橋があった。悪者は構造、ロッキングピアであるかのような解説をし、跨道橋の対策が遅れていることは徐々に薄れていった。跨線橋が崩落すれば、公共交通を止めるだけでなく、多くの犠牲者を産むことになることを口では言っているが、十分に理解していない。もし、それを知っているのであれば、市を挙げて、国を挙げてそれらの解消に取り組んでいたはずなのだ。問題が起こると、以前検討していたことを持ち出し、しばらくすると忘れ去る、その繰り返しが日本の実態なのだからこのままでは明るい未来はない。インフラマネジメントも同様、機能してこそ当たり前、機能しなければ米国・ミネアポリスの道路橋崩落事故と同様な悲惨な事故が起こり、技術者が報道のターゲットとなることを肝に銘じなければならない。

住民の声は、時代が進むのと合わせるように日増しに多くなり、そして強くなる。これまでも、アカウンタビリティ（説明責任）の重要性が如何に大事であるかを多くの技術者は嫌と言うほど実感しているはずなのだが。組織防衛や定数確保も重要かもしれないが、財政が危機的な状況を予測する今、組織枠や費目を超えた適切な投資を行うことが可能な『アセットマネジメント』、『ファシリティマネジメント』に今一度取り組むべきではないだろうか。

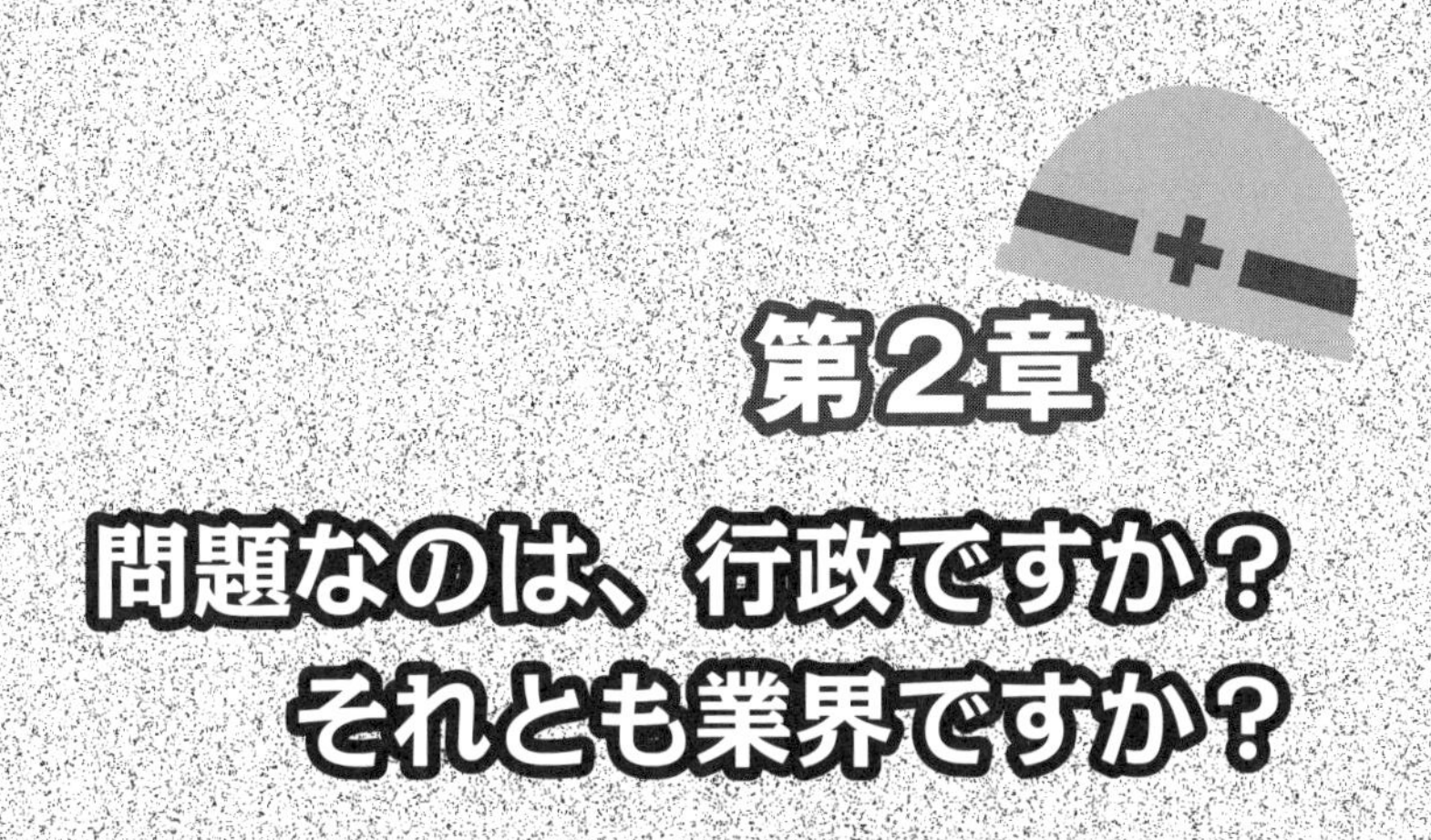

# 第2章

# 問題なのは、行政ですか？
# それとも業界ですか？

# 1．専門技術者の育成をしよう

専門技術者とはどのような人なのであろう。技術者とは、語源を調べると『en+genius』創意工夫して、文化・文明を創造する人である。この語源を聞くと、現代の技術者イメージとはかけ離れ、何か世界的に偉大な科学者、例えば、レオナルド・ダ・ヴィンチを思い浮かべる人が多いと思う。これでは偉大すぎて、現代の技術者像を表現しているとは言い難い。

もう少し、我々の身近な技術者をイメージして考えると、「工学分野の専門的な技術を持った実践者」「公共の安全、健康、福祉のために有用な事物や快適な環境を想像し、構築することができる人」となる。私の知り得る専門技術者は、土木分野で言えば、橋梁、トンネル、舗装、擁壁などの構造物を対象として考えると、それぞれの部門別の専門的な技術や知識を持ち、設計でも施工や維持管理全ての課題を適切に処理できる技術者を指す。しかし、ここに示すような専門技術者が現在どの程度いるのか分からないし、言葉で表現するは難しいので関連することについて専門技術者を説明し、考えてみよう。

## (1) 民に役立つ技術者像がここにある

人類は、太古の時代から身を護り生きることを目的として、石や木材などから種々な狩猟や生活道具をあみ出し、使い、その過程で不都合な部分をその都度改造することで、人類中心の社会を構築してきている。技術とは、人が抱く欲求を満たすためにあり、人の暮らしの中であらゆる面で活用され、その結果、より高度な技術開発が求められ、今日まで発展してきている。

ここに示した人類が必要としてきた技術を使い、発展をさせる推進者が技術者・エンジニアなのだ。

「古き昔の技術者・エンジニアとは、経験や工夫を通してものづくりを成し遂げる技術者であったが、近代は、現象・事象の成り立ちを解明する科学とものづくりに直結する技術が協同する時代へと推移し、技術者も教育や訓練を受けて、専門家・エンジニアへと変身した。」と『ブルネルの偉大なる挑戦』（日刊工業新聞社・2006）で筆者の佐藤建吉氏が述べている。佐藤氏は、金属疲労（フレッティング疲労）の研究家であるとともにイギリスの著名なエンジニアであるブルネルの研究家としても有名だ。

さて、私がここで取り上げた"Isambard Kingdom Brunel"とは、なぜブルネルを技術者の鏡として紹介するのかだ。特に、イザムバードブルネルは『時代を超えたエンジニア』と言われている。父親のマークブルネルの長男として1806年に英国のポートシーで生まれた。父であるマークブルネルは、現在も使われているロンドン・テムズ河底トンネルを現代のシールド工法の祖となる掘削工法を導入、度重なる事故も乗り越え、親子で20年掛かって完成させた想像力と熱意を持った専門技術者と記す。

ブルネル父子の偉業は、私が関係している橋梁やトンネルだけでなく鉄道、駅舎、船舶（グレート・ブリテン号他）等都市交通インフラストラクチャー全般に及んでいる。父子の行った設計・施工技術は、それまでの設計概念や工法を打開し、長く続いた軍需中心のミニタリー・エンジニアから新たな多くの民に役立つシビル・エンジニアの時代を切り開いている。イザムバードブルネルは、英国国内でも『時代を変えた偉大な英国人』として評価と人気が高く、現状を打破し、革新を作り出すキーパーソンと言われ称賛されている。

写真-2・1に示したグレート・ブリテン号のスクリューは、イザムバー

写真-2・1　展示されている「グレートブリテン号」

ドブルネルが技術の限界としていた壁に立ち向かい、"Master of the Prototype"チャレンジ技術者と呼ばれることが理解できる、彼が開発した6枚翼の船舶用スクリューを見てもらいたい。グレート・ブリテン号に使われていたスクリューであるが、航海を開始した後も当然試作品のごとく改良を加えられ、最後は4枚翼となっている。

ブルネルが設計に関与した著名な橋の中で特に私が好きなのは、クリフトン地方エイボン川に架かるクリフトン吊り橋とコーンウォール地方のテイマー川に架かるロイヤル・アルバート橋がある。クリフトン吊り橋は、ブリストルの西部に流れるエイボン川の高さ70mを超える渓谷を結ぶ橋長412m、支間長214・05m、幅9・45mの3本の錬鉄製アイバーチェーンで吊られた美しく、優美な外形を持つ名橋だ。

私は英国を何度か訪れているが、先に示したブルネル設計の名橋を見る機会があり、最初に選んだのはクリフトンの吊り橋である。その理由は、この橋の設計について、かの有名なトーマス・テルフォード他多くの技術者が名乗りを上げたが、最終的に名誉ある設計者として選ばれたのは若き技術者イザムバードブルネルであったと聞いていたのが大きい。設計者としては無念であったと推測するが、彼が生きている間に吊り橋は架からず、5年後にようやっと現在ある橋が完成した。イザムバードブルネルの偉業と使用されているアイバーチェーンについては、写真-2・2の橋歴版でも垣間見ることができる。

クリフトン吊り橋が、英国民が愛するイザムバードブルネルを肌で感じることができる橋梁として見に行ったので、当然のごとく吊り橋の構造的な外形の美しさと右左岸で異なる形状の塔、70mを超える位置に架設した技術に大いに感動した。しかし、私はクリフトン吊り橋よりも、橋下に流れるエイボン川の泥土層のような土緑色した河床と両岸の緑の対比がなんとも奇妙な感を覚えたのを今でも覚えている

THIS BRIDGE
WAS DESIGNED IN 1830 BY
ISAMBARD KINGDOM BRUNEL
(1806-1859)
CONSTRUCTION BEGAN IN 1836 BUT WAS INTERRUPTED IN 1843 THROUGH LACK OF FUNDS. IT WAS NOT UNTIL 1864 FIVE YEARS AFTER BRUNEL'S DEATH THAT THE BRIDGE WAS COMPLETED AS A MONUMENT TO HIS FAME. THE CHAINS USED BEING THOSE FROM THE HUNGERFORD BRIDGE DESIGNED AND ERECTED BY HIM IN 1843.

写真-2・2　設計者ブルネルを示す
「クリフトン橋・橋歴版」

（写真-2・3参照）。

ブルネルの話に戻すと、ブルネルは、我々現代の技術者と同様なタイプで教育をベースに育ったエンジニアであり、教育によって彼の技術は培われている。私とは偉大さが桁違いであるが、彼は、フランス・ノルマンディーのカールカレッジ、パリのアンリ4世校などで数学と図学を学んだ後に、母国イギリスに戻りエンジニアとして活躍を始めた、新しいタイプのエンジニアなのだ。

ブルネルと同様な道を辿った技術者は山ほどいるであろうが何故彼は卓越した能力を身に付けたのであろうか。ブルネルは、教育で得た知識によって設計を行い、努力と独創力（想像力）によって従来の枠組みや権威と立ち向かい、種々なことに挑戦し続けた。そのことが彼の名声と人気を得た肝と理解している。要は努力の人であるから、多くの人が身近に感じて愛される。

写真-2・3　クリフトン橋から見下ろした「エイボン川と河床」

## (2) 研修と技術者育成

現代の新たなタイプのエンジニア、社会基盤施設に関係している技術者はどうであろうか？　今、『メンテナンス元年』『最後の警告』とメンテナンスの重要性を訴える言葉が世の中に踊る。しかし、現実との差異は大きく、社会基盤施設のメンテナンスとはどのようなことかを正しく理解している人は、皆無であると感じる場面が多い。『メンテナンス元年』の趣旨を正しく理解し、すぐに実行、継続的に行動することを実践しなければならない今、必要となる行政技術者は確実に育成されているのであろうか？

行政技術者育成を目的とする行政組織が行っている研修制度は山ほどある。ここで言う研修制度は、組織固有のもの、大学等教育機関が行うもの、国が主導となって行うもの、民間団体が行うものなどがあるが、いずれの研修も内容は多岐に渡り、初級から高度までいくつものランクが設定されている。研修の目的は、職員の業務執行能力向上とスキルアップである。土木技術で考えると、社会基盤施設の計画、設計、施工、工事監督、検査、マネジメント、環境保全、維持管理、補修・補強・・・書ききれないほどある。研修を受講する技術者は、配布された研修資料を読み、講義内容を自分のものにし、復習することを常に実行すれば、料理の調味料のような少しの味付けで十分役立つ専門技術者になれるはずなのだが。しかし、簡単なようでこれが難しい。

私が知る限りでは、研修はほとんど機能していないのが実態だ。それは何故か？　研修を受ける多くの人は、自らの強い意志で、学ばなければ未来の自分はないとの強い意志で、受講してはいない。どちらかと言えば、上司の指示（命令？）か、仕事に疲れたからたまには息抜きに来るか、などの理由で研修を受ける人が多い。これでは研修成果があがるわけがない。

さらに、技術者育成研修を声高々に自慢する組織の長は、つい昨日まで技術論には目もむけず、人事のピラミッド頂点を目指していた人が多い。職員採用時に「行政技術者には専門知識は必要ない。幅広で浅い知識があればそれで十分だ」と教育された人に専門知識を求めるのは土台無理な話。

であるから、技術者の育成に目覚めるのは若い時でなく、ある職域レベルに到達した途端、技術力低下の悲惨な状況を外部等から指摘され、業務執行能力第一主義から１８０度方向転換し、人材育成重要派、現場主義派に方向を転じるのであるから底が浅い。さらに、このような幹部に指示されて新たな研修カリキュラムを組むのは、幹部を目指す中間管理職が旗を振り、嫌がる部下を総動員して、それも短時間に研修資料を作成しているから内容も技術書丸写し状態となる。研修は、技術の本質を理解していない管理職を補佐する技術者が、内容の薄い研修資料を基に若手技術者に講義するので、身に付く要素は全くない。

これも実話であるが、つい数時間前まで技術的な詳細な部分を部下（経験者採用の職員）に聞いていた長が、一方で、高度な技術知識を持つ部下に対し技術研修を行っている事例がある。であるから、机上の空論のような研修内容に研修生は何が何だかわからず、無駄な時間を過ごしているとのことであった。当然、研修の成果をチェックリスト表に基づいて、そのまた上司から確認される仕組みとなっているから最悪だ。

見方を変えて研修を考えてみよう。なぜ、真の研修が行えないのか、技術者が育たないのかは、受講する側も技術力向上に意欲が少ないから当然だ。日々の業務に追われ、連日、残業が続くような可哀そうな技術者や主要な業務の根幹を担うキーパーソンとなる人は研修を受けたくても、上司が許可しない。研修受講生の多くは、業務に空きがあり、言い方は悪いが暇な人が研修を受ける場合が多々ある。研修受講マニア（通常の業務を行うよりも、研修を職務と考えている人）もいる。上司が命令するから止む無く必要と感じない研修を受講するか、暇だから席を埋めるための研修状況では、行政に必要な技術者が育たないのは当然だ。

技術を身に着けるとは、組織として公衆に幸福を実感させるための各組織で必要な、それぞれが自らアレンジした研修内容を意欲ある職員に行うことこそ真の行政研修と言える。職員に対して成果主義による職務評価も必要な場合もあるが、上司が勤務評定を行う部下の隠れた潜在力まで掘り起こし、『次の業務に取り上げてみようではないか』と引っ張り上げる気がなければ研修制度は絵に描いた餅となる。今は、引っ張り上げる上司よりも、足元をすくおう、出る釘は叩こうとする上司が多いのには閉口する。

## (3) あなたは本当に専門技術者なのですか？

行政技術者も当然であるが、民間企業の専門技術者の技術力は本当にあるのだろうか？

私が大いに疑問を抱いた、とある道路橋の点検・診断について話を進めよう。全ての施設を対象に定期的に点検・診断を行うことが法制度化され、高いレベルの診断結果が統一的に示されるようになったこと喜ばしいことである。それでは施設の状態を適切に把握する点検を行うのは高度な知識と経験を持った技術者が必要で、それには高度な技術力と経験のある専門技術者、例えば国が認めた『技術士（建設部門）』が適当であると言われている。

私は敢えて言う。「本当なの？」
なぜ、ここでクエスチョンマークを私がつけたのか、私の真意が分かりますか？
確かに技術士としての資格要件を十分に満たし、高いレベルの倫理観を持っている専門技術者であれば、問題はないのかもしれない。しかし、現実は大いに異なっている。それでは、より具体的な話をしよう。話の対象は、幹線道路上の鋼床版箱桁橋の話だ。

ここで発生した事象は、疲労損傷をかじった技術者であればだれが見ても、ここに示すような亀裂であれば、いずれ主桁中央部に進展し、致命的な損傷となると判断するはずである（写真-2・4）。

私が１９８７年（昭和62年）に規定した『橋梁の点検要領』においても鋼部材の亀裂を発見した場合、健全か危険の判定、二者択一の判定を行う旨を明記した。規定後、国内で初めて策定した統一的な点検要領であったことから、何度か点検の仕方、診断の考え方や評価方法の解説を行ってきた。特に、著しく重大事象に繋がる変状の判定については、請負コンサルタントの技術者に徹底していると考えていた。

しかし、私が甘かった。現実は、『橋梁の点検要領』を規定してから30数年経過、道路橋の疲労損傷も学会や道路協会等から資料が出され、一般化し十分分かっていると思っていた。しかし、技術者の、いや専門技術者の現状は技術力、判断力とも全く向上してはいない。いや、後退しているかもしれない。

ここに写真で示すような、誰でもが分かる変状で、『橋梁の点検要領』でも注意を促している変状であっても、担当技術者は疑うような評価結果を示し、定期点検の成果品を受け取った行政技術者もこの誤りを見過ごし、容認する状態が現実だ。

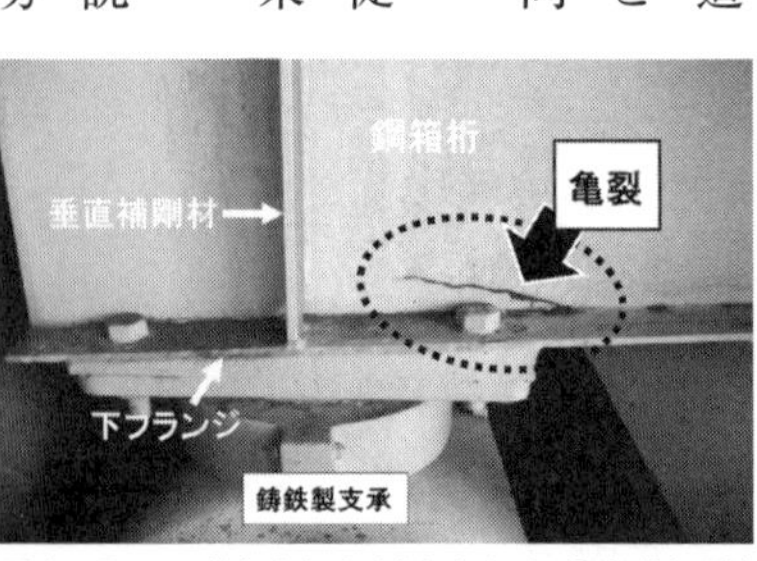

写真-2・4　「腐食」と判定された「疲労亀裂」

私がわざわざ判断が困難な稀有な事例をここであげ、危機感を煽るように操作し説明している、とお考えの方は幸せだ。確かに、国内にも信頼できる優れた技術者、努力を怠らない技術者は数多くいる。一方で、設計や調査を請け負うコンサルタントの技術者と業務等で接すると、あたかも高度な知識があるような解説をする方が多数いる。それも、世の中で一流、超一流と評価されているコンサルタントの技術者に多い。実際に変状を抱えた現場に行くと先ほどまで力説していた技術論は影を潜め、目の前の事実から後ずさりするのは何故であろう。

私から説明を求められないように、視野から消えようとする口だけの専門（?）技術者は数えればきりがない。これが現実なのだ。1章で示した道路橋の抱えていた欠陥と疲労損傷の時代から、約20年経過しても変わっていないのが情けない。今の世の中では、真の専門技術者として評価されるべき人が点検下請け会社に所属していると、なかなか日の目をみない。社会の流れを創り出している行政及び学識経験者が専門技術者を見る目を養ってもらいたいと思う毎日なのだが。何度も言うが、肩書や口先に目や耳を奪われ、真の技術力が分からないために、技術力も無いのに出来もしない戯言を言う人を評価する場が多すぎるのには閉口する。図-2・1に示した事例の定期点検請負会社名と点検者の氏名は、伏せるとして、誰が見ても（言い過ぎか）重大な過ちを犯した診断結果となっているのを確かめてほしい。

私が規定した『橋梁の点検要領』には、第一に道路橋維持管理の流れを図によって分かり易く示し、定期点検の重要性、部材や橋梁の径間が

図-2・1　誤って診断・評価されたB橋の定期点検

e、Eランクと評価した場合は緊急措置が必要と明記した。また、ランク表には、橋梁を構成する部材区分と変状を発見した場合の損傷と損傷ランクの関連性を示し、特に、本事例のような主構造が構造的に如何に重要かも解説した。

本事例のような、疲労亀裂と疑うべき変状については、亀裂を重大な損傷として扱い、『疲労亀裂は、亀裂が微小な物が多く塵埃等に隠れてなかなか発見出来ない場合が多いので、亀裂発生の可能性がある箇所に出来るだけ近接し、注意深く観察することが必要である。また、疲労亀裂の点検は、塗装の塗り替え等で全面的に設置される足場を利用して詳細に点検するのが望ましい。なぜならば、足場が全面に設置されていることから全ての部材を近接目視で点検が可能なことや塗膜の素地調整を詳細に施工することから確認が可能であるからである』とその詳細にも触れ解説した。それが全く生かされていない。

さらに、上部工の疲労亀裂に関して、『◎主要部材の疲労亀裂は、発生から部材断面の破断まで短期間に進行する場合が多い。◎主要部材の亀裂損傷は，部材の取替えが困難であり、また補修・補強等の対策が大掛かりになることが多い。したがって、なるべく亀裂が小さいうちに処置することが望ましい』とそのはらむ危険性をも示唆している。この文章は、私がわざわざ解説文に追加記述したから間違いない。

であるから、ここで説明している一流コンサルタントのプロフェッショナルエンジニアと言われている技術者が評価した腐食損傷の『d』ではなく、疲労亀裂損傷の『e』が正しく、誤評価は重大な過失といいたい。私が、点検結果を再チェックした時の驚きと急遽緊急対策を行ったのはいうまでもない。技術者として、恥ずかしい。「あなたは本当に専門技術者なのですか？」と問いたい。

ここに示す損傷は、見えにくい、見逃しやすい損傷ではない。これが、国内トップレベルの一流コンサルタント、プロフェッショナルエンジニアと位置付けられている技術者の実態だ。技術者育成、資格認定制度、いずれも機能すれば好ましい状況となるはずである。今、何が国内外の技術者に欠けているのかを考えてほしい。

## (4) コンサルタントも悪いが、行政もね

重要な定期点検の評価を誤った事件には後日談がある。主要幹線上の橋梁、高速道路に繋がる重要路線とはいえ、当該路線の大型車混入率は他の同様な路線と比較して著しく低い。であるのに、なぜ当該橋梁に、それも桁端部に亀裂が発生したかだ。当該橋梁を製作、架設したA社を呼んで基本的な調査を開始した。この橋梁に疲労亀裂が発生するのであれば、同路線の他の橋梁、当該橋梁よりも以前に建設した橋梁にも同様な変状が発生するはずである。しかし、その報告はない。不思議だ。

A社の技術陣に当該橋梁の実応力測定や応力頻度測定などを依頼したところ、

「支点部の断面急変部に応力集中して亀裂が発生したと考えるのが一般的、その必要性はないと判断します」

との何とも素気ない回答。私が

「それでは、この通りの他の橋梁も疲労による亀裂が発生する可能性が高いということですか?」

と聞くと返答しない。

私が考えていたことは、大型車混入率が低く、交通量も他の主要環状線と比較して多くはない当該橋梁に、疲労亀裂が発生するかなのだが。私も言い出したら引かない性格を知らないのか、あれやこれやとできない理由を並べ立て本格的調査実施になかなか同意しない。沈黙の時間が経過する。

ここで、私としては〝伝家の宝刀〟、疲労損傷の第一人者の三木教授の登場である。私が、「論理的な原因究明がどうしても必要で、それがないと同一路線の疲労損傷発生が心配であること」「これから考える補強案が適切とは判断できないこと」を電話で簡略に説明し終わるや否や、「高木さん、話の内容は分かった」とその後の説明を遮られた。「私の直感では、B橋だけが何故か可笑しい」と言いたかったのであるが。

電話口で、

「髙木さん、A社から来ている技術者の名前を教えてください」

A社も運が悪い。現場にいる技術者の中に三木教授の教え子がいることが判明。その後の電話でのやり取りは凄かった。私の耳にも届くほどの声で「・・・・・」内容は書けないが怒鳴り声がする。私の意見を聞こうとはしなかったA社の技術陣も態度を急変。結局、私が提案した調査を行うことになった。

亀裂発生個所の磁粉探傷試験、超音波探傷試験を行って亀裂先端等の確認を行ったのは常道であるから当然であるが、過去の交通量等から疲労亀裂発生の理由が不明瞭であったことから応力頻度測定を行い、検証の目的で亀裂発生及び補強箇所についてFEM解析等を行った。

時刻歴波形計測時に検出された応力の中で比較的高い応力値を示した箇所は、その後当て板補強した発生した亀裂から入った雨水による断面欠損部（箱桁内）と主すみ肉溶接近傍（溶接止端部）であり、特にあて板角部近傍部では比較的大きな面外曲げが確認された。しかし、当該箇所に疲労亀裂が発生する確率は著しく低いことも明らかとなった。

私はその結果を聞き、当然胸をなでおろした。数値としては、疲労寿命が１３７７年となったからだ。それでは桁端部に疲労損傷が発生したのはなぜだ。結論は、製作時の誤差が大きいことが主原因であることが判明した。要は下フランジとウエブの鉛直性に問題があり、荷重が作用すると面外変形を起し、応力が集中する支承部の断面変化点に疲労損傷が発生することを突き止めた。

補強対策時には、問題の主桁鉛直性を確認すると同時に、当該橋梁の他の箇所も全てチェックし、必要な補強を行ったのは私の徹底した信念からである。しかし、まさか、一流企業のA社が製作した構造物にこのような欠陥があるとは信じがたい事実であった。今回説明した主桁の端部付近に亀裂が発生した橋梁の製作時製品検査は当然行われているはずであるが、同様に製作されているウエブの鉛直度や組み立て精度の検査は確実に行われていたのであろうか？

点検、診断の結果が誤りであったのはコンサルタントの技術者の瑕疵であるが、それよりも信頼する橋梁の製作や検査を行ったファブリケーター技術者や行政技術者（検査員）は自らの責務を適切に果たしたのであろうか？私は社内検査、製品検査や仮組検査の行い方、検査方法に疑問を抱いている。最近では、工場の製品検査や仮組検査等について、経費節減の目的で省略する方向に流れが進んでいる。私は、検査を厳しく行うことを推奨しているのではない。検査は誰のために行っているのかを考え、多くの技術者に現場や製作工場に行く機会を業務の中で作ることこそ、真の技術研修となるのではと強くいいたい。

全ての技術者がイギリスのブルネルになることはできないが、ブルネルの志を国内の多くの技術者が生かし、それに向けて〝コツコツ〟と研鑽することは可能であるし、多くのステークホルダーからは必要最低限の技術力を持った機能する専門技術者を求められていることを忘れてはならない。それが技術者の使命だからだ。

## 2．軌道桁も欠け落ちたが、信頼も欠け落ちる

鋼道路橋の定期点検における誤評価と、通常考えられない主桁に製作誤差がある実態を明らかにし、検査を行った行政側の検査体制と桁製作・架設を請け負った一流企業重大な瑕疵を洗い出した。次の話題は、モノレールプレストレストコンクリート（以下ＰＣ）軌道桁に発生したひび割れに関する人為的に隠されていた事実を詰将棋のごとく明らかにした、官民の技術者や担当者が大いに反省すべき耳の痛い話をしよう。

### ⑴トカゲの尻尾切りに命をかけますか

まずは導入編として、一般に公開された報道から入ることとしよう。２０１４年に、国内で民間マンションの

傾斜から杭に関する偽装が発覚した。当時、どの新聞、どのニュースを見ても杭打ちデータ改ざんに関する話題で持ちきりであった。確かにこの事件は、建設業界の重層下請け構造や疲弊した建設業界の抱えている問題は大きい。

しかし、私が技術者としてここで取り上げるのは、部下に責任を押し付ける悪しき組織体制のことで、何とも情けない話だ。杭偽装が発覚すると、技術者を雇用している一流企業の幹部が公開の場で、担当者の日常の態度にまで触れ、日頃の業務においても種々な問題のある社員であったとの聞くに堪えない発言をする。トカゲの尻尾切りかのような、社員の信頼性を落とす発言を公然とする。「この社会は、一流企業とは何だ！」と感じるのは私だけであろうか？「下請けは多数ある」「うちは一流企業だから」が本音であろう。驕りきっている。

一流企業の企業理念、社員に対するモラールやモチベーションをどのように考えているのか大いに怒りを感じた記者会見であった。担当者個人のデータ改ざんではなく、会社ぐるみ、同業種ぐるみ・・・の偽装工作、データねつ造へと発展する状況をテレビ等で明らかとなり、これで国内の専門技術者に対する国民の信頼は失われ、これまで多くの技術者が取り組んできた信頼性向上のゴールは遥か彼方となったと痛感した。

先の会社の幹部のような人がこの国のリーダーである限り、種々な難題に自らの身を削って対応しようとする技術者、誠実な作業に命をかける技術屋がいなくなるのは当然なのかもしれない。技術者、専門技術者の育成が喫緊の課題であると言っている関係者の努力を、無にするような事態の続く昨今に飽き飽きしているのは私だけではないはずと思う毎日である。

さてここで、私の経験談にも同様な話がある。それは信頼度の高いプレストレストコンクリート構造物、それも跨座式モノレール軌道桁に関連する事故を事例として問題を提起するとしよう。

## (2) まさかのモノレールＰＣ軌道桁が欠け落ちた

事故は、中量軌道輸送システム（都市軌道系交通機関）の一つとして、国内で数多く使われている跨座式モノレール（写真-2・5参照）の軌道桁が突然欠け落ち、道路上に転がったところから始まる。

ここでモノレールが分からない方もいると思うので説明しよう。中量軌道輸送システム（懸垂型モノレール、跨座式モノレール、バス型新交通システムなど）の多くは、道路空間を占用する道路上の施設、街路事業法区間と道路のない区域を占用する鉄道事業法区間に分かれている。跨座式モノレールは、道路上の空間を連結した車両が走行システムであることから、道路中央等に支柱を建設し、車両が走行する軌道桁を架設するのが一般的である。

建設した構造物は、地方自治体が主となる場合は、インフラストラクチャー（インフラ部）と呼ばれている維持管理について、建設した地方自治体ではなく、車両の運行を行う会社組織が行っている。

ここで、今回説明する欠け落ち事故に関係する管理区分についても説明をしておくが、今回の事故は、道路法上の構造物・インフラストラクチャーであることから道路管理者が責務を負うことになっている。路線として運営する会社は、駅舎の内装や設備、運行設備、走行路（主に舗装）、運行システムと車両の配備や整備、維持管理を行っている。ここで言う運営会社の多くは、行政組織（地方自治体）の第三セクターである場合が多い。

次に、ＰＣ軌道桁の詳細である。跨座式に採用される軌道桁は、モノレールと交差する道路、鉄道、河川等の長支間となる一部を除いて耐久性の高い（？）ＰＣ単純桁で製作されており、桁の長さは標準で22ｍが一般的である。ＰＣ軌道桁は、

写真 -2・5　跨座型モノレールのインフラ施設

品質確保のために専用の工場で製作され、現場に輸送された後にトラッククレーン等で架設される。

事の始まりは、モノレールの車両が走行する軌道の直下、道路上にコンクリート塊が転がっているのを運よく発見したことであった。モノレール軌道が走る道路を管理している事務所の担当者から私のセクションに電話が入った。

「高木さん、以前の話と同じかもしれないのですが、モノレールの支柱下にコンクリート片が幾つか落ちていて、モノレール走行部が欠け落ちたように見えるのですけど」

私は、

「以前のモノレール支承一部が脱落、支柱（橋脚）天端を傷つけ、コンクリートが欠け落ちたのと同様なのでは？」

と聞くと、

「私もそう思ったのですが、今回は違います。下から見てモノレールが走行する軌道桁が欠けているように見えるんです。見誤りの可能性は無いと思っています。すみませんが、大きな事故となると困るので見に来てくれますか？」

との私にとってうれしい依頼であった。

私の場合、現場にとって迷惑が本音ではあろうが、実は現場大好き人間なのだ。私が行くと少しの事象でも大きな問題と取り上げる事例が多いので、このような表現になった。理解できる。私が同様な事例と脳裏に浮かんだことは、鋳物製の特殊な支承の歯車が何故か欠け落ち、橋脚天端のコンクリート端部を破壊、軌道桁下に落下した事例（写真-2・6参照）を指す。以前の事故は、鋳物製の支承の弱点と設計以上の作用荷重が原因であったので、他の同様な跨座式モノレールでも発生し、対策も分かっていた。それで私はまたかと思ったのだ。

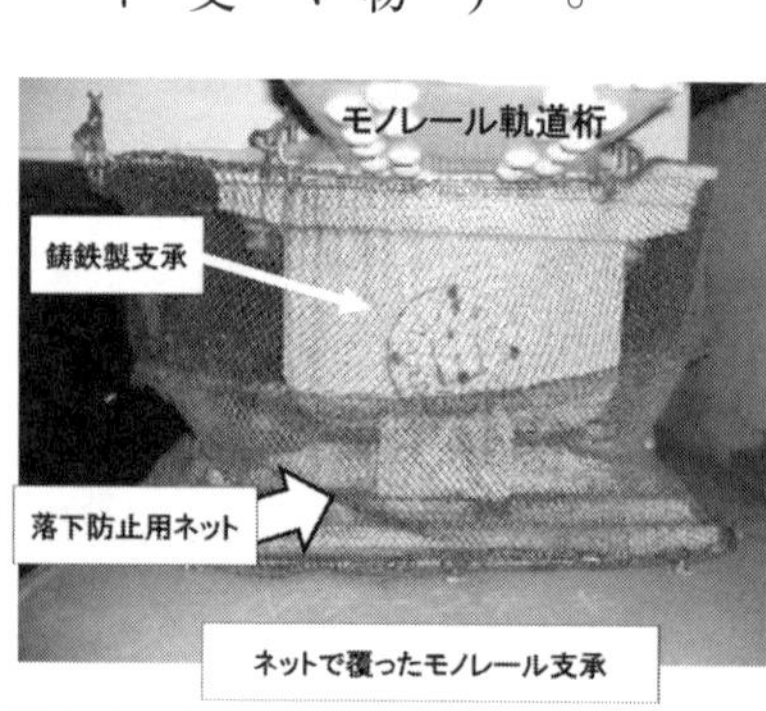


写真-2・6　部材落下防止ネットで覆った支承

ここまで現場から言われて、現地に行かない訳にはいかないと同僚に説明。疑心暗鬼な状態で担当者が待ち構えている現場に向かった。その理由は、プレストレストコンクリート構造だからなのだが。プレストレスが導入されている構造物、第1章の間詰床版とは違う、単純な継手の無い一本物だ。

そんなことを考えているうちに現場に到着。確かに彼が手に持っているのは、多少汚れてはいるが軌道桁コンクリート塊（写真-2・7参照）だ。よもやＰＣ桁が欠け落ちたとは思わず疑いの眼で、鉄筋コンクリート橋脚の天端か、若しくは支承部の一部が塩害、かぶり不足等の原因で車両の振動や接触によって落下したものと、該当する範囲を見て回った。

日も暮れようとする時刻、橋脚上部付近を軌道桁の下から車両通過を見上げている時、我が目を疑う事実に唖然とした。コンクリートが欠け落ちたのは橋脚や支承まわりではなく、信頼性が高いと信じているＰＣ軌道桁であること分かったからだ。欠け落ちは、ＰＣ軌道桁同士を繋いでいる伸縮継手部周辺の数か所なのだ（写真-2・8参照）。モノレール軌道桁は、温度変化等による伸縮量から遊間長が決定され、車両がスムーズに走行できるように、また車両が横方向に移動するのを制限し、軌道から外れることのないように種々な工夫がなされている。

問題のコンクリートの欠け落ちは、ＰＣ軌道桁の側面にある上側の案内面伸縮継手及び下側の安定面伸縮継手双方の周辺部で発生していた。原因として考えられるのは、車両が走行する時に車両側面の案内輪か安定輪が、段差等の影響か、当該部分に衝撃的に強く接触し、欠け落ちたのではないかと考えるのが一般的で

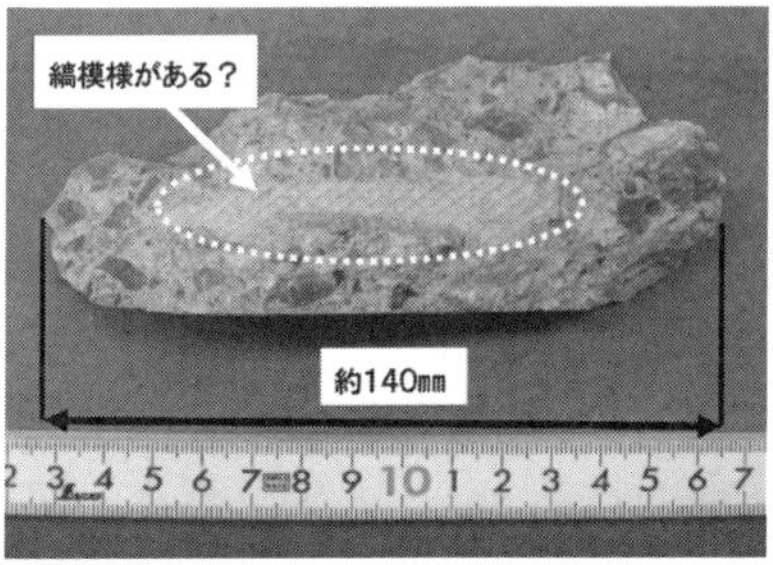

写真-2・7　軌道桁から欠け落ちたコンクリート塊

写真-2・8　コンクリートが剥落した
モノレール軌道桁（同タイプ）

ある。もしもこの考えが正しいのであれば、桁製作精度が悪いか、もしくは走行する車両に大きな問題があることになる。

その後、組織内にある研究所の技術者も現地に呼んで調査となった。申し訳ないが、私はあまり彼らに期待はしていなかった。これまで同様な事例で十分に機能しなかったのがその理由だ。緊急手配した機械式点検車両から欠落した部分と周辺部を調査、研究所から来た技術者に、

「現場をみてあなたの見解は？」

と聞くが、案の定、

「見たことも無い事例です。理由は分かりません」

との答え。何故だとの思いを抱きつつ深夜にデスクに戻った。その後私は、これまで国内で数多く採用されている跨座型モノレール（全国に羽田空港と都心を結ぶ有名な東京モノレールを入れて7箇所ある）の事故事例を調査したが、ＰＣ軌道桁が損傷した事例報告は何処にもなかった。

種々な理由を考えた。第一に直近に地震があったので、その時に桁同士が接触したのか？　そうだとすると他の箇所にもあるはずだ。第二は問題のＰＣ軌道桁と隣接する軌道桁は鋼桁、それも曲線桁である。気温の変化で鋼製軌道桁が伸縮、それによってＰＣ軌道桁が押された接触したのか？　そうであるならば開通した時点で欠け落ちるはずだ。これも理由としては理屈に合わない。

あれやこれや欠け落ちた理由を考えてはみたものの分からない。しかし放置はできない。今後同じような写真-2・9に示すような変状が当該路線16・0㎞の間で多発する可能性を危惧し、欠け落ちた原因調査を詳細に行うこととした。

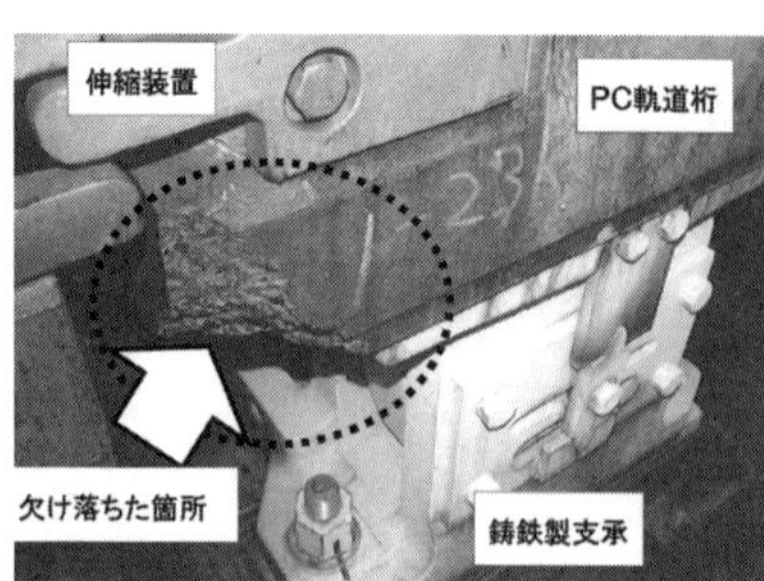


写真-2・9　欠け落ちたモノレールPC桁の状況

## (3) なぜＰＣ軌道桁が欠け落ちたのか

モノレール全線の調査を翌日に行うことを決定。それも、現場が嫌がる関係職員を動員した緊急調査である。これだから私は現場から嫌われることになるのだが…。点検をお願いした職員の中には、自分たちがモノレール軌道桁を調べなければならない理由が分からない人が多い。再度理由を示すが、主要なインフラ部は、建設した行政側の財産、管理瑕疵を問われると責任の一端を負わなければならないからなのだ。緊急調査した結果、他のＰＣ軌道桁にも同様な欠け落ちが皆無ではなかったが、重大ではなかった。それよりも、発生の予兆となる写真−2・10に示すような0・2㎜を超えるひび割れが、特殊な支承（モノレール桁ではラーゲルと呼ぶ）部周辺に数多く確認されたので私の中でことは重大との結論となった。

そこで、対象ＰＣ軌道桁の全長をモデル化し、三次元弾性解析を行うこととした。モノレール車両による活荷重の載荷状態における軌道桁の内部応力を計算し、応力の発生状況を把握するとともに、コンクリートの許容引張応力との比較を行った結果は以下である。

結論としては、通常の場合では欠け落ちの可能性は極めて低いと判断できるが、損傷が発生している箇所（支承端部付近）において、引張応力が集中する解析結果となった（図−2・2参照）。同応力は、線路方向に作用しており、鉛直方向のひび割れを発生させる作用方向となるが、今回のような剥落を起こす作用方向ではないことが明らかである。また、引張応力は、許容引張応力以下であることから、破壊状態になるとは言い切れない。欠け落ちの条件を満たすためには、当該部分が脆弱状態となっている場合が当てはまると考えた。脆弱であればそもそも強度不足であることから、ひび割れが発生しやすく、最終的には欠け落ちる可能性が高いとの結論に

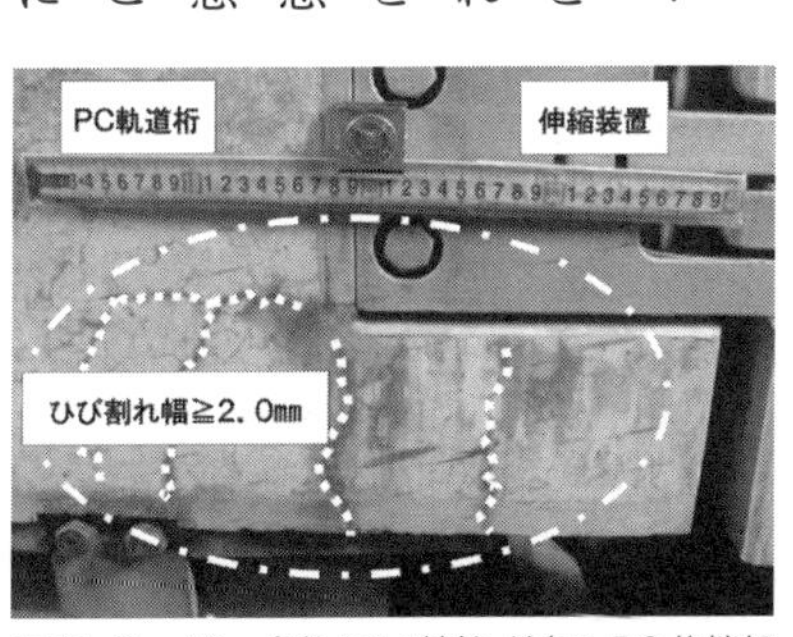


写真−2・10　多数のひび割れが走るPC桁端部

至った。

ここで、現地調査結果（先の緊急調査とは別に、モノレール終電後に全線を運営会社が所有する点検車両によって詳細調査）と対比してみた。

発生しているひび割れは、『上沓プレートのほぼ端部位置（桁端から12㎝前後）に発生しているひび割れ』『上沓プレートの桁への埋込み部で断面が変化する位置（桁端から16㎝前後）に発生しているひび割れ』『沓の定着アンカー位置（桁端から24㎝前後）に発生しているひび割れ』の３種類に分類される。三次元弾性解析結果の条件に脆弱部であることが欠け落ちの可能性が高いとの結論がある。再度、ＰＣ軌道桁の詳細構造を拡大して、製作時、架設時、供用開始時と順にどのように現地に桁が座り、加工されていくのかを考えた。

いずれのひび割れも、プレストレッシングできない支承部周辺（正確には支承のアンカーフレーム埋め込み部）に集中している。「これだ！」と分かった。モノレールの場合、支承設置アンカーフレームが大きいことから、当該箇所はかぶり厚が不足する傾向にあり、それらを原因として発生したものと考えられる。要は、当該路線は、Ｐ

**事故を起こしたPC軌道桁主応力図（FEM解析結果）**

**[PC軌道桁端部]**

**[発生応力値]**
**○1751.8kN/㎡**

コンクリートの
引張強度の特性値
$f'_{tk}$=2,900KN/m²

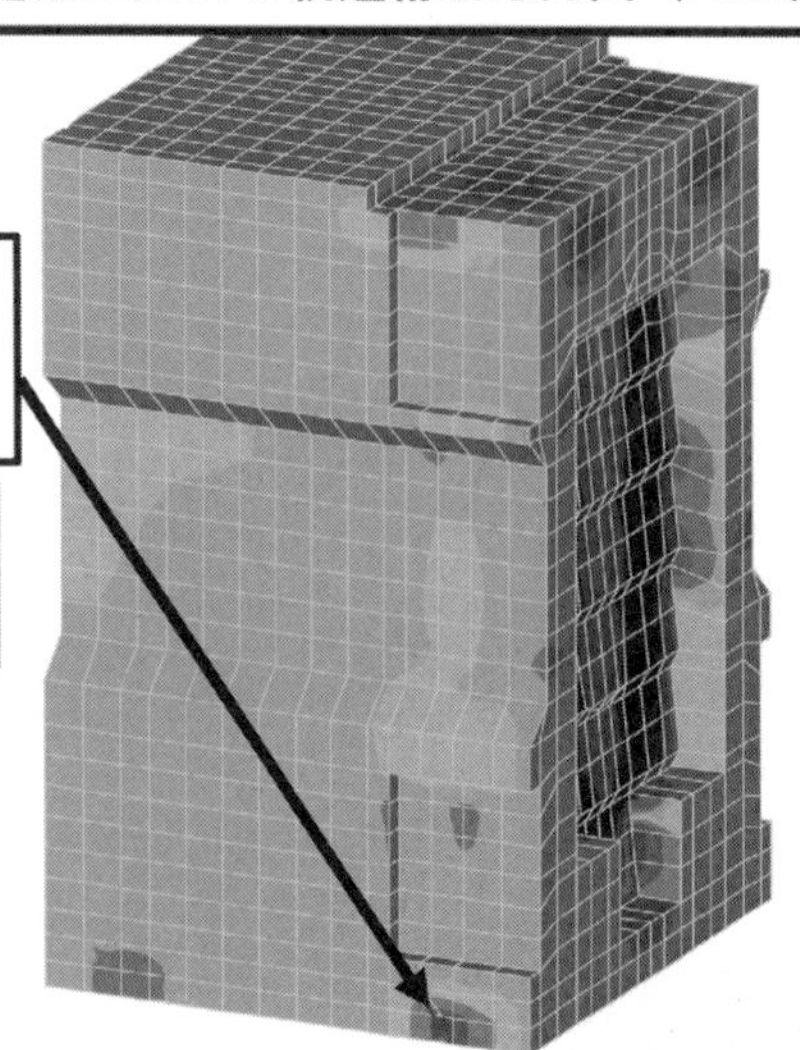

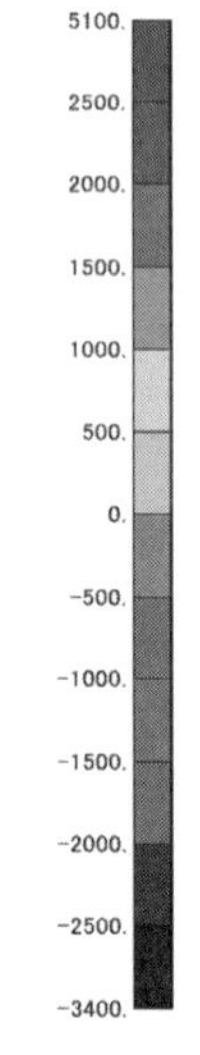


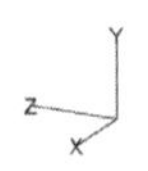

t Set: MSC/NASTRAN Case 1
ur: Solid Max Prin Stress

図-2・2　モノレールPC桁端部FEM解析結果

C軌道桁に当初設計時から構造的な弱点を造ってしまったという結論である。話はこれで終わると思ったら大間違い。次が重要な話なのだ。

## ⑷ まさか！ 竣工図書に意図的な改ざんが

モノレールPC軌道桁は、国内外で多く採用されている信頼の高い構造であるはずだ。これまで説明してきた標準構造を種々な箇所で使われているとしたら、欠け落ち損傷やひび割れ損傷が多発し、事故事例として公表されるはずである。なぜ、標準構造にも関わらず当該路線にこのような損傷が発生したかである。当路線は、地方自治体直営の軌道桁工場を現地につくり、製品管理は万全のはずだ。国内で初めての建設事例でもない。不思議だ！解せない！

もう一度欠け落ちたコンクリート塊を確認してみよう。一般的に、コンクリートが剥落した面を確認すると、骨材やセメント質が一様に確認されるはずである。しかし、当該箇所の欠け落ち面には、繊維、型枠、異物のような跡が目視でも確認できる（前掲写真Ⅰ-2・8参照）。

そこで、当該路線のPC軌道桁を製作した全社に直接ヒヤリング。まるで犯人捜しのようだが、これを徹底的にやらないと原因は闇に葬られるのが一般的。ヒヤリングした結果が表Ⅰ-2・1である。要は、桁端部の支承付近はかぶり厚が十分でないことから、桁製作のある段階で炭素繊維の補強シートを入れ始めたとの回答であった。全線調査した結果を一覧表で対比した時、問題箇所にひび割れが殆ど無い桁があった理由はこれだ。

私の問題視したのは、全社ヒヤリングの結論ではない。構造的弱点部分にひび割れ防止の炭素繊維シートをなぜ当初から入れなかったのかということでもなく、竣工図書に炭素繊維の『た』の字も無かったということが重大な問題なのだ。表Ⅰ-2・1の5社に私が知り得た事実関係を聞かない訳がない。その結果明らかとなったことは、『自分さえよければ』『隠し通せば何とかなる』『後を引くような問題は公開しない』『どうせ分かるはずはない』ということだった。今回の話の導入、杭打ちデータ改ざんと同様なことがここでも行われていた。

軌道桁橋部は、アンカーフレームが大きいのでかぶり厚が不足する傾向にあり、ひび割れや剥離の可能性が高く炭素繊維補強が必要との結論なのだ。このようなことから、請負会社から発注者（行政）に炭素繊維補強シート等の変更を申し出たところ、

「設計変更は、増額となるので不可能だ。そもそも設計変更理由になじまない」と担当者に一掃されたとのことであった。さらに、

「今回変更して追加した部分（ＰＣ軌道桁端部以外もある）等の図面は全て破棄し、当初設計図書を竣工図書として納品すること」

と強く指示されたと聞いた時は、腰が抜けるほど驚いた。これが、地方自治体の先頭を走る、多くの学生が就職を希望している国をもしのぐ組織の技術者が行うことか。

真実を知ると同時に、このような事実が多くの竣工図書に隠されているのではと現在保管している多くの竣工図書を疑った。当然だ。私は過去に多くの事例を見聞きしている。民間の会社、請負会社の隠ぺい工作は山ほど出くわしている。

今回は、こともあろうに、信頼すべき行政が主導した組織ぐるみの隠ぺい・改ざん工作である「設計変更理由がない」「国の会計検査に指摘された事項の処理に追われている」「開通時期が迫っている」。理由はいくらでもあるかもし

表 -2・1　モノレール PC 桁施工会社へのヒヤリング結果

| 項目 | | A 社 | B 社 | C 社 | D 社 | E 社 |
|---|---|---|---|---|---|---|
| 鉄筋切断・折り曲げ有無 | | あり | なし | なし | なし | |
| 処理方法 | | 配置しにくい箇所 | 処理なし | 処理なし | 処理なし | |
| ファイバー鉄筋網について（PC 桁端部） | 設置 | あり | なし | あり | あり | 無回答 |
| | 配置時期 | 当初なし<br>その後入れた | 記憶がない | 当初なし<br>その後入れた | 当初なし<br>その後入れた | |
| | 理由 | クラック発生抑制 | ― | クラック発生抑制 | クラック発生抑制 | |

れない。しかし、竣工図書の隠ぺい・改ざん工作が正しいわけがない。ヒヤリング業者から真実を告げられた時、私は同じ組織出身の技術者として、穴があれば入りたいほど屈辱感を感じたことを昨日のように覚えている。「分かっているのか！　自分たちがしたことを」と強く言いたい。

## (5) 倫理観はどこに行ったの？

今、われわれ技術者の倫理観が問われる事故や事件が多発している。高度な技術を学ぶことも必要であるが、倫理におけるゼロ乗算（高度な技術×０＝０）のたとえを多くの技術者は知っているのであろうか？　いくら高度な技術や知見を持っていても、倫理観が無ければその技術者の評価はいつまでたっても無であるということなのだが。

請負業者、それもＰＣ技術に関連する高度な専門技術者が集まる国内有数の専業メーカーは、当然のごとく何故変状が発生し、変状発生を防ぐにはどうしたら良いのかは最初の施工から何例か経験を積めば分かるはずであり、分からなければ一流専業メーカーとはいえないはずだ。先に示した、モノレールＰＣ軌道桁の欠け落ちは、桁下を通行している住民や車両にコンクリート塊が当たれば重大事故として報ぜられる状況は誰でも分かることである。欠け落ちる状況を予測し、供用開始までに対策を講じるのが専業メーカー、専門技術者の責務ではないか。また、竣工図書が今供用している構造物を表していない偽りの竣工図書であるならば、それを信じて点検・診断は何を調査しているのであろうか？　設計変更できない現在の行政側の内情は私も理解できるが、竣工図書を「当初設計図書で良い」と言い切った行政技術者には呆れ果てて返す言葉が何も無い。

住民の安全や安心を確保し、見えない、見えにくいステークホルダーに対し十分に配慮するのが真の技術者といえるのではないか。技術者に必要な倫理観の欠如が結果的には事故につながることを忘れてはならない。

# 3．可哀想な道路橋としないために

第2章は、産官学のいずれが問題であるかを問う事例を柱に話を進めてきた。今回は、少し毛色の異なった行政内部の問題、補強、架け替えをキャッチボールされた道路橋、当初設計をしたコンサルタントにも責任の一端があると私が考えている事例を話すこととしよう。

今回の話は、行政技術者の二転三転する判断によって、対策もなかなか決まらず長い間放置されている道路橋の話である。何とも奇妙で可哀想な道路橋の話をすることとしよう。

## (1) 疑問を抱いた管理引継の要望

今回話題は、埋め立て地域に架かる道路橋に降りかかった信じがたい本当の話である。

1期工事で1966年（昭和41年）に竣工した3径間鉄筋コンクリート床版ゲルバー鋼鈑桁橋と、その橋に隣接して平行に2期工事で1973年（昭和48年）に架けられた3径間連続鉄筋コンクリート床版鋼箱桁橋が主人公となる。

第1期の橋梁は、供用後大きな変状が発生、12年後の1978年（昭和53年）に既設橋台をピアアバット化、土圧を軽減する目的で側径間を両方向に増設する工事が実施された。第2期橋は、第1期に建設している運河内の橋脚を第1期橋に発生した変状から使えず、隣接位置に新たな橋脚を築造、3径間連続鋼箱桁橋で1973年（昭和48年）に竣工している。

当該橋梁の基礎形式は杭基礎でAP-50m付近の東京層を支持層とし、支持層となる地盤は、フーチング床付け面から約5mはN値＝5程度の砂質土層（液状化層）、その下にN値＝2程度の軟弱な粘性土層が約15m、比較的硬質なN値＝5～15程度の粘性土層が約15mが続き、その下に支持層となる砂礫主体の東京層でAP-45・0m付近となっている。埋め立て地に建設する道路橋であることから、地盤の圧密沈下や下部構造の側方移動等に対し十分に配慮しなければ、架設直後から種々な問題が起こるのは当然である。

しかし、ここで取り上げる問題は、実際に起こっている変状を伏せてでも何とかお荷物を整理しようとする悲しい技術集団の話がスタートとなる。

話は、1期工事3径間ゲルバー構造橋（図-2・3参照）を補強する前に遡る。これは推定であるから事実とは反するかもしれないので、私の推論として聞いてもらいたい。1期目の橋梁を建設。供用を開始してしばらくすると、鋼桁が橋台のパラペットに接触していることが判明。2期工事に着手する工程は決められていたことから内部で緊急に打ち合せたのであろう。その結果、外見上おかしな構造となってしまった。技術者としてのプライドが、委託設計を発注した行政側と設計を請け負ったコンサルタントにはなかったのであろう。

この事実をなぜ私が知っているかである。それは、2期工事が完了後、その後発生する変状の対応に苦慮し、私が所属する組織に依頼してきたのだ。

ある時、急に引継ぎの話は始まった。引継ぎの条件として当時のお金で約2億円の支度金を付けるとのことであった。

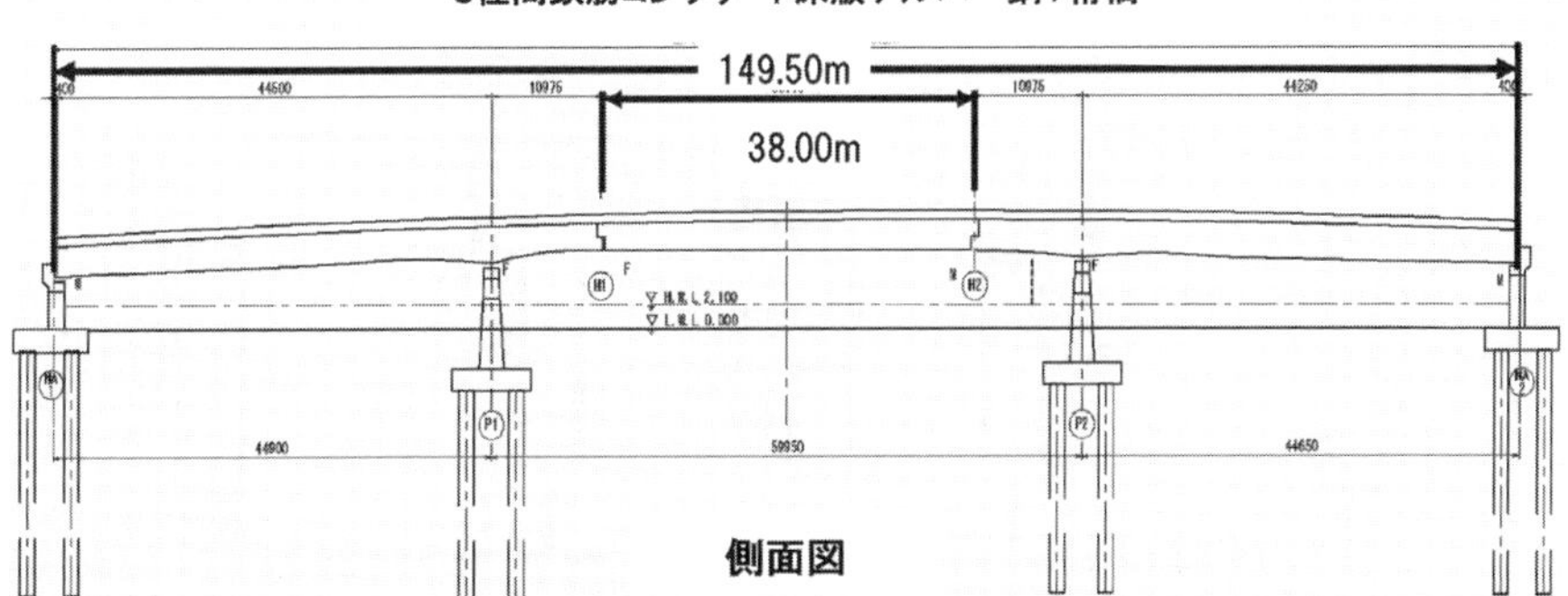


図-2・3　A橋1期工事一般図

私としては、管理引継ぎを依頼してきた橋梁がほとんど新橋に近いことから、重大な変状は無いものと思いつつも、何かおかしいなと思い、現地調査を行うこととした。直属の上司にも「髙木君、現場見に行って来たら、勉強になるから」と言われたこともあるが。現地に行って『やはり！』と思った。

1期目に建設したゲルバー橋の伸縮装置の隙間は全くなく、一部せり上がっている。雑草の生い茂る取付け部分の護岸を掻き分けて桁の端部を確認すると、パラペットに桁が食い込み、橋台コンクリートが一部はく離しているではないか。現場を見ればある程度の基礎知識を持つ技術者なら分かる。さらに、1期目の2橋脚のフーチングが図-2・4のように2期目橋脚位置と異なった箇所に張り出しているおかしな構造ではないか。おかしな状況の写真を十数枚撮り、上司に報告したのはいうまでもない。

私としては他の橋に流用可能な2億円の支度金はほしかったが、「現況の変状があまりにも悪く、今後の改修費が想像以上に高額となる。彼らは変状発生の事実を伏せていましたね」との説明を加え、引継ぎを依頼した組織の技術者に丁重にお引き取り願った。彼らが帰ったその時、上司と私のやり取りは、

「髙木君、あの橋は、どうなるのかね？」

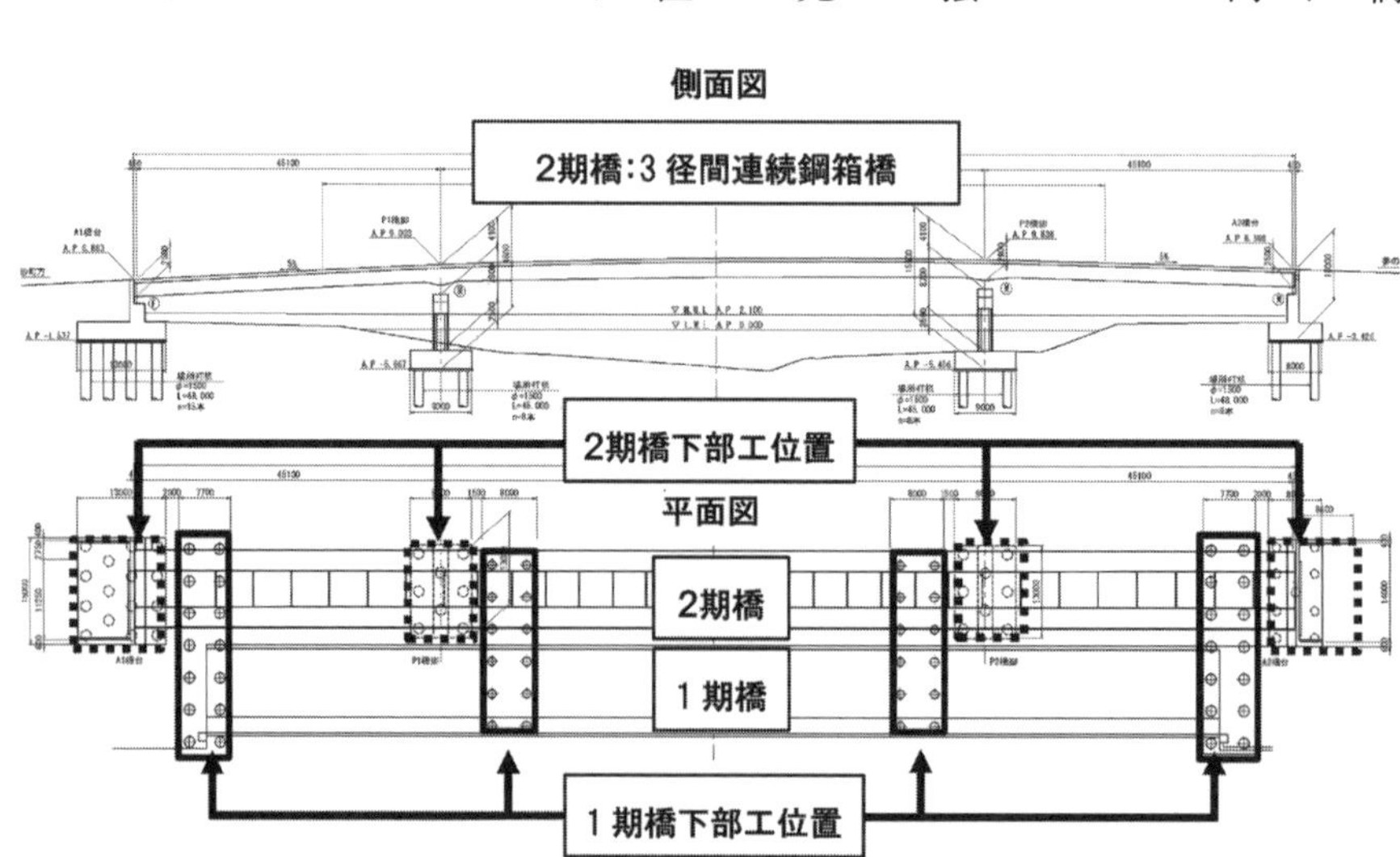


図-2・4　A橋2期工事一般図（1期橋対比図）

「あのまま地盤が圧密沈下すれば、桁は座屈、最悪桁が跳ね上がるかもしれませんね」

「そんなに悪い状態なのか・・・どうすれば、変状は止まるかね？」

「そうですね、橋台背面の土圧を軽減するために、側径間を増やすか、もしくは、地盤改良か増杭でしょう」

「あの2億円で対策は可能かね？」

「まあ、2億円以上かかるかもしれません。それよりも改修工事は、通行規制が伴うので外部への説明が大変でしょう。補修工事の起工理由書決済をとれるのでしょうか？　大変でしょうね」

「そうか、だから引継ぎを依頼してきたのか」

「私もそう思いますよ。そもそも、1期目に築造したフーチングに2期目の躯体を予定通り乗せることもできず、そのフーチングを見捨てて、2期目の橋脚を別位置に築造するのは、だれが見てもおかしいと思いますよ。普通だったら、現況がこのようになっているとの説明をし、何とか協力して下さいとでものお願いがあればまだしも。みっともない橋を2億円で引き取れ、これはないですよ！」

「そうだよな。当初の設計が誤っていたと言うことか。これから彼らは1期目の尻拭い工事か・・・大変だな、知らないと言うことは恐ろしい・・・」


である。橋梁技術者がほとんどいない組織が建設すると、その後大きな変状が現れるという、世の中に良くある事例である。

## (2) 予想通り、苦労して？補修工事を行った

引継ぎの話を断られた組織は、管理引継ぎを依頼してきた数年後の昭和53年に、私が想定したような改修工事を行った。その対策工事の目的は、橋脚の沈下、橋台の水平移動や鉄筋コンクリート床版の損傷等であるが、かなり大きな変状が表面化したことから止むを得ず行ったようである。

私が予測するに、上下線を乗せるはずであった橋脚に片側しか乗せられないと判断したということは、かなり支持力が不足していることが明らかとなったと考えるのが一般的だ。

分かり易い極端な事例をあげると、建物を支えるために必要な杭、10本が必要と仮定しよう、計算を間違ったか地質調査データの読み取りを誤ったなどで半分の５本しか打っていなかったと言う結論だ。他の見方をすると、1期工事の橋台が橋脚と同様な設計か、施工の誤りで大きく動き始め、放置できない重大変状発生の状態となったとも考えられる。

いずれにしても、可哀想な橋は、人が創り出した生まれながらの欠陥品なのだ。技術者として恥ずべきことは、道路橋の工事を行うために1期橋の供用を一時止めて、全面改修工事を行ったことだが。交通規制できた理由は、1期橋梁と2期橋梁が分離構造で隣接していたからだ（写真-2・11参照）。改修工事の内容は、鉄筋コンクリート床版の撤去、鋼床版への取り替え、既設橋台のピアアバット化（写真-2・12参照）、側径間（両側へ1径間）増設、既存橋台の増杭、新橋台の建設などである（図-2・5参照）。

これら、一連の改修工事は、発注金額を確認していないので正確には分からないが、莫大な規模となったことは間違いなく、どのようにして起工し、幹部を説得したのか不明である。

なぜここで、管理引継ぎを断った可哀想な道路橋の話をするようになったかだ。

可哀想な道路橋になった主犯は、設計したコンサルタント、それを信用した行政技術者にあることは明白だからだ。当道路橋の計画、基本設計発

写真-2・11　並列して架かる１期橋と２期橋

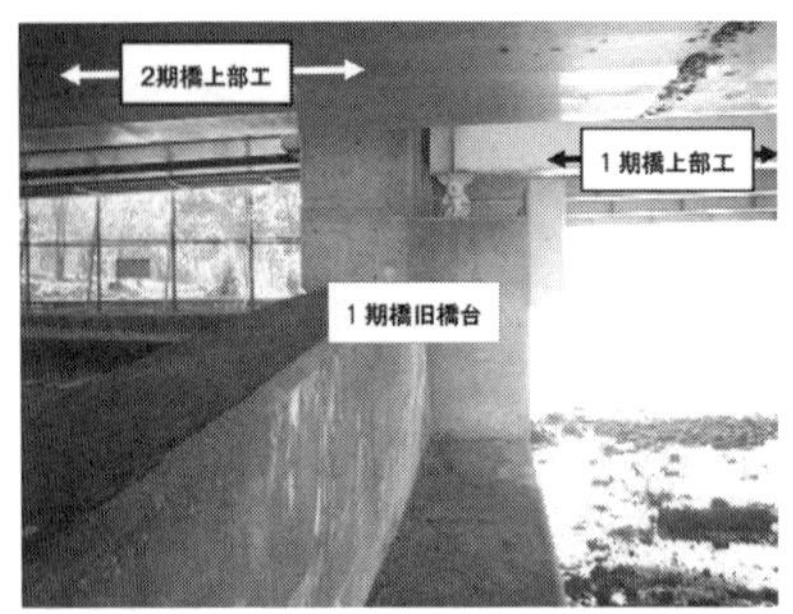

写真-2・12　１期橋のピアアバット橋脚（旧橋台）

注時に当然周辺地盤を調査しているはずであり、その時に埋め立て地域の圧密沈下や液状化を予測し、それらに対応する設計を行っていればここにあげたようなみっともない事態とはならなかったはずなのだ。

今回紹介した話に似たような事例は全国多々ある。事前調査を十分に行わなかった事例、地質調査を下部工位置とは異なった地点で行い支持層推定線を技術者の勘でいい加減に引いた事例、ボーリングデータを無視して設計した事例、調査結果を生かせず誤った係数で設計した事例など、失敗事例はあげたらきりがない。今回紹介した事例は、氷山の一角、縦割り行政の欠陥とそれを見透かして手を抜く民間企業の技術者たちによるよくある話であるから心当たりのある方は心した方がよい。

変状の発生している橋梁の引き継ぎを断ってから十数年が経過し、時代も高度成長期からＮＰＭの時代へと移り変わり、コスト縮減、組織縮小、人員削減の大きな風が吹き、ぬるま湯公務員の体質を変える厳しい環境へと激変する時代となった。これが顛末記のスタートとなる。

時代も変わり組織が担当する業務の見直しが行われ、先に話した引継ぎを依頼してきた組織が建設した橋梁を他の組織に移管すべきとの検討が始まった。

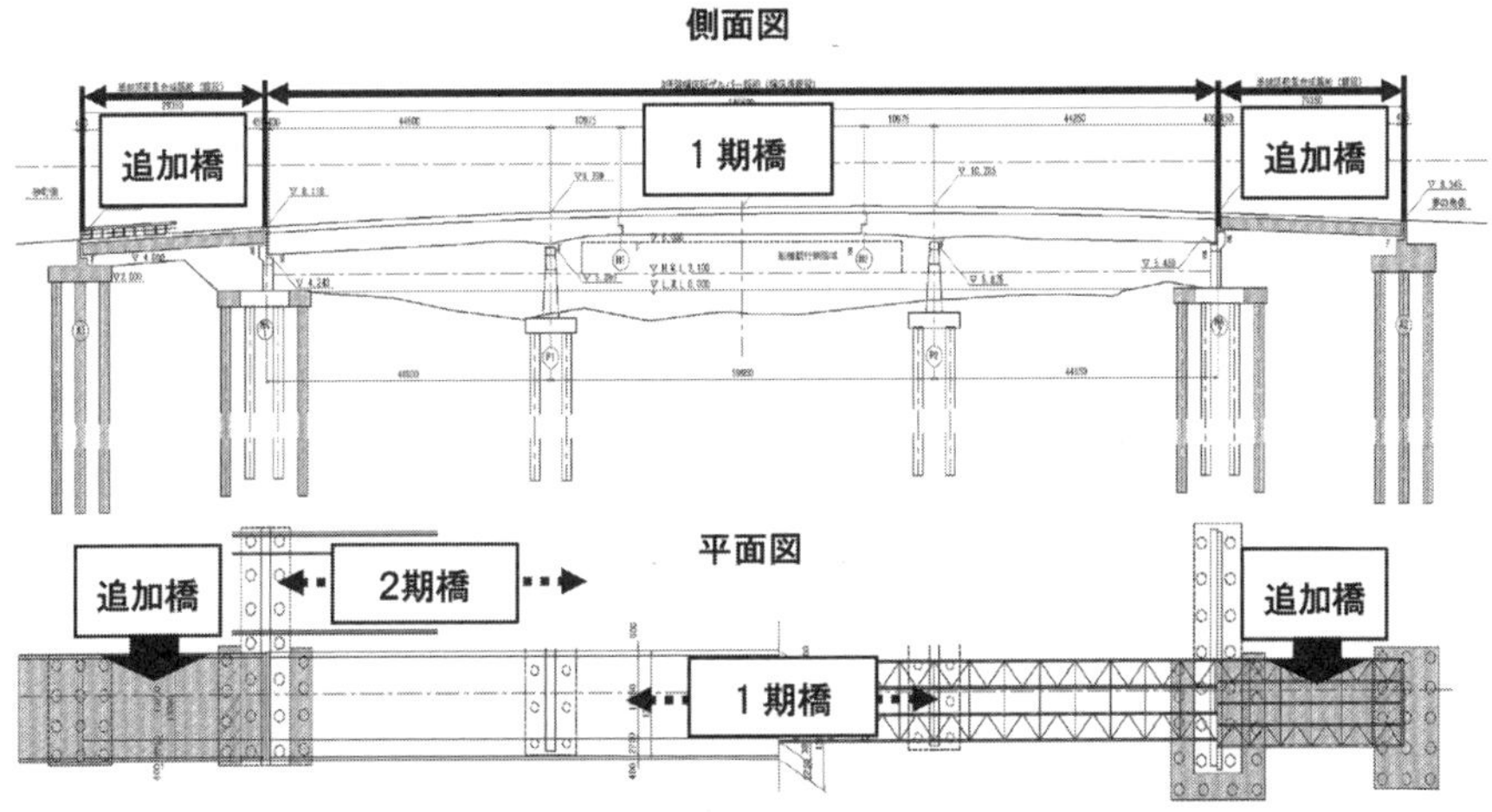


図-2・5　改修工事を行なったＡ１期橋一般図

ここで、全国の地方自治体で組織の抱えている問題として取り上げられる建設組織と管理組織の触れてはならない、いずれ解消しなければならない縦割り組織の話をしよう。縦割りの考え方は、民間企業に働く人々の想像を超えるほど強く、首長の下、組織の長の下、本来であれば建設した構造物は、管理する組織にスムーズに移管され、意思の疎通を欠くことはないとお考え方が多いと思う。しかし、ほとんどの組織がこれとは異なった状態で、想像もできないような見えない強固な壁が建設と管理にはある。

## (3) 縦割り行政の弊害、技術者不要論がまかり通る

道路、特に橋梁を中心に建設と管理の縦割り組織について説明しよう。一般的に、大なり小なりの差はあるが、建設する組織と管理する組織は異なっている。

建設部門と管理部門を組織的に分ける大きな理由として、一つは、事業費目の違い（投資的経費と義務的経費と分けている）もあるが、建設部門を構成する人員のほとんどが技術系職員であるのに対し、管理部門を構成するのは、事務系職員と技術系職員が混在しているのだ。

細かく述べると、道路の場合、道路の路線認定、道路監察、道路占用に関する業務は事務系職員の範疇であり、維持補修や占用工事の指導等に関する業務は技術系職員の範疇と分けられている場合が多い。要は、法規に関係する業務を主とする場合、法律等に専門的な知識を持つ事務系職員が中心とならざるを得ない。当然、管理部門の中では、技術系職員よりも法に詳しい事務系職員の意見が強くなる。

これも聞いた話で裏付けはどこにあるのかと問われると非常に困るが、戦前から戦後、高度経済成長期前半までは建設することが主であったことから、事務系職員に向かって技術系職員が「君達を食べさせているのは我々だ！」と言い、事務系職員の業務への口出しを「要らぬお節介」と止めていたと豪語していた。

私の経験では、今や立場は逆転し、事務系職員の力の方が強い。要は、財務、組織、人事をしっかり握ってい

るのは事務系職員であり、技術系職員では無いからなのだ。技術系職員自ら構造物の設計を行い、施工監督（中には、施工も職員が行っていた）から竣工検査、会計検査をこなしてきた時代と、設計全てを外部発注（積算までも外部の場合もある）し、工事は請負業者の責任施工、会計検査までも外部の民間技術者が説明する時代とは大きく違ってきている。そのため、事務系職員の技術系職員に対する目は厳しく、管理部門の業務判断の多くは事務系職員が行う時代となった。

事務系職員曰く、

「これからの時代、必要の無くなった技術系職員の定数は限りなく抑えるべきだ。極論を言えば、技術系職員が必要ない時代がこれからだ」とも、そして

「分かりもしない技術論を御託のように並べる技術系職員には、ほとほと呆れるし、愛想を尽かすよ！」

とまで言われる技術職冬の時代到来が現実だ。何とも情けない話である。

二つ目は、構造物の建設には高度な技術と専門職が必要で、管理はあくまで補助的な仕事であることから技術は必要ないとの判断を行ってきた過去がある。新設や更新が多かった時代にはこれで通用したかもしれないが、新設が大きく減少し、構造物を長期間使い続けることが必要となった昨今、事態は大きく変わった。過去は、建設で仕事が困難となった職員（身体も、頭も、心も疲れ切っている?）が、管理の仕事に移って退職までのんびりする時代であったのかもしれない。

しかし、管理の仕事も近年は大きく変わってきた。事業費や事業規模を算定基準に、組織の人員定数を決める時代から、頭を切り替えて、業務の質と効果を基に決める時代にならなければ適切な管理を行う時代は永遠に来ない。話は、脇道にそれたので本題である施設の管理引き継ぎに戻すとしよう。

新たに建設した道路、特に構造が複雑な橋梁やトンネルなどの構造物は、建設部門から管理部門に引き継ぐとなると種々な条件が付されるのが一般的である。具体的な事例として、引継ぎの前に行う実査は、まるで会計検

査のごとく対象施設ごとに細部にわたって行われ、数多くの指摘（舗装の不陸、道路排水勾配、防護柵や高欄の目違い、・・・）がなされる。

同一組織の中であることから互いに相手を尊重し、良い構造物を将来に残そうと十分に配慮して互いの業務を遂行していれば良いが、実態は、建設する部門は自らに甘く、民間企業が実質設計、責任施工の民主導の体制で構造物を完成させ、管理する部門は引き継ぐ構造物に対し、無理難題とも思える配慮に欠ける指摘を繰り返し、建設部門に対応させる実態がそこにある。ひょっとしたら積算しか頭にない建設組織が、住民からの苦情対応で苦労して日々管理している管理組織に言われる内容は的を射ているかもしれない。

## (4) さて問題の橋に必要な対策は？

時代は流れ、私が可哀想と思っている橋の引継ぎの話は始まった。対象道路橋の状態をまず説明しよう。供用開始から約30年経過はしているが、上部構造に大きな変状は無く、港湾区域であることから飛来塩分等による腐食は進むのは当然ではあるが、不幸中の幸い疲労亀裂は該当する箇所に発生してはいなかった。また、大型車交通量が多い割には鉄筋コンクリート床版も、大きな問題となるようなひび割れや遊離石灰の析出等損傷は発生していない。

この理由は、都市内のような幹線道路とは異なって過積載車両が少ないことが理由として考えられる。臨海地域の道路を通行する車両がタンカーに乗せるコンテナ車両であることから、荷物を正確に計量し、違法となる荷物がないのがその理由だ。上部構造の各部材は、応力照査を行ったがいずれも超過程度が概ね1～2割程度であった。

また、第2期橋の橋脚においてやや注意判定となるひび割れと鉄筋露出損傷が発生しており、これは飛来塩分によるものと推定されるが安全性に影響を与えるレベルではない。しかし、ピアアバット化した橋台は、背面の土圧を軽減したにも関わらず、移動は止まらないようだ（写真-2・13参照）。計算と実態とは大きく違うことがここでも明らかとなった、全く情けない。

橋脚のコンクリートは運河内に建設されていることから、中性化及び塩化物イオン濃度の確認試験を行った。第1期橋がW／C＝0・60：中性化深さ＝21㎜、W／C＝0・75：中性化深さ＝37㎜といずれも鋼材の腐食発生限界である40㎜以下であり構造的に問題ない。しかし、後から建設した第2期橋は、すでに鋼材の腐食発生限界に達しており、鋼材の断面減少が想定される状態であった。

問題は、第1期橋が鉄筋腐食開始年が120年となったのと比較して、後に建設された第2期橋は、95年と25年も短い結果となったことにある。新たに建設した構造物が古い構造物よりも耐久性が劣る、これは何を意味するのか？ここでも、コンクリート施工の差異が耐久性に影響を与えることが明らかとなった。塩化物イオン試験の結果は、塩化物イオン濃度が21・14kg／㎥、24・17kg／㎥と高く、鋼材の腐食発生限界濃度1・2kg／㎥を大きく上回っている。

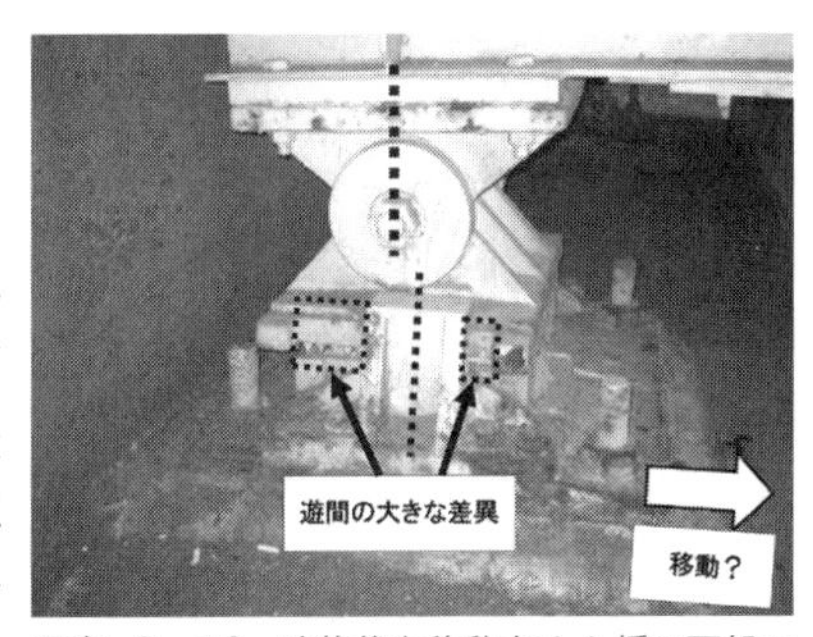

写真-2・13　改修後も移動するA橋の下部工

## (5) いくら何でもやりすぎじゃないですか？

他の管理者から施設を引き継ぐ場合、現行の種々な基準に適合しているかの審査を行う。可哀そうな道路橋の場合、現行基準に適合する構造物へ改善するには、変更となった活荷重（B活荷重）対策、耐震対策などがある。引継ぎ条件には、主要部材だけでなく道路附属物も含まれ、伸縮装置、排水施設、高欄など数多くの改善を行うことが引継ぎ条件に付加された。

私が問題としたいのは、道路設計の処理であった。確かに正論ではあるが、道路構造令で規定していた橋梁及びトンネルへの狭小幅員適用時代の遺物、不足幅員の追加が本当に必要かであった。前後道路との整合をとると幅員が不足となる。詳細は、左側路肩が０・25ｍ、歩道部も同様に０・25ｍ、これを改善する必要があるのですか？管理引継ぎの条件を満足するのに何と11億８千万～５億８千万の費用が必要となる。これまで幅員不足０・25ｍで改修工事を行った事例を聞いたことがない。同一組織であればここまでしない、できないはずである。組織が違えば、懐が同じでも徹底的な改良を引継ぎ条件とする。これはやりすぎでしょう、そう思いませんか？

## (6) 引継ぎ条件も問題だが、こんなことで良いの？

ここで技術者本来の話をしよう。私も少しは知識がある下部構造改良の話である。

可哀想な道路橋の橋台は、第１期橋及び第２期橋について安定照査を行ったが、液状化以外は安全に関わる重大事項とはならないレベルであった。問題は、運河中にある橋脚躯体の耐力不足と、液状化による橋台及び橋脚基礎の耐力不足である。ここで、Ｌ２地震動による静的耐震照査を行ったところ、液状化によって基礎杭自体のせん断強度が許容値内とならず、耐震補強が必要となった。過去に河川や運河中の既設基礎の耐震補強事例は少ないが、対象工法として増し杭工法、鋼管矢板基礎、深層混合処理工法（ＣＤＭ）及び実績の少ないIn-Cap工法が選定された（表Ⅰ−２・２参照）。

各補強対策の採否を示すと、増し杭工法は、液状化層の対策効果は認められるが一部においてせん断耐力を越える結果となった。鋼管矢板基礎であるが、工法自体は多くの事例があり信頼性は高いが、施工範囲が第１期、第２期橋橋脚を取り囲むことが必要となり、事業費から莫大となると結論付けた。

深層混合処理については、液状化層における発生モーメント、せん断力とも改良効果は見られるが、下層のせん断力耐力向上が別途必要となる。最後にIn-Cap工法である。当該工法は、既設フーチング周囲に鋼管矢板を打設し、その内部を深層混合処理で改良する工法である。しかし、改良する地盤は、地震時の受働土圧が期待できないこと、杭頭部を補強する工法であることから地震時慣性力が増加すること、補強した下部層も軟弱な粘土層であり受働土圧が期待できず杭の損傷の恐れがあることなどが問題点なのだ。

しかし、提出された報告書には実績もない、信頼性もあるとはとても言えないIn-Cap工法が最も好ましい対策として選別された結果となっていた。

なぜか、この段階で私が再び登場することになる。当該橋梁は、そもそも不幸の星の下に産まれたような可哀想な道路橋なのだ。私も再び記憶を紐解くような橋梁に出会うとは思っていなかった（これは、当時これまでの経緯を他の人には全く話していないことから、引き継ぎを依頼した側も引き継ぎ条件を出した側も私が以前この橋にどっぷり漬かっていたとは、周囲は全く分からずに事が進む）。

しかし、私としては問題としているこの橋を、引き継ぐ側がいつも選定する条件、架け替えを第一条件に進めてこなかったことはまずは褒めてあげたい。その気持ちがあるから、下部構造の耐震補強案についても、このまま進めても良いと思ったほどである。

しかし、先に示した基礎補強案の詳細な説明が進むと判断は大きく変わり、いつもの話であるが、不可解な気持ちと怒りが込み上げてきた。その理由は「In-Cap工法選定の理由にある。

当該橋梁の引き継ぎに際し、条件検討の委託設計期間は、何と4年に及びそれも各年で委託設計を外注していたのだ。累積委託金額もばかにならないほど大きいが、委託成果結果が正当ではない。その理由は、In-Cap工法を採用したいがために種々な検討を正当化するように見せかけているのが見え見えなのだ。

疑念を抱いた補強委託設計を当初から確認したところ、初期の段階で必要もない地盤解析や実験が行われ、何とかIn-Cap工法の採用へと私的に導いている。信頼性と実績のある鋼管矢板井筒基礎を行う範囲が大きく不利との比較結果が示されていたが、In-Cap工法も同様に鋼管矢板を使用すること、杭頭部が非常に重たくなり支持地

表-2・2　A橋補強工事対策別比較表

| | 概算工事費 | 工　期 | 評価 |
|---|---|---|---|
| ① 増し杭工法 | 627（百万円／基）比率：1.24 | 1.9 年 | ○ |
| ② 鋼管矢板基礎 | 820（百万円／基）比率：1.61 | 2.3 年 | △ |
| ③ IN-CAP 工法 | 508（百万円／基）比率：1.00 | 1.0 年 | ◎ |

盤から吐出した状態では、杭本体が地震時せん断力に十分な耐力がないこと、それよりもこのような大型の下部構造では全く実績や検討事例も無いことなどから結論は明らかなのだ。私が本工法の採用を取り止めを指示したのは当然の理屈だ。ここに示した補強工法選定の流れと検討結果は、かなり政治的（?）、個人的（?）な匂いのする案件であるがこれに近い事例は山ほどある。気をつけましょう、私的な忖度はダメです。

### (7) 可哀想な橋の顛末記

私が止めたIn-Cap工法による補強は、信頼と実績多い鋼管矢板井筒工法で最終段階へと進んだが、それに対し種々な方面から横槍が入り再検討となった。その結果、私が最も嫌う架け替え工法を選定、約46億円ともなる莫大な事業費が必要な架け替え工法が最適であるとの最終判断がなされた（表-2・3参照）。数年にも及ぶ引き継ぎ設計を行った理由、厳しい引き継ぎ条件を出した組織の問題点、種々な補強対策を訳も分からず行ってきた事実に対する反省もなく、これまでの努力も報われることのない浪費とも言える架け替え案で最終合意に至った。

しかし、ここに示した可哀想で可笑しな道路橋は、結局、計画当初の検討が不足していたことから種々な部分に変状が発生、

表-2・3　A橋架け替え工事費内訳表

| | | 第1期橋 | | 第2期橋 | |
|---|---|---|---|---|---|
| 上部工形式 | | 3径間連続鋼床版箱桁 | | 3径間連続鋼床版箱桁 | |
| 下部工形式 | | 壁式橋脚・場所打ち杭 | | 壁式橋脚・場所打ち杭 | |
| 床版形式 | | 鋼床版 | | 鋼床版 | |
| 架替費(百万円) | 撤去費 | 上部工: | 307 | 上部工: | 243 |
| | | 下部工: | 214 | 下部工: | 112 |
| | | 計　: | 521 | 計　: | 355 |
| | 新設費 | 上部工: | 1,508 | 上部工: | 1,313 |
| | | 下部工: | 445 | 下部工: | 445 |
| | | 計　: | 1,953 | 計　: | 1,758 |
| | 合　計 | 2,474 | | 2,113 | |

それを見かねて建設した組織引き継ぎを将来管理者に依頼、結果的に将来管理者の判断で、工事費用が最も高い架け替え工法に決定されてしまった。

表-2・4の健全度診断表で明らかなようにまだまだ余命があるのに命を絶ち、新たな構造物を造ろうという安易な技術者の姿勢には組織の金余り現象の最たる事例と言わざるを得ない。関係者の間でキャッチボールされた可哀想な道路橋の現在は、未だ架け替え工事に手も付けられずに、言い方は悪いが放置されたままである。風の噂では、直近に工事に着手するとのことであるが、皆さんは私の話を読まれてどう思いますか？　これでいいのでしょうか？　ここで、話を技術者論に戻して正しい技術者を理解してもらおう。

## (8) 可哀想な構造物を造らないために

私の尊敬している鈴木俊男先生（亡くなら

表-2・4　A橋健全度診断結果

| | 損傷種類 | 損傷ランク | 損傷部位 | 備考 |
|---|---|---|---|---|
| 主桁 | 腐食 | d | 主径間NA1付近 | 局所的 |
| | 土砂詰まり | d | ゲルバーかけ違い部 | ― |
| 鋼床版 | 健全 | a | ― | ― |
| RC床版 | 健全 | a | ― | ― |
| 支承 | 腐食 | d | A1 | 他部位は軽微(b, c) |
| | 土砂溜まり | d | A1, H1, H2 | ― |
| | モルタルの欠損 | e | P1, P2 | ― |
| | 滞水 | c | NA2 | ― |
| 伸縮装置 | 遊間異常 | d | H2 | 遊間量160mm |
| 排水施設 | 土砂詰まり | b | 路面の排水桝 | ― |
| 舗装 | わだち掘れ | c | NA2～A2間 | ― |
| | ポットホール | b | NA2～A2間 | ― |
| | ひびわれ | c | NA2～A2間 | ― |
| 高欄 | 親柱の欠損 | b | A1 | 化粧板の欠損 |
| 地覆 | ひびわれ | c | NA2～A2間 | ― |
| 照明設備 | 健全 | a | ― | 輝度は満足するが、柱高が不足<br>現状8m＜必要10m |
| 落橋防止 | 健全 | a | ― | 横変位拘束構造設置不足 |

れる前に何度もお会いし、種々なお話をお聞きした東京都の先輩、工学博士）が成瀬勝武先生と執筆された書籍に『橋梁工学』がある。序文に「・・・橋の構造は一般に交通物の重量を直接支える上部構造と、上部構造を指示するために地盤上に築造される下部構造とからになっており、上部構造には主として鋼及びコンクリート構造が用いられている。したがって、橋の建設には、鋼及びコンクリート構造に関する技術だけでなく、橋を支持するために地盤中に設けられる基礎に関する技術も、また必要である。橋梁工学の習得は、そのため土木工学の広い範囲にわたる各種の専門的知識を学ばなければできないのであって、一つの専門課程を学習するだけで習得することは不可能である。・・・」と書かれている。

我々技術者は、設計基準や規定に書かれていることや条件を守ることにのみ注視し、技術者の本質である想像力を失いつつあるのではないだろうか。性能設計が必要との話はよく聞くが、性能を満たす設計を自ら行える技術者、外観でなく、本質で勝負できる技術者は本当に何人いるのであろうか。

道路橋の設計基準として多くの人々が手にする『道路橋示方書・同解説』の取り纏めについて、鈴木先生に聞いたことがある。

「道路橋示方書は、ポイントのみを示していて、詳細を示さないのには理由がある、髙木君分かるか？」

下手な答え方をすると怒られるので

「示方書の委員は務めさせてもらってはいますが。自分で考えろ、と言うことですか」

と答えると

「髙木君、橋の設計はだれでもができるものではない。自分が架けたいと思う橋を自分の好みで設計する。その幅を持たせる事が重要で、君が言うように考えろと言うことだ」

「最近、考えることができない技術者が増え、それでも専門家だというからややこしい。田中豊先生を見習え、君も」

と最後はお小言頂戴であった。私がここで話した道路橋に関係する技術者、事例と同様なことを行い、事実を隠している技術者には猛省を促したい。可哀想なのは、いい加減に設計された当の道路橋なのだ。

## 4．斬新なアイディアもお蔵入り

話も4番目となり、本章の趣旨、行政技術者、民間技術者、学識経験者の何が優れ、何が問題となって現状の課題解決に繋がらないのか大分お分かりになってきたと思うがどうであろうか。さて、今回の話は、私が何度もチャレンジし、国内の一大勢力技術陣に地方自治体の技術職員として立ち向かった忘れることのできない事実を話そう。まずは、世界的に優れた技術者を事例として紹介し、我々技術者は、産官学を問わず種々な難題にチャレンジすることこそ技術の発展につながり、真の技術者として評価されるに違いないとの信念でスタートしよう。

### ⑴ 持っていますか？幅広い知見と優れた判断力・決断力

２０１６年11月25日の午後、東京霞ヶ関のイイノホールで開催された一般財団法人　橋梁調査会が主催する『世界の橋梁建設とメンテナンス』講演会を聞く機会があった。その中で講演されたフランスの世界的に高名な構造技術者の話を聞き、専門技術者とは如何にあるべきかを痛感した。それは、コンクリート工学連盟の会長であったMichel Virlogeux（ミシェル・ヴィルロジュ）博士の講演である。博士の講演演題は、『Normandy Bridge, Millau Viaduct, Terenz Bridge and Third Bosphorus Bridge』である。博士は、以前から博士の橋梁に関する優れた知見や経験に満ちたお話を種々な場面で述べられ、博士が携わった橋梁の多くは間違いなく将来の貴重な遺産になると大きな評価を受け、卓越した功績を残している人に贈られるレジオンドヌール勲章を受章した人物でもある。

私は、博士の講演を聞くのは初めてであるが、材料や力学的な考え、橋梁が創り出す景観など多岐に渡る持論を展開して述べられ、聞き惚れた場面が何度となくあった。70歳を越えられて未だ現役としての先進的な考えや熱意に、残念ではあるが博士のような専門技術者は日本に今はいないと強く感じた。特に私が専門技術者として感動したのは、The Third Bosphorus Bridge（橋梁名：Yavuz Sultan Selim Bridge〔ヤウズ・スルタン・セリム橋〕）構造決定の話である。設計条件である橋長と地形などから考えれば吊り橋が基本となる話は当然ではあるが、鉄道との併用橋における考え方を示された時、博士の見識の広さに感動した。

これは、私の技術力不足なのかもしれないので、これから私が述べる内容にそんな常識的なことも分からないのかと笑われる方もいるかもしれないが、未熟者の戯言とご容赦願いたい。一つは、吊り橋の桁構造の話である。イギリス第一セバーン橋のような流線型の箱桁構造を採用するのか、一般的なトラス構造を採用するのかであった。渡河する海峡や周辺の景観を考え、美しい景観を創りだすために２層ではなく、１層で下面を絞った箱桁構造の採用を決定したとのことだ。当然、自動車、鉄道との併用橋であることから、並列にすれば橋軸直角方向に広幅員となる。因みに幅員は、58・50ｍで箱桁の高さが５・30ｍである。このように広い幅員であること、中央径間が１４０８ｍであること、海峡であることからかなりの大きな風を受けることなどから、当然風洞実験を行ったとのことであるが、映し出された写真からの印象では非常にスマートな美しい断面形状となっていた。

種々な面で可愛がっていただいた故・成田先生のアドバイスでイギリスの第一セバーン橋を２度ほど見には行っているが、疲労上の問題はあるものの見る物に感動を与える道路橋であることには間違いはない。当該橋の設計において、博士が述べられていた鉄道と道路とを上下に分離することで幅員抑え、剛性の高いダブルデッキトラス構造を採用しなかった設計に対する強い意志は、次世代まで愛される橋梁を目指して意志を貫き通す橋梁技術者として我々が目指すべき姿であると感じた。山間部の美しい道路橋として評価が高く、多くの観光客を集める博士が設計したMillau Viaduct（ミヨー橋）も同様である。最新の技術力を持ってすれば、過去に危惧していた風による捻じれ等も的確に処理できるのである。長大橋の技術は、日本が本州四国連絡橋を架設していた時代から大きく前進していると感じたひと時であった。

　私が、今回是非多くの読者に知ってほしいと思い、強く感動したのは第二番目の話である。博士は、設計の理念としてニューヨーク・ブルックリン橋で有名なローブリングが設計したNiagara Gorge Suspension Bridgeの設計思想を当該橋梁にも活用したとのことである。話しは、面白い。博士は、設計プロポーザル参加を依頼されたが、それは4か月後までに形式、外観、基本的な考えなどを盛り込んだ提案書作成ではあったが、それに参加、見事に成し遂げたとのことであった。一般的な中小橋梁ならいざ知らず、写真-2・14に示すような世界一の橋梁を提案するには、一般的な技術者であればとても短期間では困難と断るはずである。

　しかし、これまで輩出した多くの高名な欧米橋梁専門技術者と同様な新たな物への取り組み意欲と博士の持てるプライドが許さなかったのであろう、短期間に道路と鉄道併用橋、それも鉄道走行時に発生する大きなたわみをナイアガラに架かる吊り橋（図-2・6、2・7参照）でローブリングが試みた側径間の剛度を上げることで解消したのだ。私は、写真-2・15に示した書籍

写真-2・14　「The Third Bosphorus Bridge」建設中

図-2・7　活用されたローブリングの斬新な構造

図-2・6　書籍掲載の
「Niagara Gorge Suspension Bridge」

の中で、疑問の残る設計事例の一つとして何度も読み、内容を知っていたので博士の解説を聞いて驚きであった。しかし、博士の話すように側径間の剛度（コンクリート構造・ハイブリッド構造）に着目、確かに中央径間部分の剛度を上げるよりも理に適っていると思う。もし、中央径間だけに着目して基本設計を行うのであれば、今の美しい薄い断面の箱桁形状では無理である。また、主塔を挟んで17本の斜張ケーブルで吊り上げる構造は、まさに先のナイアガラの吊り橋や先のブルックリン橋と同じコンセプトとなっている。博士が自ら話したニューヨーク州バファローに架かっていた鉄道橋の設計思想を現在の長大橋に引用したとの解説は、博士がよくローブリングの考え方を理解し、世界一のヤウズ・スルタン・セリム橋に採用したことは私にとって驚愕の事実であった。世界に誇る専門技術者の真の姿は博士のような幅広い知見と優れた判断力、決断力が必要と思った瞬間でもあった。

さて、話を本題に移すとしよう。私が経験した、実現しなかった既設橋の補強？架け替え？についてである。なぜ、今回この話をするのかは、くだらないと思われるかもしれないが、私がこの時に提案したのが私としてはよく考え付いた、と褒めたい斬新なアイディア、斜め吊形式橋梁だったからなのだ。

写真-2・15　私の所有する書籍「DESIGN PARADIGMS」の表紙

## (2) この橋、大地震で壊れるでしょう

話題とする道路橋は、首都東京と地方を結ぶ重要な鉄道を跨ぐ鋼、コンクリート混合橋A橋に関連する話である。鉄道によって分断された町を繋ぐには、鉄道を横断する道路が必要で、形式としては地下、地上の跨線橋、鉄道の桁下を通るなどがある。街並みが形成された市街地に鉄道を建設することになると、鉄道事業者の費用で

先に示したいずれかの形式を選定することになる。古くから、鉄道は公共交通の代表選手・花形であり、鉄道の駅を設けることは該当する地域住民の悲願である場合がほとんどであった。であるから、列車走行の条件が優先し、道路の線形や鉄道の左右を分断する街区の将来を考えることは、近年は常識であるが過去の事例を見ると優先条件ではない。

A橋も昔の掘割構造地形を利用して建設したことから、旧市街地に取りつく部分にかなりの無理がある。そのため、鉄道を直角に跨いだ後の処理として、踊り場的な部分を造り、曲線半径が著しく小さい無理な線形で鉄道に並行して急な坂路となって街区に取りついているのである。要は急カーブ、急勾配で街区に取り次ぐ使い勝手としてはあまり好ましくない線形と言える。

問題は、ここからである。首都東京と全国各地を結ぶ高速鉄道、新幹線計画が当該橋梁にも大きく影響したのだ。当該橋梁の位置は、当初、東北新幹線の起点となる駅でもある。A橋の下、直近を高速鉄道の隧道が通過することは、当然、A橋の下部構造にも大きな影響を与えることは誰が見ても判ること。当然、A橋に対する近接施工による影響分析が行われ、対策方法が決定したようである。「ようである」との推定的な表現を使ったのは、私は当時、A橋よりも北側にある道路路線として重要な橋梁に対する影響分析・対策に関わっていたから、A橋の真実は分からない。

A橋は、同一年に建設されたにも拘らず、何故か一部のみが架け替えられ、一部は部分的な補強で終わっているから不思議だ。普通は全て何らかの対策をする。推定の域を脱しないが、貨物線等が通る部分は架け替えて、首都東京の交通を担っている重要幹線鉄道部分は、本線切り替えが必要となる橋脚のため一切手を付けずに、PC桁への交換と橋台のみが補強された状態であるとも推測できた。

今回の主たる部分は、同一橋梁において、架け替えと一部補強に留めたことが起因となっている。これも推定の域を脱しないが、同様な事例で鉄道事業者が主体となって行う検討は、当然のごとく鉄道事業者寄りの考えと懐具合等によって決まるのが常識なのだ。それは、対象構造物が基準不適合な状況であっても望ましい構造物に更新するのは鉄道が主体であって、跨線橋と言えどもお構い無しなのだ。A橋も、おそらく新幹線計画の中で多くの関連する施設の一部として扱われ、最低限の対策を行うことで施設管理者と鉄道事業者の間で合意に達した不幸な橋梁と言える。

A橋の新幹線通過に伴う疑惑だらけの近接施工に伴う対策内容が明らかとなったのは何故か阪神淡路大震災の後に行った『耐震補強事業』である。A橋を管理している道路管理者（私も同類）も情けない。A橋は、自らが管理する施設であるにも関わらず、ポンチ絵程度の図面資料しかなく、詳細な構造が一切分からない。後にもっと驚いたのは、本橋を建設した鉄道事業者がA橋に関する種々な資料を保有していたからだ。

言い方は悪いが、知識の無い、数年ごとに担当者が代わる（良く言われている、橋守がいれば管理も適切に行えるのに・・・そんな話はこのような状態を理解しない限り到底無理な話なのであるが）ような組織に対し、英知を結集した鉄道集団（今でもそうなのかは大きな疑問であるが）は、資料なんか渡してもどうせ理解できないのだから、管理主体に資料を渡すのも構造や設計詳細の説明も行わないと考えている節が見え隠れする。どうせ知識が無い集団なのだから、この程度で留めておいても分かりっこない、完璧となっていない現状を・・・と思っているから口惜しい。鉄道事業者の考え方と道路管理者の考え方、対応の差異など話すことは山ほどあるが、本題に戻そう。

A橋は、跨線橋であるから、当然、現行の基準に適合する構造物に改善する必要があるのは当たり前である。しかし、この当たり前ができていないから情けない。耐震補強完了済み橋梁の調査を行っている時に、不幸にしてこのA橋にでくわすことになった。確かに1977年と1999年の2回に渡って、縁端拡幅と下部構造躯体補強の耐震補強工事を行っているとの履歴がある。データベースを整備する時は大変であったが、このような時に直ぐに分かるのが素晴らしい、自画自賛ではあるが。でも、図面がポンチ絵程度では情けないが。

しかし、A橋を見て何か腑に落ちない感じがする。新幹線通過箇所付近の鋼製橋脚（今話題のロッキングピア形式の橋脚）と写真-2・16に示すようにコンクリート橋脚が混在している。私は、A橋区域を担当していたわけではないが、確かあの時に対策済みと聞いていた。でも、現地の橋脚は何故、あの時に耳にした対策済みであるはずが、その後に繊維巻き立てによる耐震補強を行ったのかだ。遠目からは良くは見えないが、橋脚の外形から見て、PC単純桁が連続している構造に不安を覚えた。

そこで、何時ものお決まり、「詳細調査を行うぞ！」となった。A橋のRC橋脚調査は、鉄道事業者保線担当の激しい抵抗に遭いながらも強行突破、調査状況とその結果が写真-2・17、2・18である。詳細調査は、電磁波によって内部鉄筋の探査を行ったが、国内にある調査機器では深さ方向の限界値で無理とのことから、米国で使用していた（ここで米国に時々行って得た知識が役に立つ）深さ400㎜程度まで調査可能な機器を持ち込み、鉄筋位置と詳細構造を調べた。その結果を図-2・8、2・9に示すが、驚くことに既設の橋脚とフーチングは、ロッキングピアのようにヒンジ構造となっていたのだ。私の勘も良い時は当たらないが、悪い時は結構確率良く当たるから不思議な感じがする。この構造では、首都直下型地震の時に最悪の事態発生の起こる確率は・・・と考えたら、夜も眠れない。

いよいよ、ここで先に感動したミシェル・ヴィルロジュ博士の話にようやく関連する私の考え方を紹介しよう。

写真-2・16　主要鉄道を跨ぐA橋

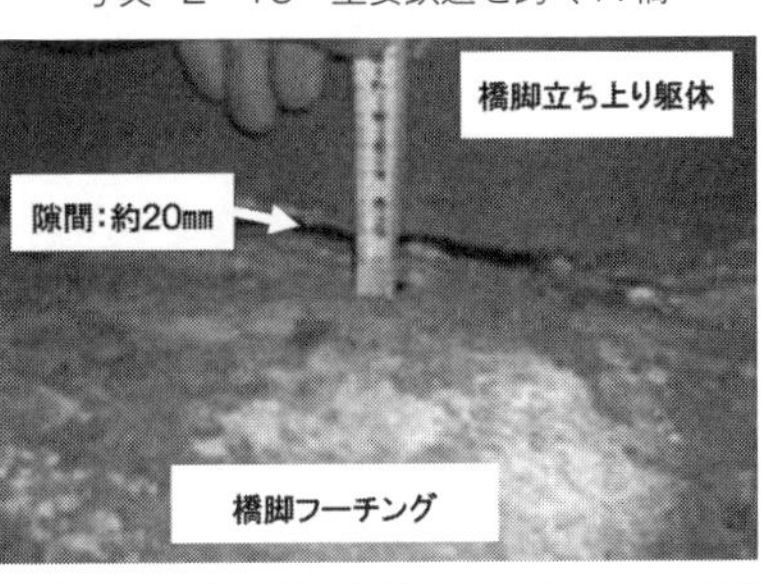

写真-2・17　躯体同士が一体化されていない橋脚

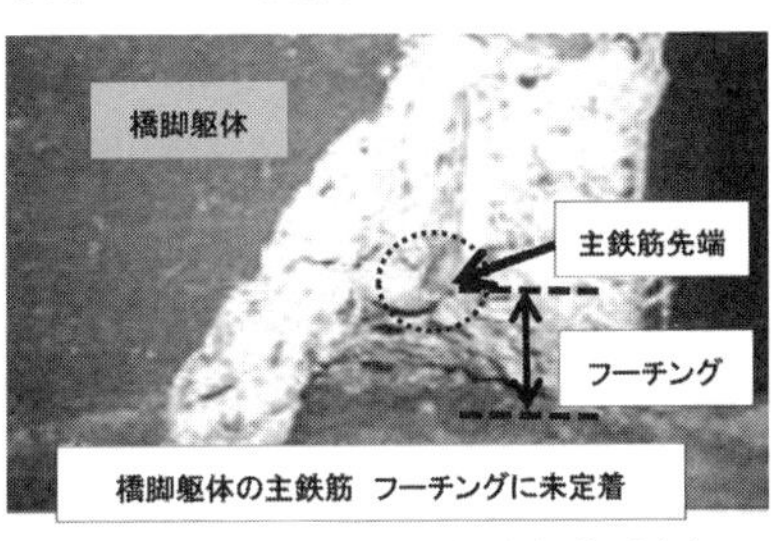

写真-2・18　躯体（壁体）主鉄筋が途中で止まっている状況

博士とは、スケールも違うし、技術力、経験や知識も違うので、同じテーブルに乗せるのもおこがましいが。

## (3) 抵抗勢力を驚愕させる対策案

A橋の地震時における安全性について、先に話した鉄道事業者と散々議論したが、常に自分達が考え、行った対策案は完璧であり、私が話している仮定に基づく被害想定はおかしいとの判断でことは進んだ。しかし、既設橋脚の調査結果が出た後は、態度が急変した。要するに、自分たちが行った対策案の根底を揺さぶられたからである。橋を支える重要な橋脚は、現行の基準を満足するほど十分（後に行われた繊維巻き立て分を考慮しても）ではなく、フーチングと躯体が一体となっていると仮定した主鉄筋が全くない。それも、柱中心に1本の鉄筋、まさにヒンジ構造となっている。

そこで考えたのが、図-2・10

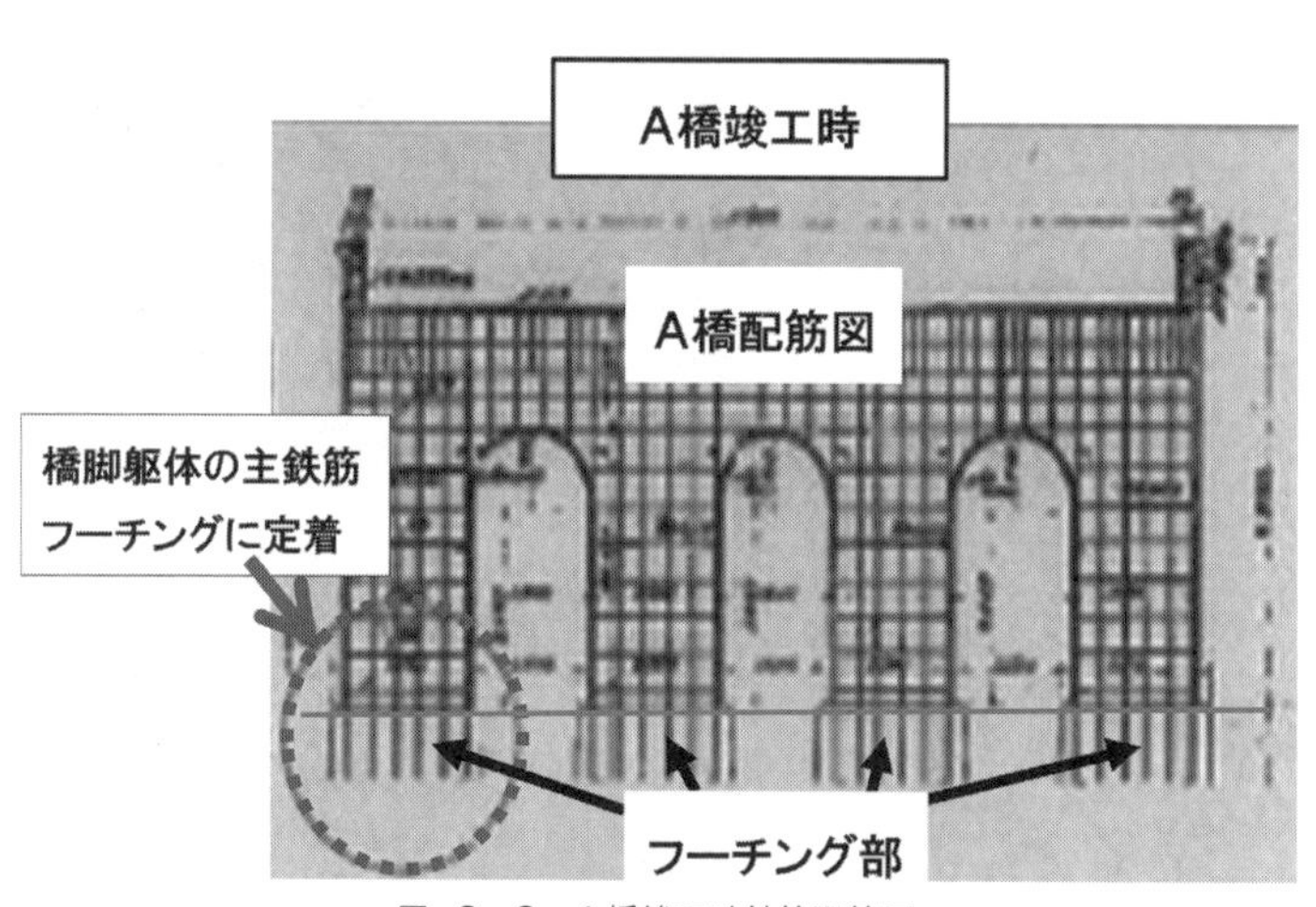


図-2・8　A橋竣工時鉄筋配筋図

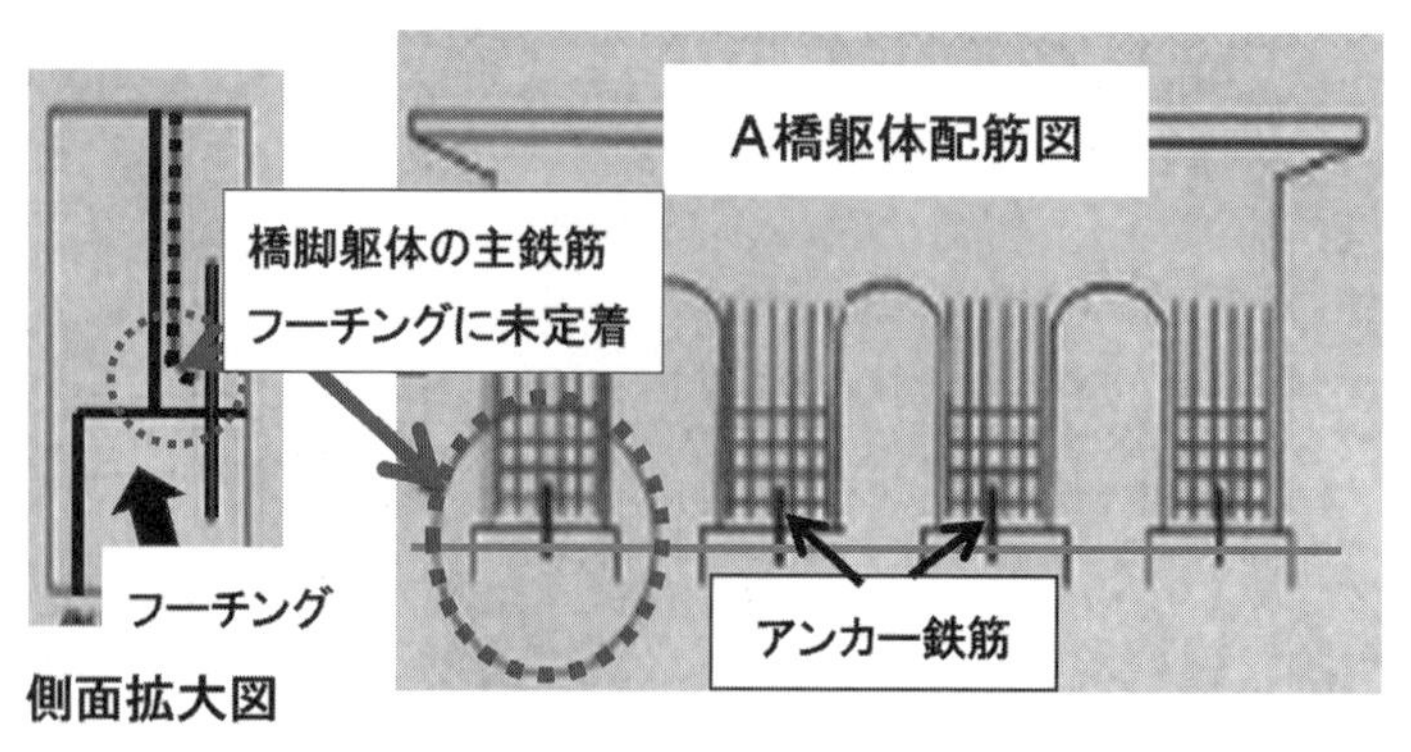


図-2・9　鉄筋配筋確認図（非破壊試験）

に示す対策案である。既設橋台の裏側背面に大口径の深礎杭を築造、そこに主塔を建てて既設ＰＣ桁を斜吊して受け換える。それとともに、既設橋脚に荷重が作用しないように、また、地震時に変位しないように橋脚頭部を鋼製の部材で固定する方法とした。私が対策案を話すと幹部は、「髙木さん、正気ですか？　本当にそんな案が設計できますか」とのことである。誰が考えても当然幹部のような答えが帰ってくるはずだが、私は引かない。

しかし、図−2・11に示す対策案は設計してみると十分に成り立つのだ。難点は、事業費が高額となることだが、当該エリアのランドマークとなれば投資効果もある。今回示した対策構造を見られた方は、このような複雑な構造や段取りを考えると施工は到底無理、桁下を走る鉄道の線路閉鎖時間内で架け替え工事を行えば簡単じゃないかと考えるのが一般的だ。しかし、現実は厳しい、始発が午前4時29分、終電が午後0時47分の時間帯を確保して、起電停止、線路閉鎖を行った後の作業時間は僅か2時間30分弱しかないのだ。この作業時間内で、既設橋脚に手を付けずに、耐震性能を向上させる案を他の考えられる方は是非提案いただきたい。本音の話だ。

ここまで苦労して積み上げたA橋の対策案は、事業費約10億円と作業時間の制約等でお蔵入りとなった非常に残念な結果となった。しかし、A橋は、今も毎日多くの人（約３０００人）と車（約１００００台）が利用してい

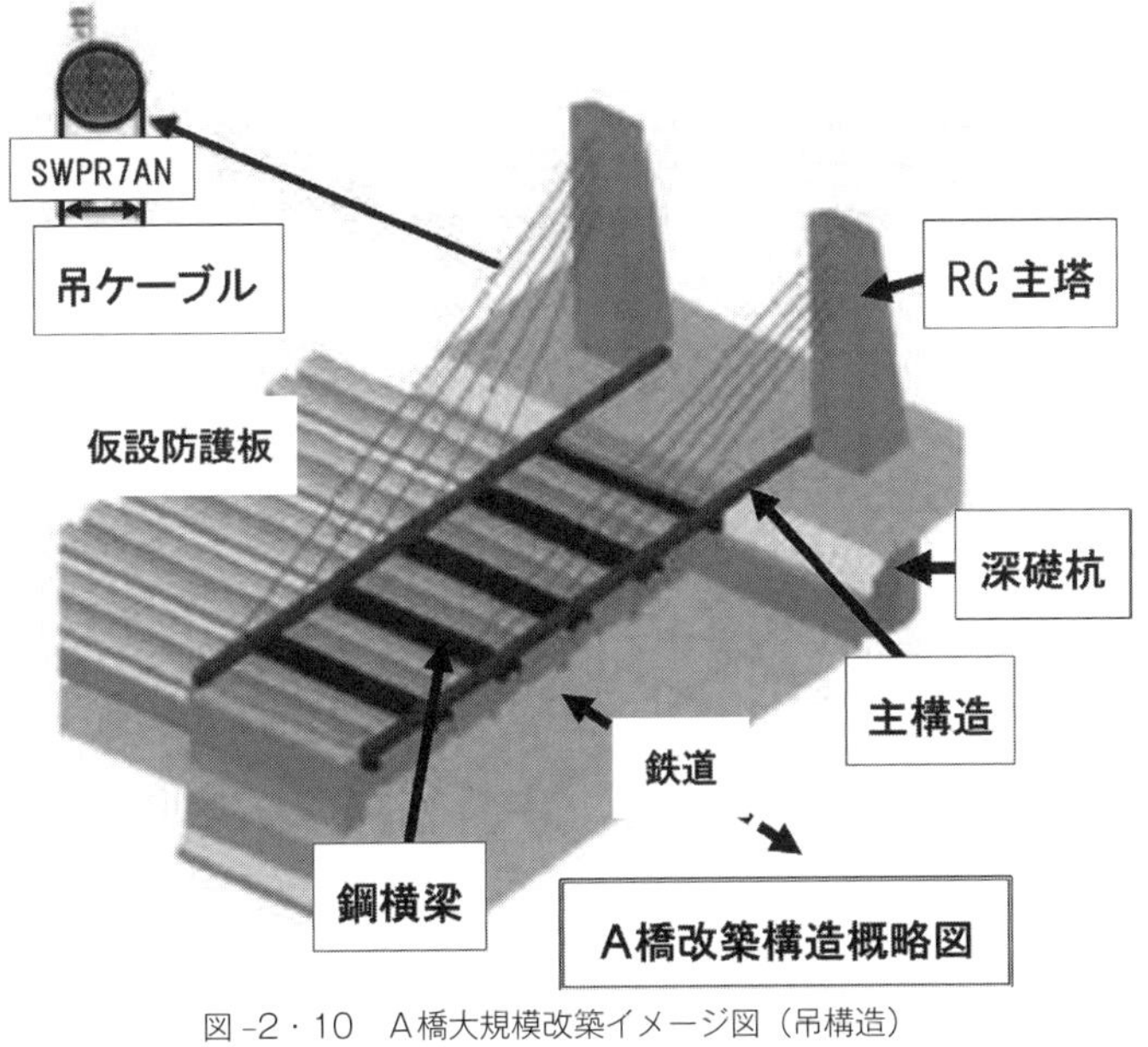

図−2・10　A橋大規模改築イメージ図（吊構造）

る現役バリバリの橋である。逃げては通れない、今後A橋をどうするか決める時期が必ず来るのだから心した方が良い。

導入部分で触れた私が久々に感動した専門技術者の話と程度こそ違うが、私が新たな構造へのチャレンジした孤軍奮闘した概要を説明した。私のアイデアも捨てたものではないと思うが如何か？

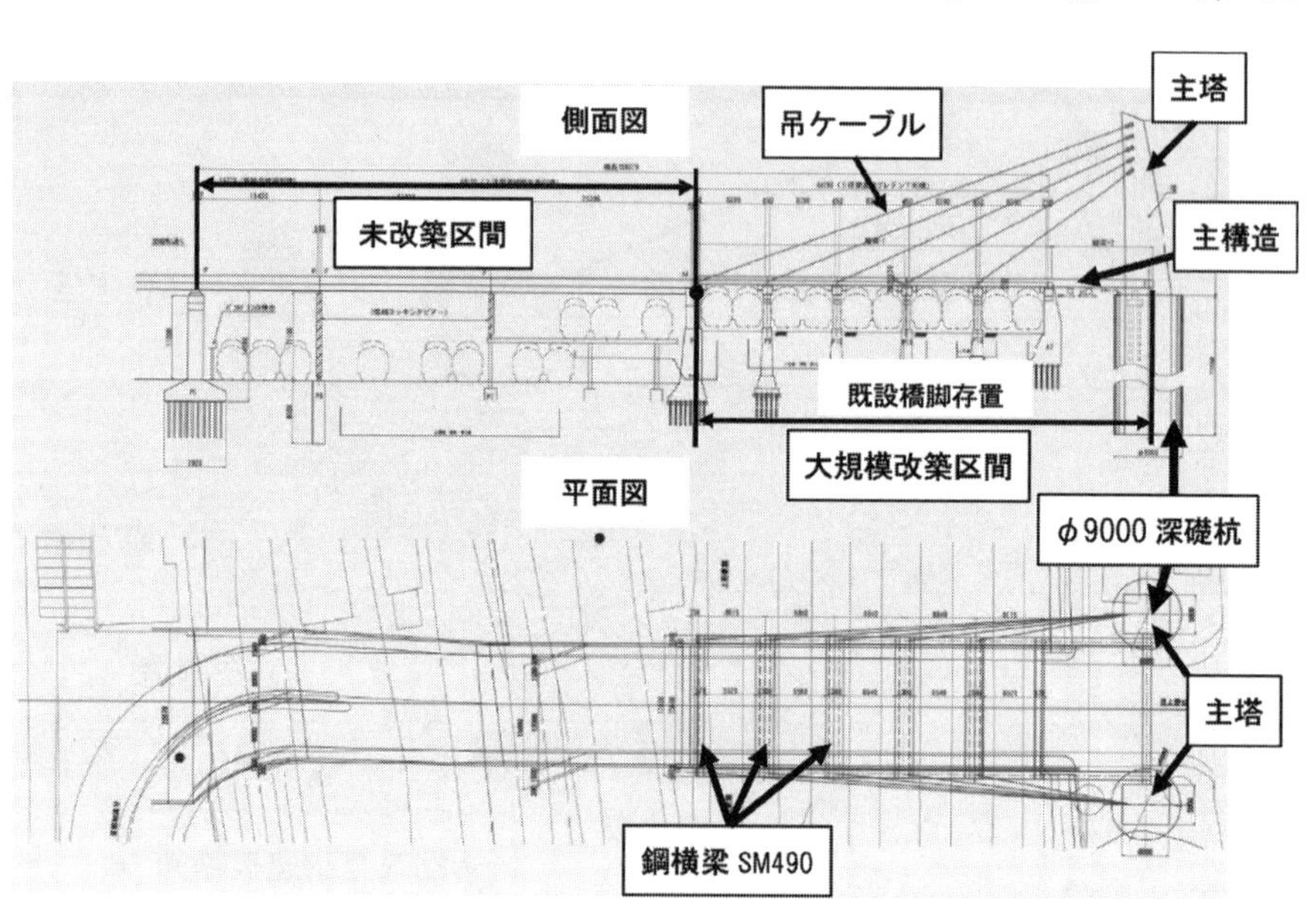


図 -2・11　A橋大規模改築イメージ図（改築と未改築区間）

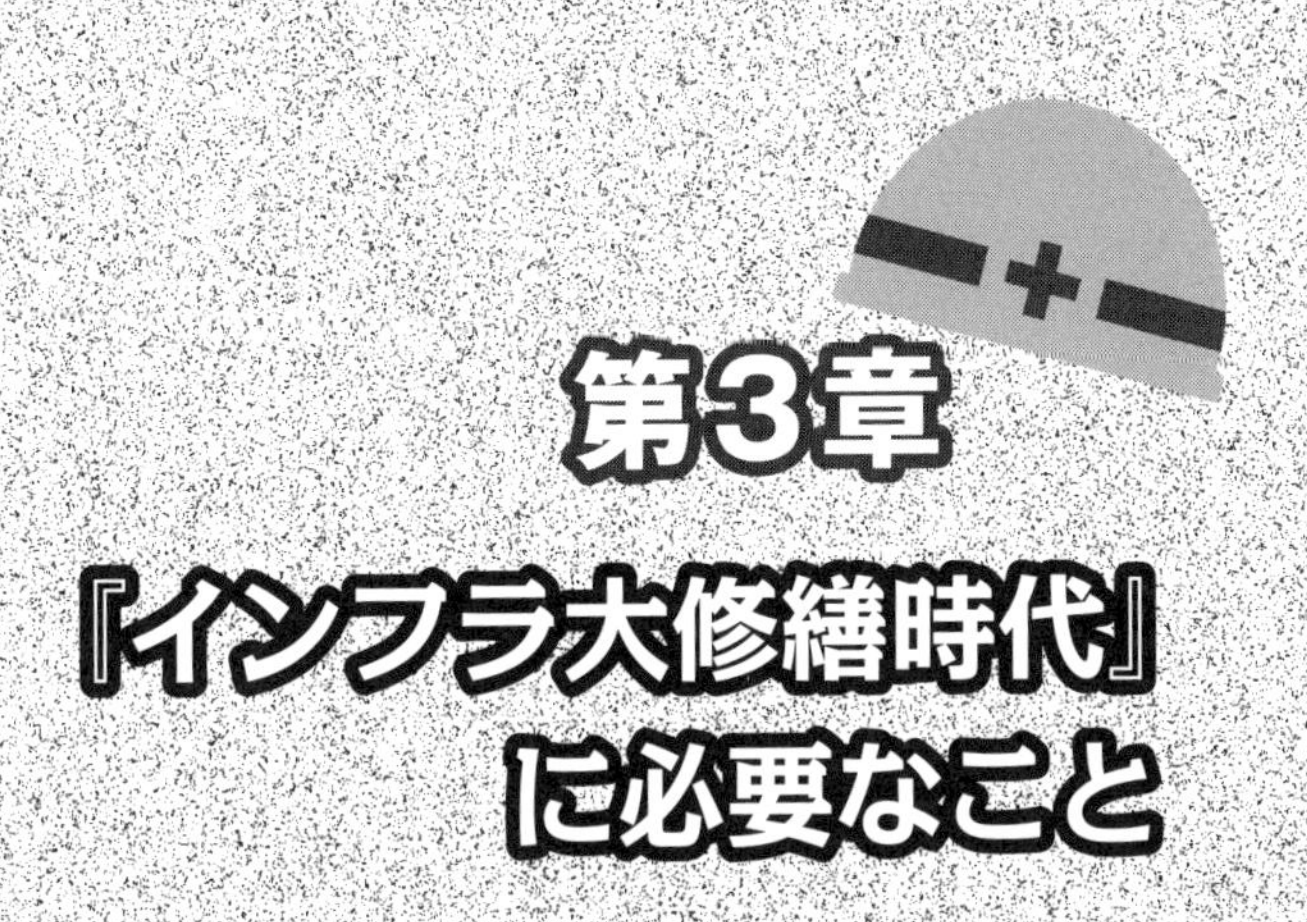

# 第3章
# 『インフラ大修繕時代』に必要なこと

本章は、『インフラ大修繕時代』に必要なこと、今まさに喫緊な課題、急速に高齢化（老朽化）が進む社会的基盤施設のそれぞれを、「維持管理するのか」「補修・補強・長寿命化するのか」「更新するのか」「廃棄するのか」を適切に選択し、将来の負の遺産とせずに、貴重な遺産となるようなポジティブ思考社会とするためには何が必要かを示唆する章と理解してもらいたい。

まずは、点検・診断、今はやりのモニタリング、そして道路橋の修繕を行う場合忘れてはならない景観、そして、補強・長寿命化と更新のせめぎあいについて話すとしよう。

## 1. 点検・診断はこれからが勝負だ

まずは2013年（平成25年）から法制度化された、橋梁など社会基盤施設を対象とする点検について、現状がどのような状況になっているのか考えてみたい。

国内は、確かに点検が法制度化され、点検・診断を行う専門技術者に関する国が民間資格認定を行い、国が主導となって地方自治体の職員等を対象に研修制度を開始、地方の技術拠点となる道路メンテナンス会議を継続的に開催等と盛りだくさんだ。米国ミネアポリスの道路橋崩落事故で大きく舵を切らねばならなかったメンテナンス主流への道が予想通り尻つぼみとなり、笹子トンネル天井板落下事故が発生、貴重な人の命を多く失う結果となった。

笹子トンネル事故を教訓に『メンテナンス元年』と銘を打ち、国内の多くがメンテナンス主流とするような流れとなったと期待するが、果たして実態はどうであろうか？　これまでのこの社会に身を置いた私の経験からすると「熱しやすく冷めやすい国民性」「票稼ぎの答弁を繰り返す議会の体質」「物を大切にしない国民性」等から私は疑心暗鬼なのだ。第1章では点検・診断の誤りから結局通行止めに追い込まれた道路橋を事例にあげ、問題を提起した。今回は視野を広げ、私の考えを裏付ける?事例をあげて、メンテナンスの重要性に関する認識が継続的に、そしてこれからが勝負と感じている意見を含め論じてみよう。

## (1)「遠望目視は必要がない」と誰が言ったのでしょう！

国が道路法の省令・告示において『必要な知識及び技能を有する者』が『近接目視』によって『5年に1度の頻度』で点検し、『健全性の診断』を行い、告示に示される4段階の区分に分類することを必須としている。さらに、点検・診断した結果やその過程で得た構造物の状態に関する情報、講じられた措置は、その内容を適切な方法で『記録』し、当該構造物を供用している期間において『保存』しておかなければならないとしている。

法で規定されたと言うことは、法の基本的な姿勢『何々をしてはならない』の考え方であり、必要な知識及び技能を有する者以外が、近接目視以外の方法で、5年に1度以上の頻度で点検・診断を行ってはならないとなる。となると、橋梁を事例にあげると、約70万橋の点検方法が画一化し、近接目視点検さえすれば内容はともかく全てがOKのような考え方が主流となってきている。

行政が得意の執行率主導が頭をもたげ、点検・診断執行率を優先する争いになる。近接目視点検を行う人的な量から考えると、物理的に5年間で70万橋を行うのは無理だ。それでは今はやりの機械に頼ろう、その切り札が写真-3・1に示すドローンやロボットによる点検が救世主となると本当に考えている。

私は、ドローンやロボットを開発し、使うことを否定するわけではない。自然災害の現場、原子力施設、点検技術者が近寄れないような構造物等には有効に機能するし、これまで私自身も災害現場などで使ってきている。技術者としてICTを使

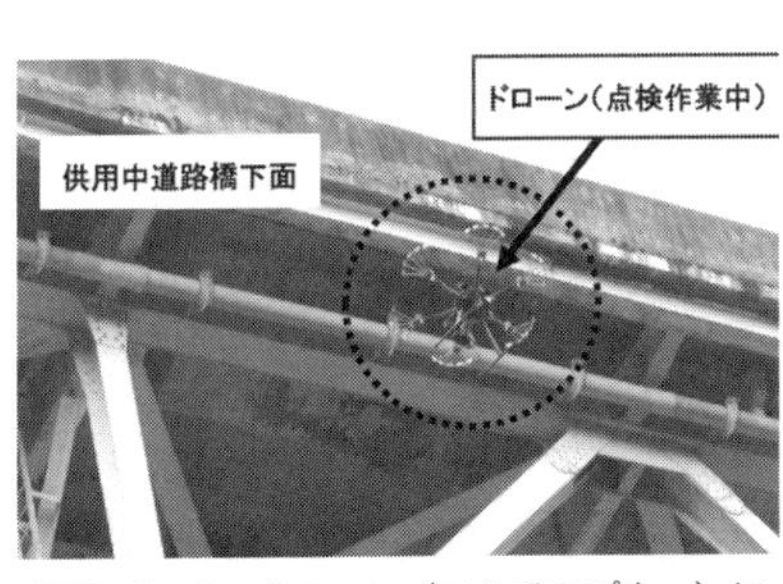


写真-3・1　ドローン（マルチコプター）による点検状況

うこと、機械点検を始めることに前向きに、そして積極的に取り組むことこそ技術者の使命と思っている。しかし、喫緊な課題である『構造物の高齢化』『安全を危惧する構造物の増加』『新たな損傷の発生』にそれら全てが直ぐに対応できるとはとても思えない。

それでは、種々な困難性等を把握して我々技術者は正しく対応しているのであろうか？　そもそも点検とは、何かである。点検は、対象となる構造物の外観で確認できる損傷や内在する変状を見つけ出し、早期に措置を行うことで事故を未然に防ぐこと、安全性や耐久性の向上に寄与するためなのだが。

今、国内の各地で近接目視点検が行われている。私は危惧している。対象構造物の肌に触れるほど近くによって点検すれば全てが漏れなく確認ができるのであろうか？　近接目視が第一に来るばかりで『灯台下暗し』の事態に陥っていないのであろうか？　もう一度、点検とはどのようなことかを考えてみるべきだと思うがどうであろうか？

私が２０１３年（平成25年）８月のＮＨＫ報道『日本のインフラが危ない』で指摘したのは、遠望目視点検を否定したのではない。国内各地で行われていた、離れた箇所から対象の道路橋を見る『概略点検』が、安全性確保に寄与していない現状を、国内の多くの人に知ってもらいたいことが主眼であった。報道されると、全国放送であったこともあり多くの反響を得ることができた。

私の伝えたかった趣旨は、点検・診断を行うことは対象構造物を眺め、点検結果表を埋める作業、エクセルシートの穴埋め作業が重要とする考えでは重大事故に繋がる。構造物の異常には関係なく点検シートを専門技術者が確認さえすれば、完璧であると思い違いをした多くの技術者に警鐘を鳴らす意味だったのだ。私は、遠望目視イコール不良点検とは言っていない。ここで誤解がない様に遠望目視について説明しておこう。

遠望目視点検の趣旨は、遠くから対象構造物を診て（見るではない、診るなのだ）、「建設当初、供用前に想定した縦横断勾配、橋軸方向の通りや外観に変わったところは無いのか」を確認することにある。遠望目視点検は、目だけでなく耳など五感でも行う。例えば、橋梁の場合、製作時に縦断的には必ずキャンバーを付けている。なぜキャンバーが必要なのかその理由を考えてもらいたい。ところが、多くの橋梁の中には、凸状態であるべき縦断勾配が凹状態、要は写真‐3・2の左側防護柵で明らかなように逆キャンバーとなっている場合がある。知識が無ければ通り過ぎる可能性大だ。逆キャンバー状態となった高架道路橋は、変状発生予備軍なのだ。何を言っているのか良く見て考えてほしい。橋軸方向の通りや縦断的な異常、雨水の滞水状態など遠望でなくては分からないことが山ほどある。橋梁が逆キャンバー状態で供用されることに何も感じないのは、技術者として構造的な理解が不足していると評価されても致し方ない。

このような逆キャンバー状態となるのは、床版打替えを供用しながら行った橋梁に多く、支承付近に想定外の力が作用していることが多い。近接目視でこの状態を把握するのはかなり困難なのだ。

もう一つ事例をお話ししよう。橋梁本体ではないが、橋梁灯や道路標識などの附属物も同様である。倒壊事故一歩手間でくい止めた話、著名な湖を渡る道路橋の話だ。

風が吹き抜ける快適な道路橋、橋を利用する人にとっては水辺を楽しみ、遠景に感激する様な観光ルートである（写真‐3・3参照）。私がその場にいると感じ方が異なってくる。多数ある橋梁灯や標識が風で揺れていないか、高欄の取り付け部に穴が無いかと見る。この橋も同じように肌で感じ、目で見て倒壊一歩手前の橋梁灯を数多く発見、事故を未然に防ぐことができた。私が発見したのは橋梁灯3か所に大きな亀裂（写真‐3・4に示すように柱を半周する亀裂発生と風によって開閉する状態）の存在

遮音壁・防護柵
遮音壁・防護柵
遮音壁天端のラインが逆キャンバー

写真‐3・2　点検（遠望目視）で分かること

写真‐3・3　大きく揺れる橋梁灯

であった。

管理者にその場で聞いたことは、

「この橋、橋梁灯の点検をやってますよね。何かおかしいと思いませんか？」

聞かれた本人は私が何を言いているのか分からず目を白黒、そして、

「当然、道路照明の点検業者が定期的にやってますよ、髙木さん。何か問題ありますか」

と答えた。

アルミ製橋梁灯の根元の部分に、大きな疲労亀裂が発生していることを見逃していたのだ。私が話した数時間後には、橋梁灯数本がその橋梁から消えていた。緊急工事で手でも大きく揺れる橋梁灯を撤去したのは、当然の結果だ。

日々吹き抜けている風によって橋梁灯や標識柱が揺れている状態であるならば、技術者として疲労亀裂の発生を予想すべきだ。ここに紹介した橋梁は、不幸にして街路灯専門業者が灯具の保守点検を行っていたが、鋼材の疲労に関する知識が無いのか重大損傷を見逃していた事例である。このように遠望目視は対象構造物の状態を予測するために必要不可欠な点検方法であることを忘れてはならない。

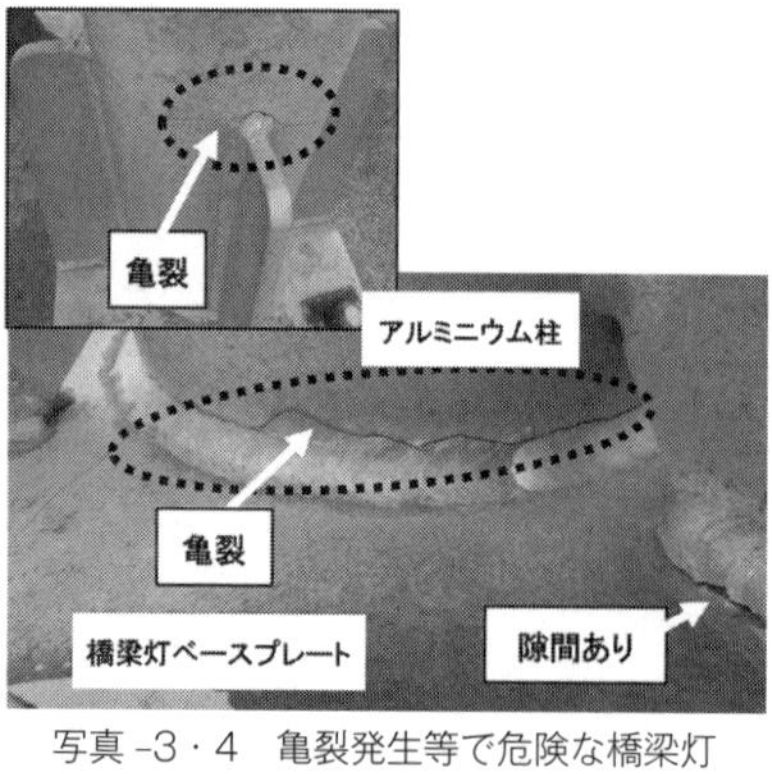

写真 -3・4　亀裂発生等で危険な橋梁灯

## ⑵ 近接目視点検のやり方が間違っています

地方自治体の修繕計画の策定に関わったことがある。法制度化された以降の点検であることから、当然近接目視点検を行い、その結果から診断し、修繕計画策定を策定する一般的な流れとなっている。まずは、点検・診断結果を見て驚いた。支承モルタルにひび割れがあると原因を確かめもせずに全て支承交換と決めている。写真ｰ3・5に示すような支承モルタルのひび割れは、単なるモルタルの乾燥収縮によるものなのか、支承自体の不具

合で機能不全となっているのか、下部構造の移動や不同沈下によるものなのか等、原因は種々考えられる。支承モルタルのひび割れを確認するだけでなく、車両が通過する際に先に話した五感、異音や振動が無いか等を確認することが最低限必要なはずなのだ。

それでは話を始めよう。とある組織の定期点検結果を確認中、何径間かある中で一つの橋脚、それも片側の支承周辺のモルタルが、写真-3・6に示すように明らかに損壊しているのを発見した。点検結果を見ると、確かにかなり接近して点検し、写真を撮ったのか支承メーカの名前も映っている。評価は当然eランク。正しい、よく要領を理解している。記述されている対策は、支承モルタルの打ち替えである。これも正しい。しかし、「この列の支承数個にモルタル欠損があるということはその上の横桁や主桁に異常はないのか?」と私は思い、関連部材の写真を見ると横桁の取り付け部に何か蜘蛛の巣のようなものが映っている。

これを見たからには、当然現場確認を行うこととした。現場は、都内の幹線道路に架かる一日の大型車交通量が10万816台と多い高架橋である。桁下で主桁や落橋防止システムを目視で診ているとき、車両通行時に伸縮装置周辺、特定の支承付近から異音がするのを聞き分けた。どこの支承からするのか、数か所を確認したところ、例の支承モルタルが欠損している箇所だ。

近くに寄って確認すると、わずかに主桁が上下動しているが見られる。主桁が動いているということは、当然取りついている横桁に負荷がかかり疲労亀裂発生の可能性を考え、周辺を注意深く見ると、案の定横桁上フランジのコーナーに微細な溶接割れとさび汁を確認した（写真-3・7参照）。「蜘蛛の巣?」と思っ

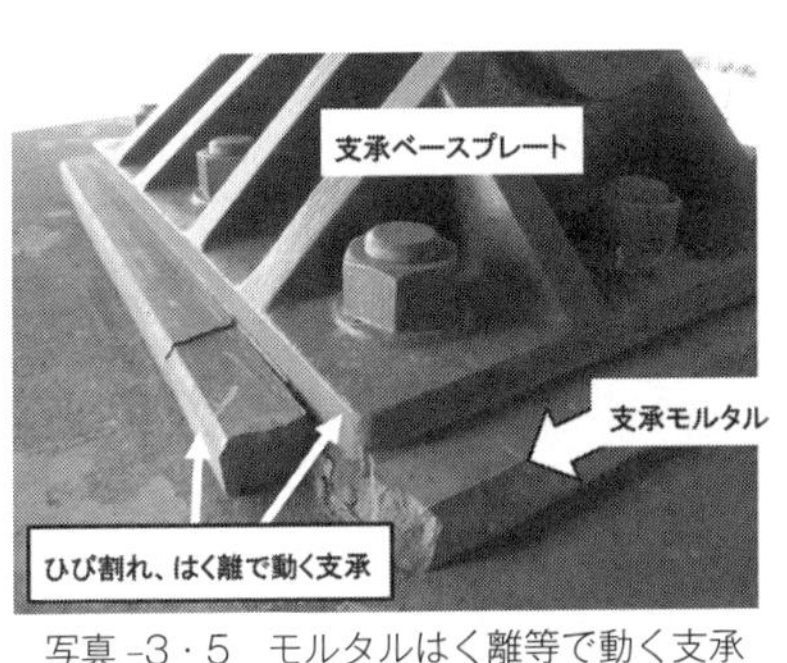

写真-3・5　モルタルはく離等で動く支承

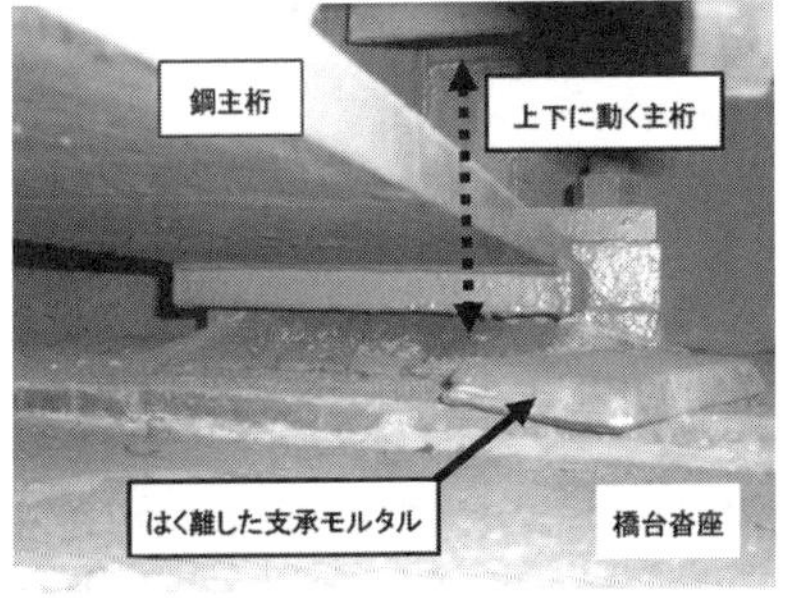

写真-3・6　モルタルがはく離したA橋の支承

て現場に来たことが幸いした。当然、すぐに上下動している支承部付近を仮支えし、亀裂発生部を当て板補修、支承交換を行うことで横桁の破断を防ぐことができた。

私が優れた技術者であるわけではなく、種々な経験と知見、特有の勘によって疲労亀裂を発見、重大事故の芽を摘んだ事例なのだが。ではなぜ、点検した人は亀裂を発見できなかったのか。近接目視点検を行うことはとても重要なことだが、それで安心しては駄目なのだ。変状を発見したら、逆向き推論（一時代前に流行った人工知能ＡＩで使った）で想像することが求められていることを忘れてならない。技術者に必要なのは、第一に技術力、第二に想像力、第三に倫理観である。特に、橋梁等構造物に関係する技術者は想像力が必要不可欠と私は常に考えている。

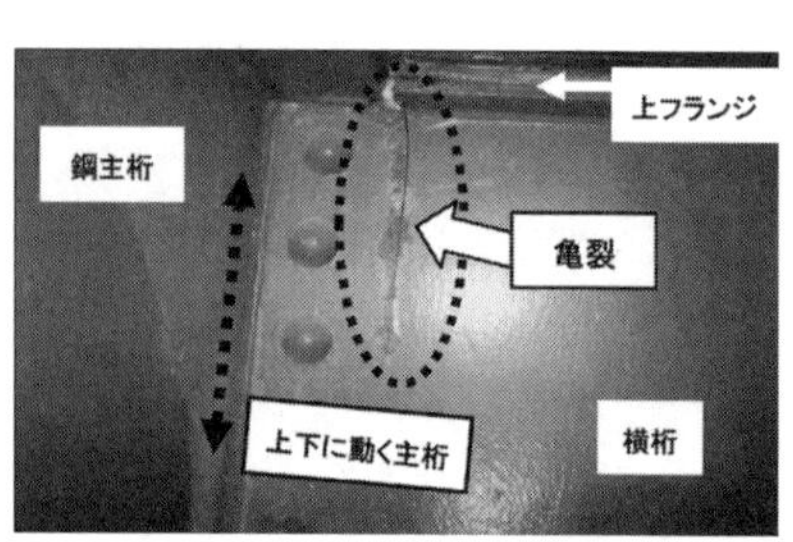


写真-3・7 支承異常で亀裂が発生した横桁（Ａ橋）

## (3) 見失っていませんか、大事なことを

点検・診断を行った結果は、お決まりの計画策定となる。現在、国内のメンテナンスに関係する計画は、『長寿命化修繕計画』『公共施設等総合管理計画』など目白押しだ。点検・診断は、5年に1度定期点検を行い、先の種々な計画を策定し住民に公表、それも道路の場合は『道路メンテナンス会議』で執行管理される。この流れが必要だ、ＰＤＣＡサイクルを回すこと、それも継続的に行わなければならない。これら全て分かってます。でも、誰がこれらの作業をやるのですか？　その上、計画通りの修繕を行う、現体制で。無理無理、そんなこと絶対無理と思っていませんか？　私も、そう思います。でもね、何もやらずに事故が起き、管理瑕疵を問われるの誰なんでしょうか？　泣き言はこれくらいにして次に行こう。

点検・診断の次は修繕計画策定における考えなければならない問題を説明しよう。事例としてあげる組織は、お決まりの『橋梁長寿命化修繕計画策定事業』の一環で急遽全橋の点検を実施し、

1回目の長寿命化修繕計画を策定、ホームページで公表していた。計画公表後、何とか試行錯誤しながら対策を行い、5年が経過したので2回目の定期点検を行い、公表していた計画の見直しを行うとのことであった。

実にすばらしい。多くの組織の種々な計画を見せていただいているが、計画を公表した後に点検結果を基に見直し作業を行う組織は多くはない。私が期待する継続的な事業、PDCAサイクルが回りだしたと大いに期待し、それでは有益な助言をと考えるのが普通だ。相談に来た担当者も若いし意欲的、私も熱くなる。しかし、委託を受け、担当しているコンサルタントが悪い。担当技術者の技術力の無さ、無責任さには怒りを覚えた。

話は、計画策定に必ず使う（?）いつ対策を行うかを決定する多くの方が取り組み、期待した成果とならない事例の多い劣化予測の話である。1回目の対策時期設定は、学会から公表されている劣化予測式を使っている。2回目の点検を終えたからには自前の劣化予測式が引けるとの考え方だ。私も劣化予測には人一倍苦労したし、思い入れもある。コンサルタントの人も私を知らないのか（まだまだ私は業界では無名なのかも?）劣化予測式の基本的な考え方、ご丁寧に点検データを使った確率的劣化予測法や回帰分析法の基本的な考え方までご教授いただいた。知らないとは恐ろしい。私に劣化予測法の基本を・・・である。

劣化予測対象部材は、上部構造の鋼主桁、鉄筋コンクリート床版、鋼床版、鉄筋コンクリート下部工などであった。先に説明した統計分析法の一つ、回帰分析法によって点検結果から劣化予測式を導いていた。劣化予測式を導き出す考え方としてはオーソドックスで問題はない。事例も多いし、その考え方には異論はない。

しかし、内容を見て愕然とした。鋼主桁の劣化速度は、以前推定していた結果と比較すると、30年以上eランク（危険レベル）到達が遅くなる結果が示された（図-3・1参照）。管理組織としては、比較的裕福で、維持管理費も十分では無いがある程度準備でき、周辺環境も厳しくはない。点検結果を基にすれば対策時期を先送りできるはずだと思った。

次に、荷重が直接作用する床版だ。鉄筋コンクリート床版は、以前はeランク到達が55年程度となっていたが、今回は70数年との結果、大型車の通行量が少ない状況からこれも納得いく数値だ。私の脳裏には、本当にこれが正しければＰＣ床版であれば１００年どころか２００年以上持つのかもと思った。

さて、次は鋼床版である。説明を聞いている時に資料の劣化曲線を注視していた。その理由は、以前の計画で使っていた劣化予測曲線と比較して、図−３・２に示すように明らかに傾きは急となり、ｅランク到達年が何と90年弱から50年へと、以前の半分近くなっているではないか。コンクリート床版の約70％の耐久性しかない。飛来塩分や凍結防止剤を大量に撒くのであれば想定内だが。腐食が原因か？　ほとんど雪も降らず、塩害環境でもない。

ではなぜ、鋼主桁が70年で、鋼床版が50年なのか？これは何か考え違いをしている、おかしいと感じた。そもそも、当該組織の橋梁整備事業、新設橋や架け替え橋は、桁下制限等から鋼床版を使う事例が多いと聞いている。と言うことは、組織として寿命の短い鋼床版を分かっていて使っていることになる。

私は聞く。

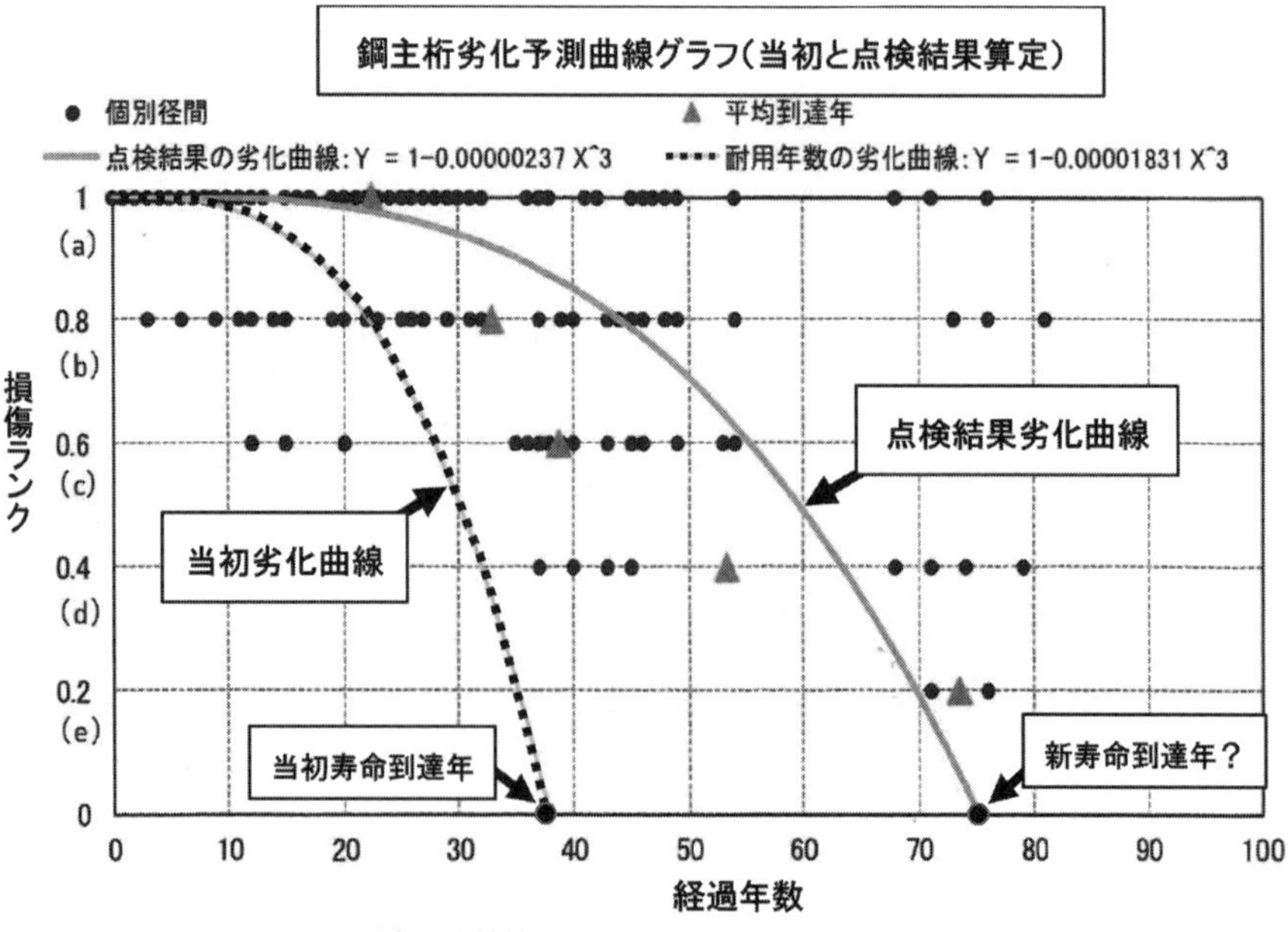

図 -3・1　当初と点検結果による劣化予測曲線対比グラフ（鋼主桁）

「鋼床版の方がコンクリート床版と比較して耐久性が低い結果は変ではないですか？」

コンサルタントの技術者は、

「点検した結果をプロットし回帰分析したのですが・・・何が悪いのですか？」

との返答。

「鋼材の耐久性に及ぼす変状は腐食、疲労、変形ですよね。管理区域の環境からいずれも該当しないと思うのですが」

床版に厳しい荷重状態で無ければ、鋼主桁と同じとは言わないが同様な劣化曲線が妥当との考えが一般的なはず。

「統計処理に使った点検データを見せてもらえませんか？」

コンサルタントが提示した試料を見て、

「これでは鋼床版の耐久性が以前より悪くなるのは当然ではないですか。何で都合の良いデータのみで計算するのですか」

担当者は二の句を継げられない。要するに、自分の考え方へ導くように、必要なデータだけを使って

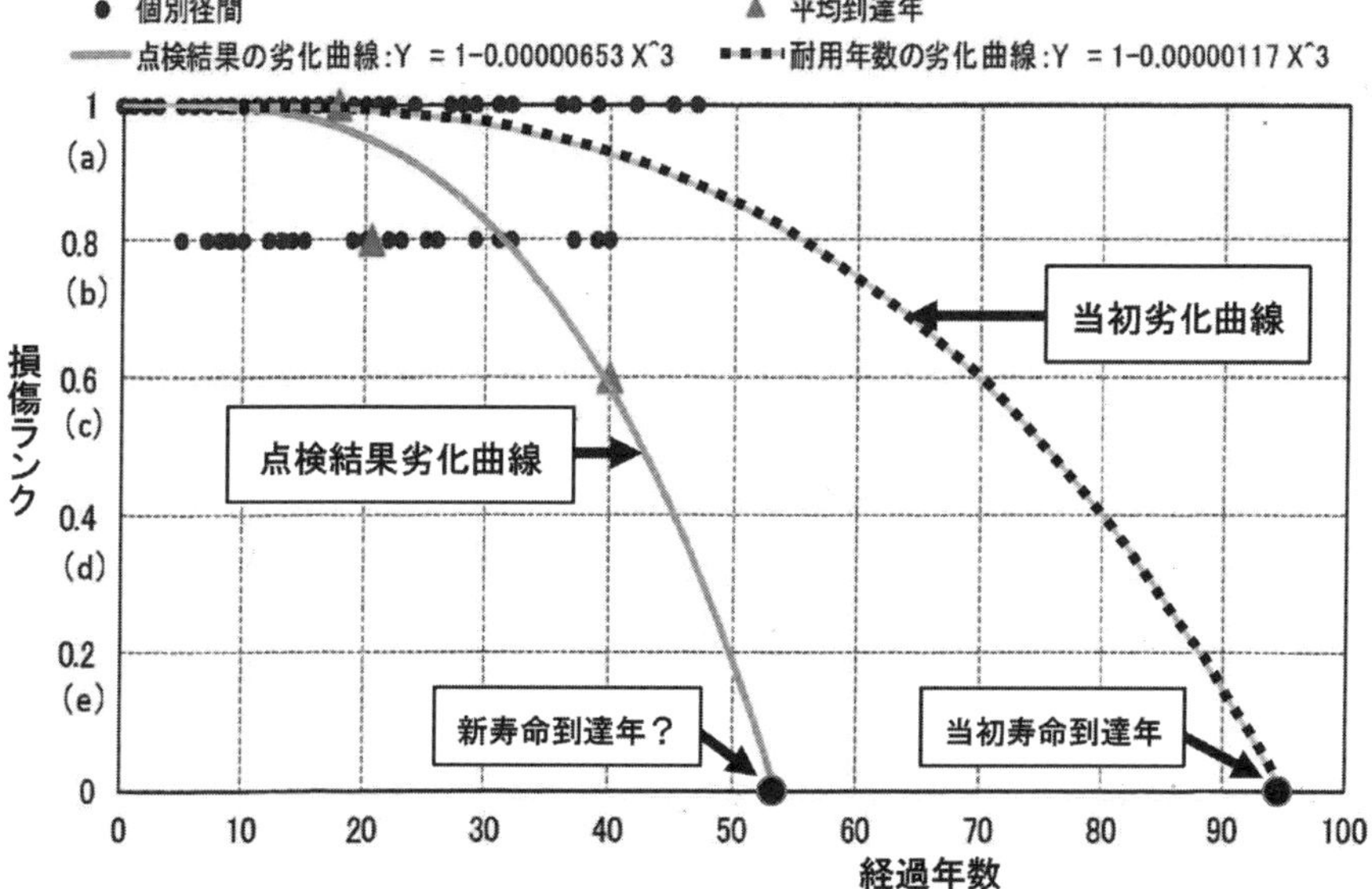


図-3・2　当初と点検結果による劣化予測曲線対比グラフ（鋼床版）

劣化予測式を誘導したのだ。技術者倫理でいう、改ざん行為だ。鋼床版にとって劣悪な環境でもないのに、なぜ鋼桁やコンクリート床版よりも劣化速度が早いのか疑問に感じるのが普通なのだが。コンサルタントの技術者が意識的にここに示すような改ざん行為を行ったとは思いたくない。しかし、橋梁の技術者であれば分かりそうな簡単な理屈だ。

当然私は担当者に、

「では何の損傷要素が影響してこのような劣化予測式となったのですか？」

と聞くと、

「鋼材の腐食、若しくは防食機能の劣化です」

とのこと。

「もし問題であるならば、機能を失った塗装を塗り替えれば劣化曲線も緩やかになりますが」

との答えであった。

ここに示すような、考えられない結果に疑問を持たない、技術の常識的なことも分からない技術者には呆れ返るばかりである。もし、このままの劣化予測結果が公表されると、「分かっていて耐久性の低い床版を数多く使っているのは何故ですか？」と住民から聞かれたらどうなるのかと、考えると若くて意欲のある行政側の担当者が可哀そうになった。これが、国内有数の一流コンサルタントの専門技術者が行った業務結果かと呆れ果てた。

要は、近接目視点検を行い、指定された点検項目を埋め、指定された4ランクを決めれば良いとの考え方と修繕計画を策定することが重要でその信ぴょう性や出した結果の影響度の大きさを全く理解しない今日の技術者像であると感じた。構造物の耐久性をどのように理解しているのか疑問を抱く技術者でもあった。

国内の種々な社会基盤施設を対象に定期点検が始まり、それも詳細点検に近い近接目視も義務付けて行うことになったのは、大きな転機である。しかし、ここにあげたような事例が国内の多くの地方自治体で起こっているのではないだろうか。技術者の常識や行政側の配慮も分からなくなった民間企業の専門技術者の姿を見て、もう一度基礎から勉強しなさいと私は言いたい。

## (4) 事態を救う意欲のある若手技術者

これまで、何か技術者が悪い、質の低下だと文句ばっかり言っていて、読んでて見苦しいと思われる方が多いと思う。本節の最後に、私が感心した若手技術者の話をしよう。

過去に橋梁に関係する知識が全くない（これは言い過ぎかも）若手技術者の話である。私も種々な組織や大学等からお声がかかり、研修、講演することがある。自ら望んで専門技術研修を受講しようと考え、意欲的参加する姿勢に直面し、明日の日本は捨てたものではないと思う機会が何度かある。その中の一つ、私の講義の休憩時間に講師室まで足を運び、自分の組織が抱えている問題を相談に来た人がいた。

「髙木先生、今回話された中で・・・」

と自分の抱えている課題の資料を持っての相談であった。当然、私も自らの考えを述べて、幾つかの事例をあげて行うべきことを話した。ある程度納得したようではあったが、帰り際に、

「先生の所に連絡してもいいですか？　より具体的にお話をお聞きしたいのですが」

である。

研修が終わって1週間ぐらい経過した時、相談された彼からメールがあった。自分の組織でお話ししてもらえませんかとの誘いであった。おそらく、研修が終わって組織に戻り、上司に相談したのであろう。その後、何度か相談に乗ったが意欲は凄かった。

何時、橋梁に全く関係ない部署に転勤するとも分からない行政技術者。当然橋梁から離れ、他の道、例えば水道や道路台帳など全く異なった分野であるかもしれない。ひょっとしたら事務職のような仕事かもしれない。し

かし、自らが背負う橋梁の職務を全うするために専門研修を受け、分からないことは教えてもらおうとする意欲を感じると、私も何かできることは無いのかと奮起する自分がそこにいることを感じる。

要は、技術者に必要なのは自らの貪欲な意欲が必要なのだ。すぐに役立つことは無いのかもしれないが、必ず明日の貴重な技術者『重要な機能する駒』となることは確実なのだ。先日も被災地東北での研修に参加する機会があったが、研修に参加する地方自治体の職員、技術職だけでなく事務職を含めて技術研修に参加する姿は、技術者が不足している、明日を担う優れた技術者がいない、と発言し、採用を控える人事管理者に対し、まだまだ日本の技術力は捨てたものでは無いと強く言いたい。

人に言われたからやるのではなく、自らが必要と感じて行動を起こす力は大きい、必ずや今努力している数少ない（？）技術初心者が必ずや明日の日本を背負う専門技術者に育つと感じているし、当然期待もしている。国が５か年計画で進めている戦略的イノベーション創造プログラム（ＳＩＰ）に関連する事業は高度であることは誰が見ても分かるが、それが、国内の多くの技術者不足を補うとはとても思えない。人を動かすのは人である、最後はロボット等の機械ではなく、人が決定することを忘れてはならない。

## 2. ドローン、ロボット、モニタリングも重要ですが

前項の最後にフレーズで人を動かすのは人で、ドローン、ロボット、モニタリングではないと大口を叩いたのであるから当然それをフォローしなければならない。なんだ貴方はそう言うだけで真実は明らかにしない、強いものには巻かれろ、やはり逃げ腰ではないかと非難されないために、私がある程度知識があるモニタリングを題材に話を進めるとしよう。

国の進めている高度情報処理（?）の一環モニタリングについて、私が関係している鋼トラス長大橋の東京ゲートブリッジと私の米国におけるアンテナとなっているミネソタ州交通局が管理するＰＣ長大橋のSaint Anthony Falls Bridgeを事例として概説し、モニタリングについて個人的な意見を述べることとする。

国は、産業の競争力強化や国際展開に向けた成長戦略の具現化と推進について調査し、審議するために産業競争会議を設置している。ここでは、戦略市場創造プランを示し、その中で「安全・便利で経済的な次世代インフラの構築」において「安全で強靭なインフラストラクチャーを低コストで実現」を目標にロードマップが示された。それによると２０２０年には、国内の重要なインフラや老朽化（何度も言いますが高齢化でしょ！）するインフラの20％はセンサ、ロボット、非破壊検査技術等の活用によって点検・補修が効率化され、２０３０年にはその比率を何と１００％とすることを目標に掲げている。中でもモニタリングについては、世界市場規模を現状のゼロから20兆円に上昇すると予測し、日本がその30％を獲得すると目標を立て公表している。

国土交通省が主催する〝社会インフラのモニタリング技術活用推進検討委員会〟の専門委員でもある私から、目標は良いが実行性と海外交流について大きな疑問が残る現状に苦言を呈することとしよう。

## ⑴ モニタリングとは？

そもそもモニタリングとは、対象構造物（設備も含む）の変位や変形を計測できるデバイス、例えば、ひずみ計、変位計や加速度計などを設置し、リアルタイムで対象施設の状態を定量的に計測・評価し、地震等の自然災害発生時やメンテナンスに役立つ仕組みである。特徴としては、現地から離れた場所（監視センター等）で、リアルタイムに対象構造物の動きが把握できることがあげられる。

より細かくモニタリングの目的を説明すると、大きく分けると先に示した2種類になると考える。一つは、地震、台風、集中豪雨などによって大自然災害に至る時、要はポストイベントにおいて、構造物が健全であるか異常な状態か判断に迷った時、安全に使えるか計測データを提供でき、他には被災の軽減や速やかな復旧に役立つことである。要するに対象構造物を常時見張り、時刻歴的に測られる計測データに対し、事前に危険ラインとなる閾値（しきいち）を計算等から求めておき、それを使って定量的に判定する。

もう一つは、長期計測が基本となるヘルスモニタリングである。前述のポストイベント時に機能することとは異なって、計測の目的は効率的・効果的な維持管理を行うためであり、戦略的な資産管理（マネジメント）に活かすことができることがあげられる。しかし、抱えている課題は国内外共通だ。

モニタリング先進国である米国においても、緊急時の安全管理等の活用ポストイベントモニタリングには多額の研究費が与えられるが、長期的な計測を求められるヘルスモニタリングにはシステム完成度に大きな疑問を抱いているのか、研究費がつきづらいと多くの米国研究者から聞いている。日本の現状はと考えてみると、長期的な活用、ヘルスモニタリングがすぐにでも可能かのような風潮となっているが、本当に大丈夫なのかと私は疑問視する。これまでモニタリングについて基本的な考え方を説明したので、次に具体的な事例を紹介し、ヘルスモニタリングが難しいポイントについて事例をあげて説明しよう。

## (2) 東京ゲートブリッジのモニタリングシステム

東京ゲートブリッジは、江東区若洲と大田区城南島間を結ぶ東京港臨海道路約8kmの一部に位置し、主径間部分の橋長が約760m最大支間長約440mの3径間鋼製トラスボックス構造（鋼重約20、000トン）の道路橋である。この橋の建設目的は、首都東京へ流入する自動車交通を分散化すると同時に、神奈川から千葉へ抜ける時間短縮効果を要求性能とした重要な橋梁である。今から二十数年ほど前、レインボーブリッジ及び新交通ゆりかもめの設計・積算が終わった後、私が基本設計に関係していたことから思い出深く、随分と有名になったなと眺める橋梁だ。

その後、時代も移り、国が港湾事業の一環として東京都に代わって建設したが、縁とは異なものだ。竣工時に点検計画を含む維持管理要領や計測要領の取り纏めの委員会、緊急対策委員会（オープンにはできない委員会）などに委員として加わったこともあり、是非事実を語ろうと思っていたモニタリングシステムなのだ。

東京ゲートブリッジの特徴は以下である。

①合理的な設計の採用
・荷重抵抗係数設計法（ＬＲＦＤ）の採用
・ＦＥＭ解析の多様的取り込み
②国内外最大規模のＢＨＳ鋼材を使用
・鋼重の軽減
③特徴あるトラスボックス複合構造の採用
・鋼床版床組のボックス断面化による剛性向上
・弦材一体化による支承の省略
・ねじり剛性向上（対傾構・横構の減少）
④４面添接方式を採用したコンパクトなトラス格点の採用
・応力伝達の円滑化
・板厚の低減
⑤鋼床版の疲労対策
・トラフリブの改良（スリット形状・内リブ）
・ＦＥＭ及び疲労試験による検証
⑥国内外最大規模の機能分離型すべり免震支承の採用

・鉛直地震動：テフロン板とステンレス板の摩擦による減衰
・水平地震動：ゴムバッファーによる機能復元

東京ゲートブリッジは、構造的、材料的にも特異な橋梁であることや橋梁の挙動が他の橋梁とは異なっていることなどから、モニタリングする必要があると判断した。モニタリング装置を付けるには、当然、種々な状態を予測し計算上で再現、モニタリングが使用目的を果たす時を決め、それに対応するように部材に計測器及び計測システムを選定し、設置する流れとなる。

モニタリングシステムの必要性について、より詳細に説明することとしよう。

第一に、東京ゲートブリッジに発生する変状としては、塗装の劣化、想定以上の重交通による疲労損傷、支承の劣化損傷、タイダウンケーブルの張力低下が挙げられる。塗装の劣化は目視での確認が容易であるが、大地震発生時に機能するタイダウンケーブル張力は定期的に計測することが必要だ。しかし、活荷重や温度変化によって発生する外力の影響で生じる疲労や大型支承の健全性は、近接目視を行おうとしても限界がある。

第二に、国内外最大規模の支承採用に際し、縮小モデルでの挙動実験は行ったものの、実荷重作用下及び地震発生時における挙動検証ができていない。

第三に、東京ゲートブリッジは、第一次緊急輸送道路に位置することから、災害発生時の緊急自動車通行確保路線であり、災害発生時の車両通行止めを早期解放する必要性がある。しかし、これまであげた課題を抱える東京ゲートブリッジは、特殊構造の長大橋でもあり目視外観調査による被害程度の早期評価が困難と言える。

第四に、水面上約55ｍを越える海上橋として、気象条件に応じた交通規制が必要となる。

このような条件下でのモニタリングシステムを考えると、第一に新たな構造の長期評価を行うためのWeigh-In-Motion（ＷＩＭ）による重量車両情報の把握が想定できる。第二に大型機能分散型免震ゴム支承の長期評価には、温度変化・地震時変位と対比した支承変位量の計測が考えられる。第三に地震発生時等の異常時の橋梁健全度を把握するため、事前に予測している損傷シナリオに従って計測する損傷程度の把握が必要である。第四に重要路線としての交通規制情報把握は、橋梁上の風速、雨量、震度を正しく計測し、リアルタイムで表示することが必要となる。以上のモニタリングシステムの必要条件に対比してモニタリング装置を設置することとした（表-3・1参照）。

ここで、特に補足説明が必要な装置について説明しよう。

Weigh-In-Motionは、システムが比較的簡便である上に、瞬時に車両重量が得られることで、海外では過積載の違反車両の取締りに使っている事例もある。本橋の鋼床版や構造詳細は、疲労損傷が発生しにくい構造ではあるものの、大型車両の走行量や荷重実態の定量的な把握も必要と考えた。その理由は、同一路線上の他の橋梁における疲労環境情報の提供や予想できない種々な疲労損傷発生に対する工学的な分析等にも役立つからである。

本橋は長大橋であることから、温度変化は橋梁挙動に与える重要な因子の一つである。躯体の温度は天候や日照条件によって大幅に変化し、3次元的な挙動を示す。温度変化と橋梁構造の応答は、1日もしくは1年といった期間で周期的かつ連続的に変動し、活荷重と比較して温度変化の応答は大きく、変形挙動モニタリングすることが橋梁の健全性評価に有効と言える。

次に、本橋に採用されている国内最大の機能分散型免震ゴム支承に関する計測についてだ。本来支承は、橋梁の上部工から受ける荷重を下部工へ伝達するとともに、荷重を解放、減衰させる重要な機能を求められる。すなわち、支承

表-3・1　モニタリング導入効果と機器説明表（東京ゲートブリッジ）

| システム<br>導入目的 | 交通管理情報取得 | 構造物のモニタリング | | |
|---|---|---|---|---|
| | | 震災時の早期対応 | 日々の橋梁管理<br>（支承の健全度把握） | 鋼床版の健全度把握<br>（データ蓄積中） |
| システム<br>導入効果 | 交通規制・通行止めの実施および解除 | 変状の判断可能、道路規制早期解除可能 | 支承の挙動を定量的に把握 | 荷重による鋼床版への影響を長期定量的に把握 |
| モニタリング対象 | 風向風速<br>雨量<br>地震（震度） | サイドストッパー<br>伸縮装置<br>タイダウンケーブル | 支承変位<br>橋桁温度 | 車両情報（重量、台数） |
| モニタリング機器 | 風向風速計<br>雨量計<br>地震計 | 加速度計<br>変位計 | 変位計<br>温度計 | ひずみ計 |

が円滑にその機能を発揮することによって、上部構造と下部構造が有効に必要な耐荷力を維持する。しかし、国内における橋梁の重大損傷事例に支承の異常等が報告されており、特に支承の固結を原因とする疲労損傷なども ある。

さらに、海上橋におけるゴムの変状等の事例も報告を受けている。ここに示すような変状に対応する目的で、本橋の機能分散型大型ゴム支承のモニタリングを行う必要があると判断した。以上が平時（長期ヘルスモニタリング）のモニタリングシステム導入の必要性とそのポイントである。

次に有事の機能（ポストイベント機能）としては、地震、台風及び豪雨時等の自然災害発災時に、重大損傷が発生する可能性が高いと予測した部位（ホットスポット）や予想を超える挙動を示す部材を特定し、損傷のモード等をリアルタイムで計測する必要がある。これは橋梁の健全度判定（安全性及び供用性判定）や安全性確保の支援となる。発災時となれば道路管理者は、設置したモニタリングシステムから得られた定量的な種々なデータを基に、交通規制及び規制解除についてリアルタイムで容易に判断が可能となる。

さらに、このように種々な工夫がなされた長大橋の挙動を数値で捉えることは今後の設計、施工に有益な情報ともなる。特に本橋梁に採用した先に示した構造、部材、構造詳細等が種々作用荷重や環境変化にどのように挙動するかを詳細に計測することによって、今後の同様な橋梁構造の設計、維持管理にフィードバックすることができる。

東京ゲートブリッジは、長大なスパンで点検補助治具が少ない構造であることから点検作業に長時間を要するため、点検には多額の人件費や検査費用が必要となる。さらに、近年では構造物全般にわたって精通する専門技術者の不足や技量不足も深刻化している。これらの問題に対し、モニタリングシステムの採用は、供用環境の評価によって点検頻度や点検のレベルを変えるといった維持管理計画等の合理化等に機能すると考えた。

図-3・3に示すように東京ゲートブリッジに採用したモニタリングシステムには、試行錯誤した結果光ファイバーセンサーを主として使用している。本橋のモニタリングは、常時作動するシステムであることから使用例が多く信頼性の高いＦＢＧ系センサを選択した。先にも示した重要なセンシングとなる支承変位計測は、支承周囲の上部工に当て板を設置し、下部工に固定したＦＢＧ変位計によって上部工と下部工の相対変位を計測している。

センサの設置位置は、メインスパンの中央部に車両重量測定用センサと、温度用ダミーセンサ、下フランジひずみデータ用センサを配置し、速度・軸位置検知用センサは中央から橋軸方向へ２０００㎜離した位置、つまりダイアフラム同士の中間に配置している。以上が東京ゲートブリッジモニタリングシステム及びセンサの概要である。

東京ゲートブリッジのモニタリングシステムは、ここに示す目的を満たすために供用開始後常時稼働し、種々なデータを計測・収集している。しかし、設計時に想定していた通りの各種の計測が正しくできているとは必ずしもいえない。その理由は、モニタリング設計コンサルタント、モニタリングシステム構築会社、計測機器設置会社がそれぞれを作業分担したことが問題であったと感じる。

分担した会社が、それぞれの能力を十分に発揮したとしても、互いに連携して十分な性能を発揮するように取り纏め、適切に配置するマネジメント組織、マネージャーが存在しなければ、高度なシステムとすればする程期待した結果が得られない状況となることが多々ある。その悪しき事例が東京ゲートブリッジモニタリングシステムであるかもしれない。

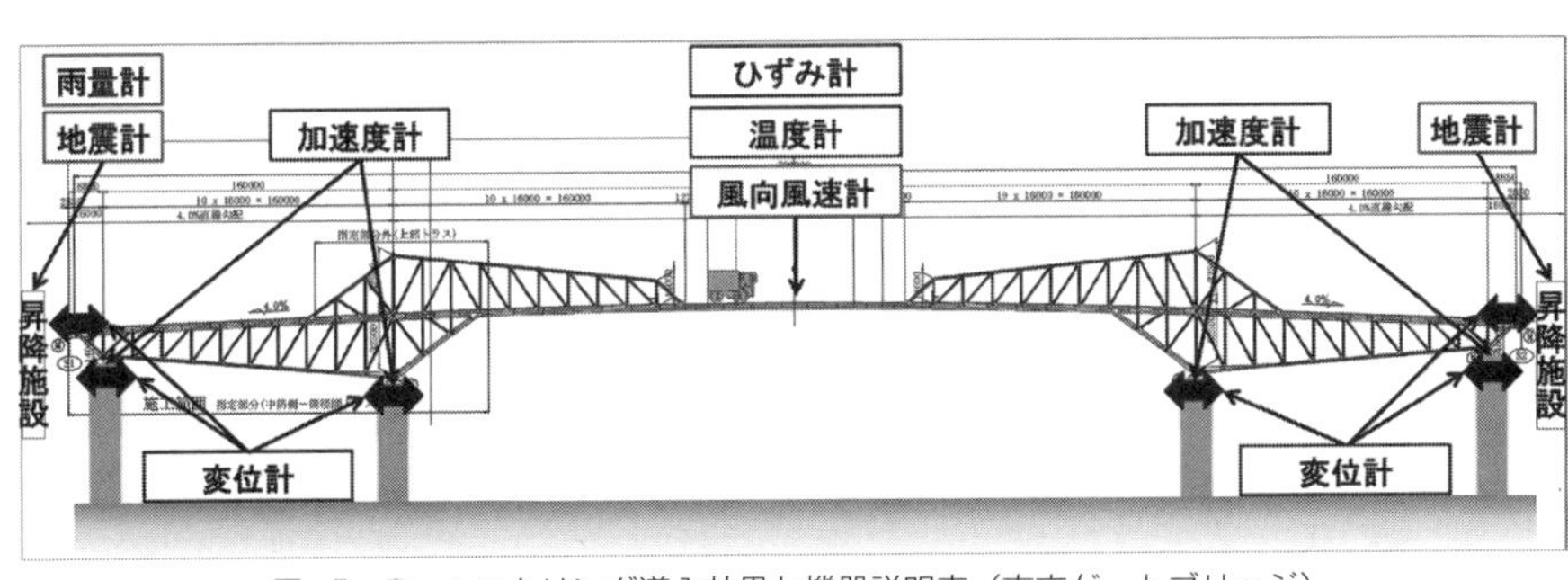


図-3・3　モニタリング導入効果と機器説明表（東京ゲートブリッジ）

供用後5年が経過し、計測機器からは数多くのデータが排出される。しかし、それらデータは当初想定したようなデータとは程遠いものであった。具体的には、例えば、地震時モニタリングをあげると、計測閾値をＬ１地震動ではなくＬ２地震動と設定したことから、測定レンジが大きくなり、数多く発生する中小規模地震では誤差範囲内の値のみしか得られず、本当に正しくシステムが作動しているのかの検証もできない。さらに、Ｌ２地震が発生した時に本橋の安全性を判断することが必要であるのかと本末転倒のような議論もある。

計測機器の寿命にも大きな問題を抱えている。具体的には、多くの計測機器寿命が当初10年と言われていたが5年程度と短いことがあげられる。比較的容易に計測機器を交換でき、交換コストも安価であれば問題はないが、そもそも計測箇所は、近接目視が容易でないエリアが多い。そうなると、機器交換が高額となり交換の度に多額の費用が必要となり、近接目視点検の方が安価となる。これらは、東京ゲートブリッジも同様で、日々排出される膨大なデータの処理や機能や耐久性が十分でないセンサー類の交換が必要との判断がなされる情況だ。

東京ゲートブリッジに設置したモニタリングシステムは、過去の事例を参照して構築したが、橋梁（構造物）のモニタリングや計測装置の正しい理解がなければうまくはいかないと感じている。私自身も大いに反省し、美しい外観がテレビ等に映るたびに心が痛み、考えさせられる毎日だ。

### ⑶ 米国・ミネソタ州のモニタリングシステム

私が関係している海外の橋梁にモニタリングシステムを設置している道路橋がある。それは、米国・ミネソタ州の、落橋し死亡者も出た事故後に架け替えられた道路橋だ。正しくは、私が関係しているのは、事例として挙げる道路橋の管理者と情報交換を行っているからで、この橋の設計・施工やモニタリングシステム設置や計測に関与したわけではないので誤解のない様にあえて記述した。

Saint Anthony Falls Bridge〔アンソニーフォールズ橋〕（写真-3・8参照）は、橋長３７１ｍ、最大支間長

154mの構造形式がポストテンション・プレキャストコンクリートボックスガーダー橋である。本橋に採用されているモニタリングシステムは、"smart-bridge" system（図-3・4参照）と呼ぶヘルスモニタリングである。橋には、500を超えるセンサが設置され、建設時から現在まで種々なデータを取っている。

取り付けているセンサは、ワイヤひずみゲージ、サーミスタ、光ファイバ振動センサ、抵抗ひずみゲージ、加速度計、リニアポテンショメータ、及び腐食監視センサである。本橋のモニタリングシステムの詳細は、ミネソタ州交通局から出されている"Instrumentation Monitoring and Modeling of the I-35W Bridge"を読んでいただくとして、ミネソタ州交通局の行政技術者が私に説明した現状の評価について説明しよう。

彼が語るには、「当該橋の架け替え時には、上部構造及び橋脚に、モニタリングするための計測装置を設置している。私が聞いたところでは、2か所のドリルシャフトに計測装置を付け建設時は計測していたが、現時点では機能していない」とのことだ。「このモニタリングシステムの計画、設置

写真-3・8　落橋後架け替えられた「Saint Anthony Falls Bridge」・米国ミネアポリス

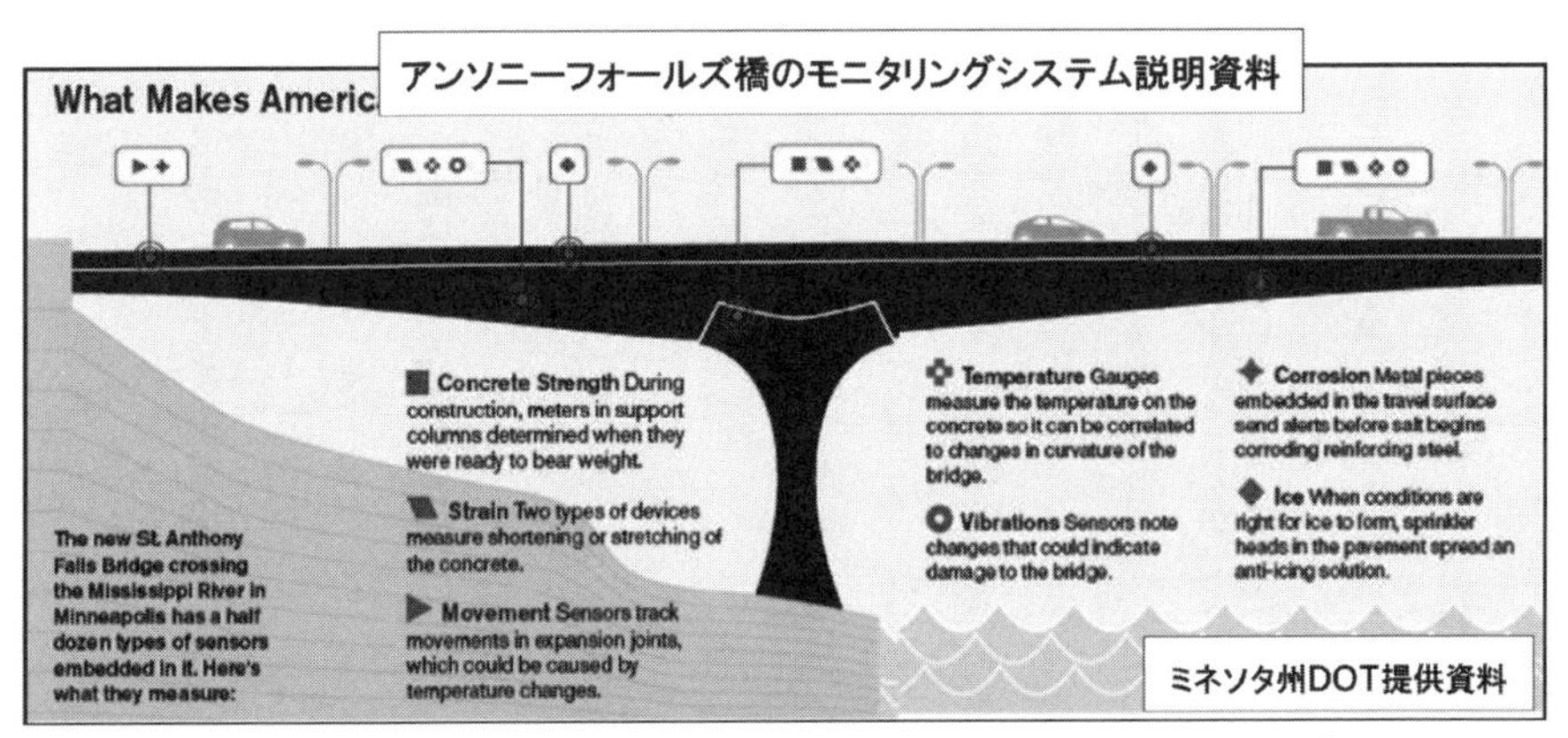

図-3・4　アンソニーフォールズ橋（Saint Anthony Falls Bridge）モニタリングシステム

は、南フロリダ大学の教授が担当していたが私にはよく理解できない」

役人らしい発言である。そして、

「上部構造には５００以上の計測ゲージが設置してある。しかし、残念な結果であるが大規模な嵐がミネソタを襲った際に橋梁上の動的システム（加速度計等）はアースの問題で機能を停止した。しかし、静的システムは多くの貴重なデータを取ることができている。我々が特に期待していた腐食監視センサは機能せずに失敗に終わってしまった。我々は、データを計測・分析が何故できなくなったのかについて関連する情報を得ることができず、放棄した状態にある」とのことであった。

技術者は、先の腐食監視センサーに期待したように鉄筋腐食に関する測定にかなりこだわっていて、"Corrosion Rate Assessment" について逆に私がコメントを求められている。

彼らは設計と実荷重による変位を比較し、設計の正しさをも自慢げに話した。

「上部構造の種々なゲージはまだ計測中である。自動化されたプログラムは、計測データから確認し、設定した温度に対する期待値との比較検討されている。計測した値が予測値から大きく逸脱した状態となった場合は、警告表示をするシステムとなっている。また、橋梁上で行っている計測は、橋梁の垂直変位、短期的な挙動及び長期供用に関して調査する目的で加速度計のデータによって確認をしている」また、

「我々が架替えた箱桁橋に着目している事象はクリープ現象である。橋梁が経年劣化すると今回計測しているデータを確認することによって、独自で当該形式の道路橋に最適なクリープモデルを決定することができるようになると考えている」

と彼らはコンクリート橋の課題をクリープ（時間経過でひずみが増大する現象）としている。

「私の同僚が述べたように、当該橋梁に関して活荷重と比較して熱による影響がはるかに大きいことは明らかである。計測システムが建設時にセットされ、データ計測及び転送が開始されてしばらくすると、動的システム

は過剰な速度で計測データ送り始め、すぐにハードディスクが容量を超える状態となった。それ以来、データ計測・転送の規模を縮小し、現在まで計測を継続的に行っている。また、静的システムは、動的システムと比較してそれほど膨大な量の計測データを収集しているのではないので、当初と同様な常時稼働状態にある」と、日米問わず橋梁モニタリングには苦労し、同様な問題を抱えていることが明らかとなった。アンソニーフォールズ橋のモニタリングシステムは、彼らの手を離れ、現在はメネソタ大学・キャッシー教授が分析し、管理しているとのことである。やはり手に負えないと判断したのか米国の行政技術者は。

## ⑷ 話題のモニタリングシステムは人の代わりになるのか?

国内では、先にも示したように人が主として行っている構造物の点検業務をセンサやゲージ等を使って行う、モニタリングの研究が進んでいる。確かに、人が全てを行うには、膨大な技術者が必要であり、現状及び将来を考えると早期に人の補助を担う機器開発は責務である。しかし、これまで何度も示したように日本は、国内での独自の研究のみに固執しているのではないであろうか?

今回は、私の友人ミネソタ大学のキャシー教授が関与しているモニタリングシステムについて説明した。世界に衝撃が走った崩落事故を二度と起こさない、起こさせない、そのために肝いりで設置したモニタリングシステムの現状をミネソタ州交通局の技術者による生の発言を基に示したのだ。

2つの事例を現在の状態や計測結果等を対比して言えることは、鋼橋とコンクリート橋とモニタリング対象は異なるが、同様な取り組みをして同じような課題を抱えているような気がする。一時期注目されたアコースティックエミッション技術も同様であった。「モニタリングシステムを導入する最大の目的は何かを正しく捉えること」「計測目的に適するゲージを含む計測機器が何かを種々な事例から選定すること」「モニタリング装置を含む導入費用と稼動後のメンテナンス費用や装置の耐久性がどの程度なのかを算出すること」「設置したモニタリングシステムについて長期間稼働状況を含めて管理する体制を確保すること」など課題は山積する。国内の多くの技術者や研究者は海外で開催される多くの国際会議に参加をしているが、日本が取り組んでいるモニタリングを含む課題について、オープンにして議論しているのであろうか？

中央道・笹子トンネルの事故に関連して持論を展開した際、我が国の技術者が抱える情報活用と情報交換における問題点を指摘したが、モニタリングについても同様ではないのか？

ミネソタ州の技術者に東京ゲートブリッジのモニタリングについて説明したところ、「We no longer build many truss bridges because it is a fracture critical structure. The 35w bridge collapse has altered our perspective on truss bridges. They have higher inspection and maintenance funding requirement.」と東京ゲートブリッジの写真を見てまず発言した。国内の最新技術と材料を使って設計、施工した世界に誇る鋼トラス・ボックス構造と自負している東京ゲートブリッジの関連情報が米国には届いてない。彼らが汚点と考える崩落した道路橋も鋼トラス橋であったからなのかもしれないが。なぜ東京ゲートブリッジが鋼トラスであるのか、その特徴と採用理由、安全性を追求した設計方法について説明することが私の義務とも感じた。

アメリカが強調するリダンダンシーについてどのような考え方を持っているのか、米国で問題としたリダンダンシーに欠ける構造と考えている2主桁橋を含む省主桁橋梁等の安全性評価について、海外の技術者と本音で話す機会を設け、技術論を戦わせる必要があるのではと思った。日本の技術者が『井の中の蛙』状態とならないように望むものである。

最後に、ミネソタ州交通局の技術者は、「モニタリングシステムにも期待ができるかもしれないが、鉄筋探査機をお勧め

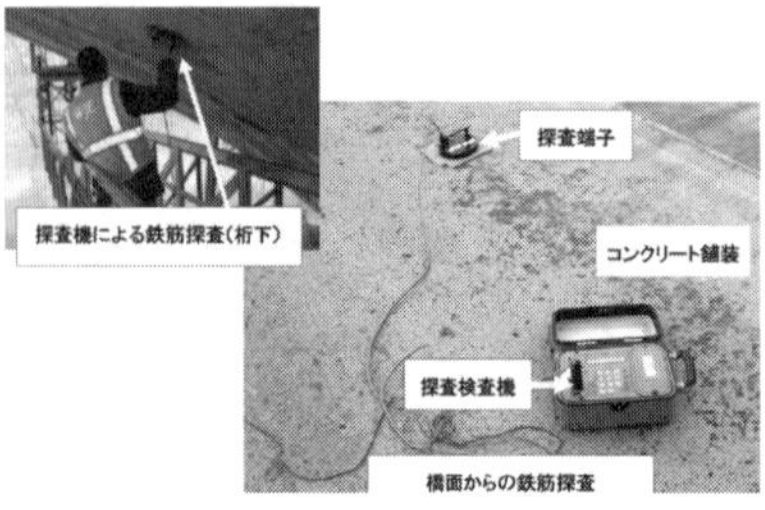

写真-3・9　電磁レーダー鉄筋探査機を使った鉄筋探査状況

する」

といって資料と写真（写真—3・9参照）を送ってきた。彼は、ミネソタ州の技術者なので機器の売り込みではない。これが何を意味するのか考えなくてはいけない。

# 3．橋を架け替えたいのは誰ですか？

本章の最後で最も考えなくてはならない、修繕か更新かの判断について、話題となっている豊洲新市場の直近、豊洲エリアに隣接する道路橋について話すこととしよう。対象となる道路橋は、今から約20年前から架け替え対策と補強対策をキャッチボールした話であるが、どこにでもある話なのだ。

## (1) 架け替えか補強かのせめぎ合い

架け替えか、補強かをキャッチボールした橋、A橋は、1962年（昭和37年）3月当時の一等橋として建設、供用開始した道路橋である。A橋が供用開始した当時は、景気が右肩上がりの時代である。A橋は、運河を跨ぎ、軟弱地盤上に架設されることから上部構造は、鉄筋コンクリート床版3径間ゲルバー鋼鈑桁、下部構造は、一般的な鉄筋コンクリートの躯体であるが基礎に鋼管杭、それも水平力に抵抗する目的で当時流行っていた斜杭を採用。鋼管杭の腐食に対しては腐食代をとる方法でなく、当時には稀有であった外部電源方式の電気防食を行った珍しい橋梁でもある。

ここで、基礎の話をしよう。道路橋に使われる基礎には、直接支持層に耐荷力をとる直接基礎とそれ以外に大別される。直接基礎以外には、鋼やコンクリートの杭を打つ杭基礎、コンクリートの筒を支持層まで埋め込む井筒基礎などがある。井筒基礎には、潜函井筒（ニューマチックケーソン）、鋼管矢板基礎があり、似通った連続地中壁基礎も考え方としては近い。A橋の基礎は、厚い軟弱地盤層の下に打ち込むことから鋼管を採用し、海水交じりの運河水による腐食進行を抑制するために電気防食法が併用された。

供用を開始して10数年が経過した頃から、上部構造の鋼鈑桁が写真-3・10で示すように橋台のパラペットに接触していることが判明。このままの状態で放置すると下部構造の変位が進み、主桁が座屈する可能性が高いと判断された。当時豊洲地域（現在の地下鉄豊洲駅周辺）では、多くの道路橋がA橋と同様に地盤の側方移動及び沈下によって主構造が橋台パラペットに接触する事例が多かったことから、私にとって稀有な事例では無いのだが。

そこで、変状の程度が大きい橋梁から対策を講じることとし、他の橋梁を二分割で背面に鋼矢板を打設、土圧を軽減する対策を数年かけて行ったことを記憶している。A橋も同様な対策をと考えている時に、突然架け替えの話が持ち上がった。供用開始後31年経過した1993年（平成5年）である。A橋架け替えは、事業実施予算化ルートに乗り、1997年（平成9年）には、地質調査が発注された。その後、順調に事は進み、概略設計が発注され、架け替え工事の予算化も間近となった時に私はA橋架け替えの事実を知った。

そもそも、30数年しか経過していない橋梁を架け替えることが正しいのか。確かにパラペットに主桁が接触はしているが、写真-3・11でも明らかなように他に何処にも損傷が無い橋梁を架け替

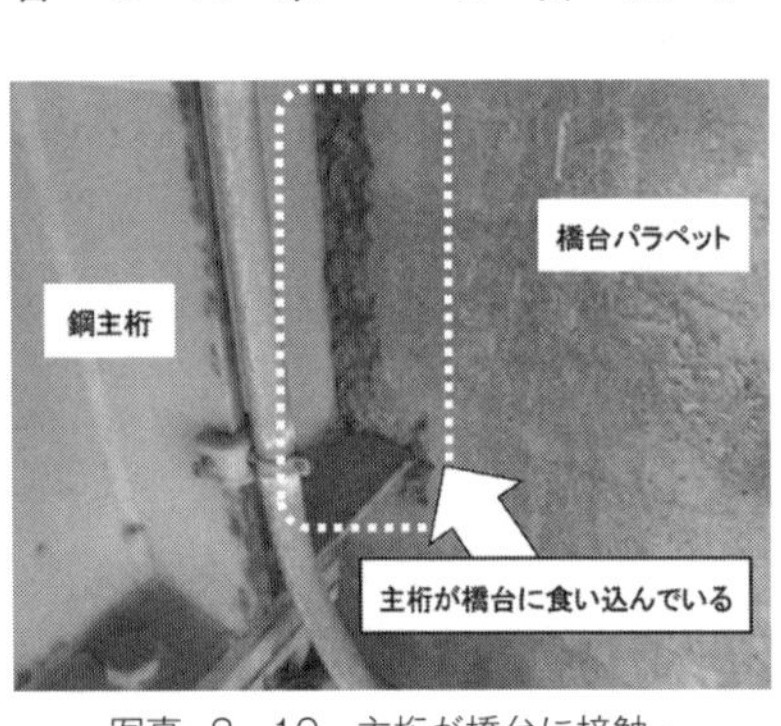

写真-3・10　主桁が橋台に接触・食い込んでいる異常な現状

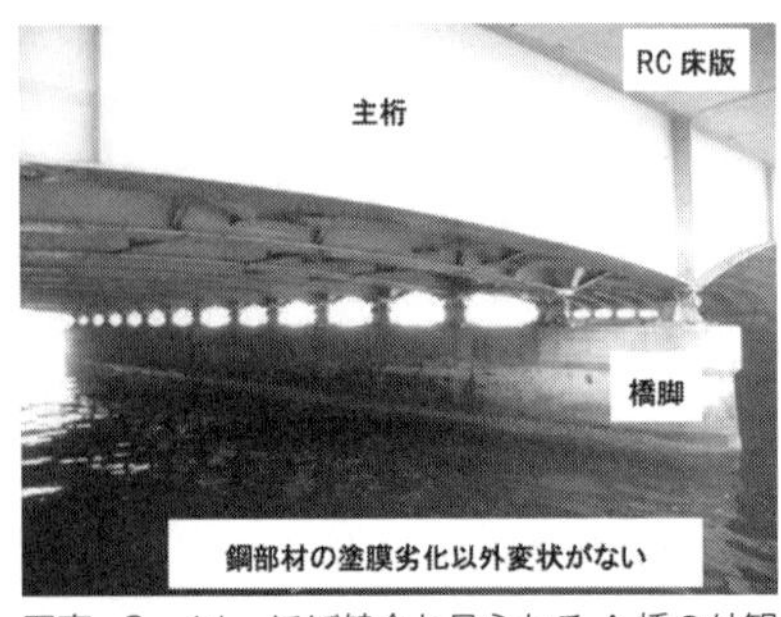

写真-3・11　ほぼ健全と見られるA橋の外観

える対策を選択するのは、東京都だからできるのである。

架け替えの概略設計案を見て、ますます架け替え反対の思いが強くなった。その理由は良くある話であるが、架け替えとなると桁下管理者の架設条件が変更となったことから、縦断勾配が現行の２％から５％を超える勾配となる。当然、橋梁の前後にある建物のほとんどがかさ上げの必要が生じ、歩行者や高齢者には利用しづらい橋梁に変わることになる。

総事業費は、架け替え工事費用の数倍となる補償費等も明らかとなった。阪神・淡路大震災から３年が経過、財政的な余裕が無くなり、建設から維持管理へシフトし始めた時代である。

架け替えを知って１週間が経過した時、やはりこの計画は止めるべきとの思いが増し、決断。架け替えを担当しているＢ課長に直訴することとした。

「Ｂさん、話があるのですが、一寸聞いてもらえますか？」

「髙木さん、何の話？　わざわざ来たのだから大ごとなんだよね」

「今、進めているＡ橋の架け替えだけど止める事できませんか？」

当然、Ｂ課長は、

「何で？　もう、架け替えの概略設計も終わっているし、架け替えの事業費を予算要求する段階なんだけど・・・」

「まだ30数年しか供用していない橋を架け替えるなんておかしくないですか？　東京都の橋は、長く使えないんだと評判に成りますよ。止めましょうよ、架け替え」

と補強案をにおわす。Ｂ課長は、

「担当の話だと、主桁が橋台に接触していて危ない状態だと聞いているけど、髙木さん、事実だよね。危険回避で行っている架け替え事業を何で止めたいの？」

私が話す。

「Bさん、現在管理しているかなりの橋梁が同じような状態となっていて、それを理由に架け替えを進めるのであれば、臨海部を含む多くの橋梁を架け替えなくてはいけなくなると思いますよ。A橋の現状を点検して、ゲルバー吊り桁部分に一部疲労損傷はあるのも分かっていますし、下部構造の問題点も十分に分かっていますけど、起こっている変状、全て直せますよ。架け替えより絶対経済的でもあるし、もったいないと思いませんか?」

B課長が言う。

「高木さん、でもね、架け替えで決定した事案、ひっくり返すのは難しいと思うよ・・・」

それから、1時間、私とB課長の擦れ違いの議論が続いた。私の話をいつも理解するB課長が、

「高木さんの言いたいことは分かったし、考え方も分かった。でも、私の課の立場もあるから・・・無理だよね。高木さんも分かっているよね、理解してよ」

互いの意見を主張した2時間が経過した後、話し合いは終わった。私は、それまで何度となく同じような架け替え事例を見て、維持管理の時代はいつになっても来ないなと感じると同時に、「やはり駄目か」との思いでその日が終わり、1か月が経過した。B課長から「高木さん、ちょっと来てくれる、例の件で相談があるから」と電話があった。B課長の話を聞いてびっくり、架け替えを止めたのである。

「確かに、高木さんが話したもったいない理由も分かるし、変状を直せることも他から聞いて分かった。私が事業を止める理由を上司に話す状況を考えてみてよ。でも、利便性を悪くすることも含めて将来の為に架け替えを振り出しに戻すことにしたから、後は頼むね。次は駄目だよ!」

さて、それからが大変である。再度、供用中の橋梁を確認して本当に大丈夫なのか?これだけ変状が進んだ橋梁(写真-3・12参照)を現行の基準に沿った形で

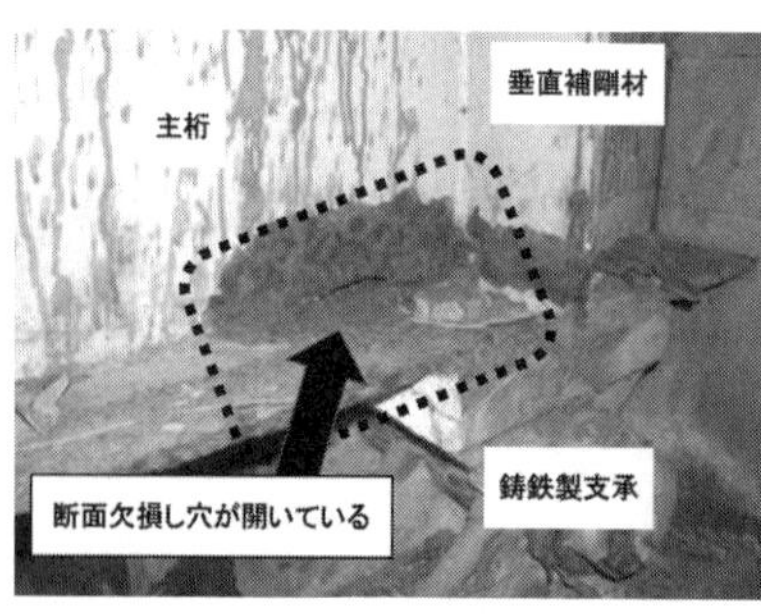


写真-3・12 主桁端部のみ著しく断面欠損・変形したA橋

補強できるのか、無駄な努力となるのではとの不安がよぎった。

## ⑵ 架け替えが必要ない補強策

Ａ橋に発生していた変状は、架け替えを行う流れとなっていたこともあり、日々の維持管理を行っていないこともあって予想以上に進展していた。特に、運河を渡河している橋梁であることから、飛来塩分と海水の巻き上げ現象が激しく、主桁端部は大きく断面欠損し、層状になったさびは、写真−３・13に示すようにピンセットで摘まめる状況であった。

さらに、架け替え案が主流となった大きな理由である橋台の側方移動は進行し、断面欠損している主桁をパラペットが押し込み、腐食で全く移動機能を失った支承が動きを止めたことから主桁の下フランジは座屈している箇所が散見された。架け替えルートに乗ったからと言って、主桁下フランジが座屈している状態でよくもここまで放置したものだと感心すると同時に、桁が落下する可能性を考え背筋の寒くなる思いであった。

当然、緊急工事で仮支保工（写真−３・14）の設置を指示、桁が座屈し路面に段差が生じるのを防護することとした。しかし、鉄筋コンクリート床版のある鋼桁は強い。先の写真に示したように主桁断面が著しく欠損し、下フランジが座屈しても路面上に変状は全くない。

当時、実際にどの程度の利用者がいるのか調査してみたところ、歩行者が１万６２９３人であった。

この結果を見て、Ａ橋を利用している地域の人々

写真 −3・13　主桁・下フランジの腐食鋼材をピンセットで摘まむ

写真 −3・14　落橋を防ぐ目的で緊急設置した仮設ベント台

のためにも縦断勾配のきつくなる橋梁への架け替えを行わなくて良かった、と思った。以下に当該橋梁の補強対策の概要を説明する。

①既設下部構造の補強

当該橋梁の変状の原因である橋台の側方移動を止める対策である。側方移動は、通常橋台背面の盛土やその下の軟弱地盤層、橋台の基礎が関連して発生することが多い。対策としては、背面盛土荷重の低減、軟弱地盤の補強、移動を抑止する橋台基礎の剛性を増加させることである。今回の対象橋梁も同様な考えベースに以下の対策を行うことを考えた。

・橋台と橋脚のフーチング連結
・橋台竪壁前面と橋脚の鉄筋コンクリート増厚
・フーチング連結部の増杭

図−３・５に示すような橋台と橋脚のフーチングを連結する構造は、既設橋梁での採用は無いが震災復興事業で多く採用された構造に近く、軟弱地盤上に建設する橋台の側方移動を抑制する効果がある。

また、連結することによって橋梁全体の耐震性能が向上し、地震時慣性力に対して増設部のフーチング及び増設杭が抵抗することで、既設杭の負担を軽減できる効果もある。さらに、フーチング連結に加えて、橋台および橋脚の壁を増厚することによって、地震時の曲げ耐力およびせん断耐力の確保もできる。

ここに紹介した特異な下部構造については、ＦＥＭ解析を行い、構造系として十分に成り立つことを検証している。以上が側方移動している既設橋台と橋

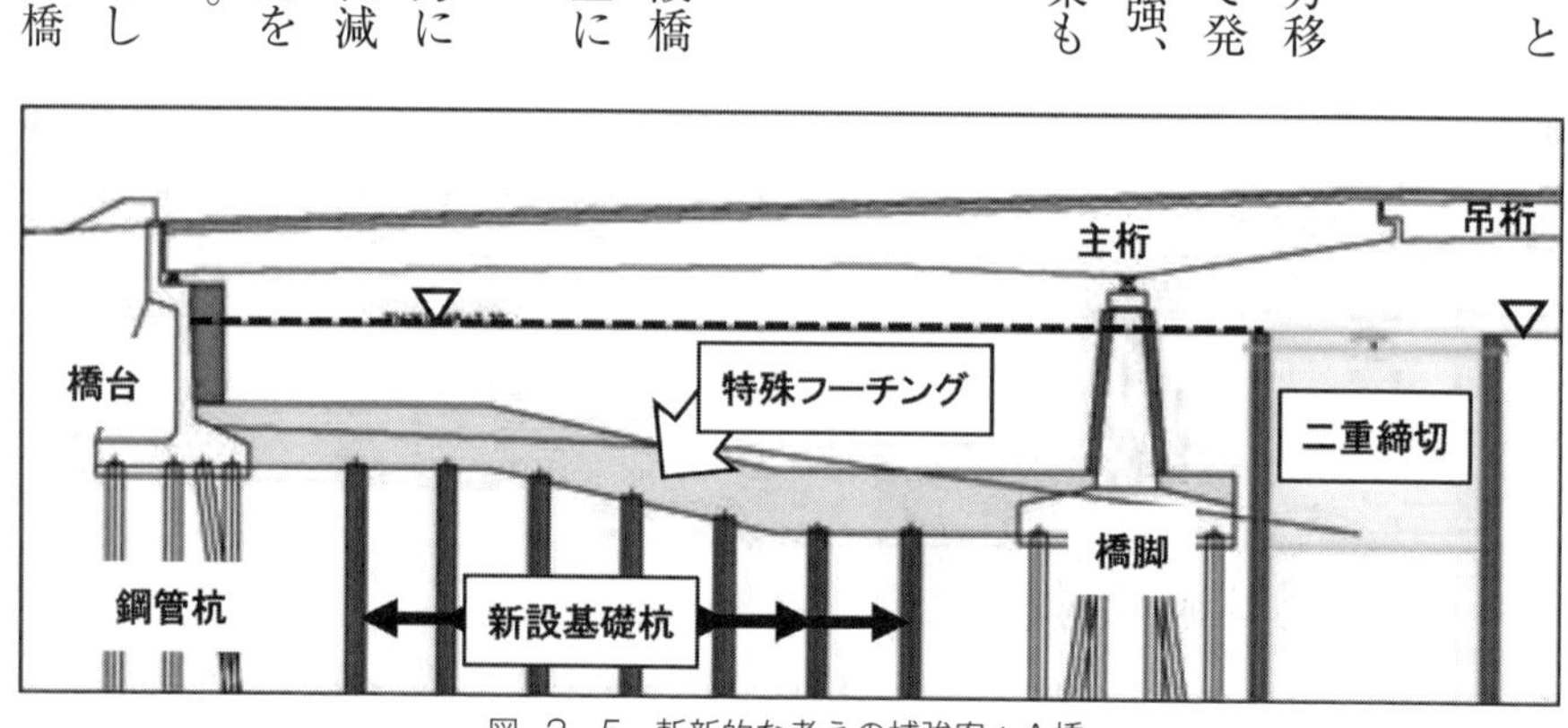


図−3・5　斬新的な考えの補強案：Ａ橋

脚の補強対策概要である。

②既設上部構造の補強

１９６２年（昭和37年）の一等橋であることから、基準に適合するには以下の対策が必要となる。主要路線であること、交通量の多いことなども考慮して主桁断面の増加等が補強案となった。

(a) ゲルバー部の連続化

耐震性能の向上対策としては、王道の既設ゲルバー部の連続化を採用することとした。また、ゲルバー桁を連続化することで弱点となっていたヒンジ切欠き部が無くなることになり疲労耐久性の向上にもなる。

(b) 主桁及び床版の補強

B活荷重への対応としては、主桁、床組み及び床版の補強が考えられるが、既設桁端部の交換を行うこと、既設床版の鋼鈑接着部分の変状が進行していることや死荷重の軽減も行えることなどから、鋼床版への交換を行う。

(c) 疲労対策

詳細調査で確認した疲労損傷が発生している部位の対策は、応力頻度計測データを基に疲労照査を行い、疲労損傷事例の多い部位（支承ソールプレート溶接部など）について対策を行う。

(d) 腐食部位の取替え

主桁端部は、長期間塗装の塗り替えや腐食対策を行ってこなかったことから、断面欠損や一部変形も確認されている。そこで、断面欠損部を含む腐食の著しい部位の交換を基本として部材の交換及び当て板補強対策を行う。

以上が、A橋の下部構造及び上部構造の補強対策の概要である。

## (3) 結局、架け替えですか

A橋の補強検討は、先に示した内容で行われ、対策概要や予算要求も通り、国内外初めての上・下部構造一体の長寿命化対策実施となるはずであった。しかし、ここでまた、大きく方向転換する事態が起こった。それは、既設桁を一部撤去し、床版交換を行う際の桁変形や施工ステップごとの安全な施工体制確保が可能なのかの議論である。

確かに、ここに示すような大規模な補強を行った事例もなく、請負業者の技術力も不明なのは分かる。新設工事と異なって発注形態も単年度施工が原則、地元業者優先契約等の条件下でこのような難工事を最終系まで問題なく施工するのは至難の業であるとの最終評価となった。

結局、B課長には悪いが補強対策の難易度の高さに、言い方は悪いが行政技術者の方で嫌気がさし、安易な方法である架け替えに逆戻りしたのだ。私の想い、B課長の決断、維持管理を取り巻く環境へのトライアル精神、いずれも活かされることなく、架け替えへの方向転換であった。

今、A橋は、再度架け替えに向けた詳細設計中であり、架け替え工事は、東京都としてのビッグイベントである東京オリンピックが終わる2020年以降に着手するようである。

莫大な予算を抱えるのは、1千万人を超える都民と首都東京を訪れる利用者、首都であるから当然であるのかもしれない。しかし、現実今起こっている種々な問題は、国内外から首都東京の先進的な技術屋集団との評価を受けるには程遠い。私がなぜA橋を安易な架け替えから、いばらの道補強、長寿命化対策を選択したのか考えてほしい。

補強案に取り組み始めた職員にはとても迷惑な話、架け替え案であればとうに工事も完了し、豊洲新市場付近に外観が美しく、でも急こう配（嫌味か）の橋が架かっていたかもしれない。私は、首都技術者（一時期そう呼ばれようと努力した時期があった）と他の自治体から羨ましがれ、予算も莫大だけれど困難な技術に取り組む姿勢、実績も見事だと評価されたかった。このような積み重ねが、東京都に、行政技術者に、どのようなことがあっても成りたいと思う希望者が続出する技術集団にレベルアップすることを今は祈るばかりである。

## ⑷ 今でも変わらぬ大きな疑問

「土木研究所資料・国土技術政策総合研究所資料」によると、道路橋の架け替えについて調査した結果を見ると、平成18年とその10年前（平成8年）と構成比はほとんど変わっていない。

第一位が改良工事、第二位が機能上の問題、第三位が上部工の損傷であり、下部工の損傷、耐荷力不足、耐震対策の割合は問題とならないくらい低い。確かに、私が経験した架け替えの事例を考えると、橋梁の部位や部材が朽ち果て、架け替えざるを得ない状態となった架け替えを行った経験は一度もない。その事例としてどこの橋梁とは言わないが、地元やそれを眺める人々のランドマークとなっていた60数年経過した特徴あるB橋を、同じ幅員で線形も改良せずに無味乾燥な鋼桁橋に架け替えた。架け替える前のB橋は、大きな腐食や疲労亀裂などの耐荷力不足や安全性が危惧される損傷は全くなかったが、１２０億もの多額の事業費と約10年の期間を要して架け替えたのを今でも覚えている。

それでは、供用している橋梁の架け替えは何によって決まり、架け替えた結果が橋梁を利用する人々にどのように受け入れられているのかについて考えてみることとする。少子高齢化が急速に進む我が国は、国内における新規の道路計画がある程度のニーズを満たしつつある状況下において、多額の費用と時間を要しない限り道路橋の寿命が50年で尽きるかのような考え方がなぜか主流となってきている。今から50年前は１９６４年の東京オリンピックが開催された頃である。その後の高度経済成長期は、交通網整備などの社会基盤整備に多くの予算を使い、その結果、明治から戦前に建設した多くの橋梁が機能上の問題や改良工事などの理由で架け替えられてきている。戦前に架けられた橋は、確かに外見はくたびれて見える。しかし、地域で重要な位置を占める橋梁、歴史的な橋梁、著名な橋梁の多くは、管理者の手が入ってそれなりに綺麗な状態を保っている。私がこれまで見てきた数多く同じような橋は、架け替える必要がない場合がほとんどだ。

私の経験からすると、供用中の橋梁を架け替える発案のほとんどは利用者でなく、管理者の発案である。また、機能上等の問題から架け替えようとする判断を止めるのも管理者である。橋梁が身近にある地元や利用者から架け替えを要望される事例は、豪雨や台風で大きな被害を受け、その主原因が橋梁とされ、日々の生活に影響がある場合を除いてまれなのだ。

隅田川の河口に架かる勝鬨橋も架け替えが計画された時期があった。勝鬨橋の下を通過する地下構造物と交通対策のためである。今から数十年前に、街路を広くし、ゆとりある歩行者空間創りを主体とした道路計画が一世を風靡した。その際、勝鬨橋を含めた既存の道路・晴海通りは、シンボルロード計画によって広幅員で歩道をカラー化した道路に拡幅されることが決まった。御多分に漏れず、勝鬨橋もシンボルロード計画の幅員を満たさないこと、勝鬨橋の下を大規模埋設物が計画されたこと、新たな街路計画が実行されることなどから架け替え計画が検討された。幹部から呼ばれて「髙木君、勝鬨橋を架け替えたいとの要望があるのだけれど、どう思う?」との問いであった。私は即答で、

「部長、勝鬨橋とはどのような橋だかお判りでしょうか?」

C部長曰く、

「晴海通りの増加する自動車交通量や、隅田川を航行する船舶の減少から跳開を止めた橋だよね」

「部長、その通りです。しかし、勝鬨橋は、東京の表玄関に架かる貴重な双葉跳開橋、再び開けることができる貴重な可動橋です。ここで、架け替えを決めたら部長の名前に傷がつきますよ」

と半ば脅し口調である。C部長は、

「髙木君がそこまで言うのならば、よく考えてみよう。D課長、君も良く考えてみてよ」と。

あの時に声を大にして架け替え不要論を打ち出さなければ、貴重な双葉式可動橋・勝鬨橋は当時流行りであった斜張橋に代わっていたかもしれない。そうなると『橋の博物館・隅田川』の名称が無くなり、現在建設中の築

地大橋も3径間のアーチ橋でなかったかもしれない。と考えると影響は計り知れない。ひょっとしたら橋の架け替えは、管理者の予算獲得、組織防衛のためであるかもしれない。

次に、架け変わった橋が住民に本当に愛される橋となるかを考えてみる。一般的に橋梁を架け替えると、架け替え前の橋梁を日々使っていた人々から多くの不満が寄せられる。以前の橋梁に愛着を感じていたからではない。使いにくくなったからである。河川を跨ぐ橋梁、鉄道を跨ぐ橋梁、いずれも橋が跨ぐ際の設計条件などから、取付け部を含め縦断勾配は以前より数値が上がり、急勾配となることが一般的である。車道の幅や歩道の幅が広くなることは歓迎であるが、跨ぐ部分までの取付け延長が伸び、勾配がきつくなることは使う人々にとって好ましいことではない。

行政技術者の多くは、種々な数値や他の条件をあげて人に優しくない、急な勾配を正当化しようとする。具体的な急勾配擁護の事例として、道路構造令の縦断勾配に関する調査に次のような記述があった。『道路構造令20km／hの制限値は12％となっているが、東京都の急な坂の勾配は25％で、車両の登坂能力32％・・・』と書かれていた。東京都の急な坂は江戸時代からある住み慣れた街並みでもあり、利用者もそれを納得し急な坂道を緩やかにするようなことを望まず、急な坂を楽しんでさえいる。

しかし、橋の場合はこれとは大きく異なる。架け替える前の橋は2～3％で緩やかであった橋が、架け替えが終わった途端に数パーセントアップの橋となる。『交通バリアフリー法』の施行に伴う基準値は、歩道の場合、5％（止むを得ない場合8％）であるが、実際に2％勾配の取付けから3％アップした5％勾配の取付けを体験すると、高齢者、視覚障害者、車椅子使用者には「これはキツイ勾配だろうな…」と感じる。

技術も材料も進歩し、高度な計算技術やICTを駆使できる環境下において、使いにくい橋に架け替える現状を変えなければ橋の専門技術者不要論を突きつけられるのは遠くない。今、世間は、長寿命化対策に転換するかのような風が吹いている。私は、喜ばしいと感じてはいるが、つい先日とんでもない状況に出くわした。著名な橋を補強している現場において、それを担当している行政技術者が「こんなに苦労して補強工事するなら架け替えれば良かった、今の景気なら予算はあるのに！」と話したことだ。この考え方が無くならない限り、貴重な遺産は次から次へと更新され、我が国に消費社会から循環型社会への転換はあり得ないと感じた。とても残念で、むなしい思いだけが残った。

第3章の終わりに話したことは、現在国内のいたるところで進められている修繕、長寿命化、大規模修繕、更新、大規模更新を決定する際に考えなければならない重要な内容を説明したつもりである。私は言いたい、安易に架け替え・更新を選択しないことを。

# 第4章 日本を支える専門技術者に望むこと

さて、最終章となった。本章は、『日本を支える専門技術者に望むこと』である。これまでの章では私の実体験と知り得た情報から私が伝えたいことを多角的に問題点を掘り起こし、課題が何かを明らかにして説明してきた。最後は当然私が、これからの技術者、産官学の技術者に私の期待していること、前向きに取り組んでほしいことなどを含めて述べたいと思う。まずは、私が共感した著名な学者、コンクリートに携わる方々が師と仰ぐ小林一輔先生が書かれた書籍から、私も確かにそうだと考えさせられたポイントを説明してスタートしよう。

小林先生は『コンクリート構造物の耐久性、コンクリート工学、Vol23、１９８５』の論説で、コンクリート構造物の耐久性に関して次のように述べている。

「現代の建設材料の中で鉄鋼や合成高分子材料はそれほど安定した材料ではなく、これに比べると、コンクリートは桁違いに耐久性の優れた材料ということができよう。これは、大正時代につくられた鉄筋コンクリート（RC）構造物で現在も支障なく供用されているものが、なお多く存在していることからも明らかである。」

小林先生が言わんとすることはここではない。その後の記述である。

「…他方では10年の供用も危ないようなコンクリート構造物が、しかも近年になって何故に増えてきたのか？」

と危機的な問題提起をし、公共工事における土木構造物について先生の考えを述べている。先生は、公共土木工事の分業化を原因とする官公庁技術者（私の言う行政技術者）の現状把握が不足していること、高度経済成長期以降の施工や材料の質の低下が著しいことなどを挙げ、

「この時代の価値観は、良いものをつくることではなく、早く仕事を片付けることにあった」

と批評している。私もそう思う。これまでの章で問題提起している多くは、丁寧な仕事を忘れ、質よりも量をこなすことがなぜ重要視されるのだ、と言いたい。そして先生は、「塩害は人災である。」とも言って手厳しい。

分業化と官公庁の工事発注方式については

「発注官庁の担当者はどのような対応をしたのであろうか？　結論から先にいえば、構造物のチェックではな

く、データの書き換えを指示したそうである。その生コンの技術者から『いったいどうなっているのでしょうね』といわれて、筆者も返す言葉がなかったのである。・・・・」と続く。

１９８５年に書かれているのと今は何ら変わっていない。それどころか手口は悪質化しているかもしれない。現在も塩害やアルカリ骨材反応があたかも自然災害のように致し方ないように扱い、責任逃れする。

「最後に昭和40年代以降につくられたコンクリート構造物をできる限り沢山見ていただきたい。橋梁を真下から観察するなどということは、地形によってはけっして楽なことではないが、ゴルフ場を回る体力のある方ならば心配は無用である。おそらくは、一篇の論文を読むよりは、はるかに多くのことをコンクリート構造物は物語ってくれるはずである。」

と私が常日頃心掛けていることを、多くの産官学の技術者が実行すべきことを述べてくれている。私も、本章の主題『日本を支える専門技術者に望むこと』で話したことに恥じないように小林先生が示されているように種々な現場に行き、多くのものを直接肌で吸収したいと思い日々を過している。それでは本題に移るとしよう。

## 1．橋の形を決める

オリンピック競技会場の工事があちこちで始まり、開催都市東京もオリンピック開催の機運が盛り上がってきた、と言いたいところであるが・・・どうもそうはならないようだ。オリンピック関連の報道や景気の動向を見て感じることは、前回の昭和39年のような全国民が一丸となって、というには程遠い現実がある。当時とは違って日本も豊かになり、種々な娯楽が世に溢れているからか、肝心の若者が盛り上がっていない。前のオリンピックでは、私も子供ながら競技会場にも行き、テレビに噛り付き日本の競技団を応援した。その頃と現在を比較すると〝昔と大きく違うな〟と痛感する。国内外に種々な問題を投げたオリンピックメイン会場、新たな国立競技場のデザインも無難な外観に落ち着き、ザハ・ハディド氏の『夢』、『挑戦』から、大成建設・梓設計・隈研吾建築都市設計事務所ＪＶの『現実』、『保守』となった。私は大いに落胆したが、これが今日の日本の姿であるかもしれない。冒険しない国民性なのか。

先日も、都内の中小企業の技術者、経営者を指導する機会があり、今後のインフラ関連事業に役立つアイディアを聞く機会があった。しかし『大きな夢』を感じられる斬新なアイディア案件が少なく、期待はずれであった。私がいつも話す、想像力が足らず、冒険心に欠ける提案ばかりであった。大手企業とは違った制約の無い自由な発想、持てる創造力を最大限発揮し未来を変えるような技術提案を聞きたいと話し、そこに誘導するような検討会を行ったにもかかわらず、常識を覆すような提案は無く、やはり無理かと感じた。使う材料の限界を超え、どうやって設計し、どうやったら創れるのと思うようなアイディアと熱意があればこそ『下町のロケット・中小企業の姿』ではないであろうか？

実話に基づいたテレビドラマ『下町のロケット』や『LEADERS・リーダーズ』は、多くの視聴者が今回の展開はどうなるのか、技術者はどう対応するのかと胸を弾ませ、テレビの前に釘付けとなったはず。多くの視聴者が見入ったのは俳優の名演技ではなく、技術開発に猛進する技術者の真の姿であったと考える。ロケットに使われる高精度な弁、わずかな傷がロケットの爆発につながること、耐久性を求められた車のシャフトを削り出すために、何度も金属配合を変え、目標値を目指すこと、データの改ざんを証明するため『コツコツ』事実検証を積み重ねる技術者の姿など、感動した場面はあげたらきりがない。技術には夢がある、その夢を実現させるのが技術者なのだ。さて、雑談はこのくらいにして、本題の橋の形を決める話をしよう。

形式選定についてどうしても話しておこうと思ったのは、このままの状態で時が進むと地方自治体、国も含めた行政組織において満足に橋梁形式について議論できなくなるのではと痛感したからだ。そのきっかけは、丘陵地にある公園の入り口に位置する人道橋、道路を跨ぐ橋梁の形式選定に携わった時である。人道橋の設計を担当したコンサルタントの技術者から選定案について説明を受けて私の第一声は、

「夢が無いなあ、これから楽しいひと時を過ごそうと可愛い子供の手を引く両親が感じる橋ですか？これが。公園の入口に架かる橋を見て『ハッ』息をのむような提案できないのですか？」

「説明される形式は、標準図集に乗っている案ではないですか、単純な橋を提案してもらうために委託設計を出した訳ではないんですよ。貴方が今私に説明している橋に設計者としての自分の名前を刻めますか？」

と話すと、返答は、

「公園の付属物と思っています、この橋は。発注金額も安価ですし、これまでの同様な案件でも満足頂いているのですが、私はこれで良いと思っていますが・・・これでは駄目ですか？」

「私が確認を求められた以上、たとえ標準設計であったとしてもどこかに工夫が無いと駄目でしょう。考えてくださいよ！」

であった。

そもそもここに至る経緯は、組織の幹部が橋梁形式の決裁を求められた案件で大きな不安を抱いた時から始まった。決裁を求めた担当者はコンサルタントの言いなり、全く案件説明ができない事態がたびたび出てきたことから幹部は業を煮やし、橋梁の専門家である私に補助を命じたからである。しかし、決裁枠を増やすのも大変だが、本を正せば身から出た錆、何でもそうだが自らが学ぶこと、自らが責任を持って説明が出来なければことは進まない。

補助を始めて数か月、同様な案件が数件あり、業を煮やした幹部の気持ちが少し分かったような気がした。先の公園・人道橋は当然委託業者に再検討を促したが、私が期待通りの夢ある橋梁の形式となったかは読者の推測

に任せる。しかし、設計委託期間が２か月延び、種々な議論を若手行政技術者と行えたことは大きな成果と言える。その理由は、若手技術者のモチベーションが変わってきたからだ。

橋は種々な機能を要求され、多くの人々に使われることになる。新たな橋を架けるために設計委託を発注する行政側の技術者とそれを受託したコンサルタント側の技術者両者が、橋を渡り、見上げる人々の視点にたって橋を計画・設計することが必要である。大きな川や海峡などを渡る長大橋を設計することは稀である。常に観光資源に関わるような橋の設計や架設に携わることも稀である。そのような橋に関与できることは夢であり、現実ではない。数多くの中小橋梁を渡る人に『夢』を提供するのが、提供し続けるのが橋に関係する技術者の本来の姿ではないだろうか?

「なーんだ、ただの橋か」ではなく、「橋の規模は小粒だけど、何か魅力を感じる橋にしよう」と、「ディテールまで工夫するぞ、見る人が見ればこの良さが分かるはず」と考えるのが専門技術者といえる。橋の形式と材質、使われている技術等に自分の持てる知識を最大限投入するのが技術者のあるべき姿で、これこそ技術者冥利に尽きるのではと思うが。

それでは、期待されている型式選定の話をしよう。

### ⑴　形式選定の流れ

まずは道路橋の定義をおさらいすると、『河川、運河、海峡などの水を跨ぐために、あるいは水のない谷、凹地、または市街地、他の交通路上を跳び越すために橋下空間の制限をうけて架けられる構造物を総称して云い、支間２・０ｍ以上のものとする。』と、私が多少言葉を換えたが『道路基準』に示されている。

このような目的で架設される橋梁を分けてみると、目的別、材料別、路面の位置、支承条件、橋梁形式、平面形状などで区分されている。

さて、橋梁形式を選定する技術者、特に行政側の技術者は、このように区分されている橋梁をこれから建設する環境を3次元空間でイメージして具体的に、そして個別に頭の中に想像できているであろうか？　自分が担当する橋梁に関して、架設地点の種々な条件を満たすことは当然ではあるが、その際私が考える最も重要なポイントは、親子三代（何故か昔から開通式典に親子三代渡り初めの儀式がある。その理由は、三代に渡るほど長期間橋梁は使われ続けることが必要であるとの考えか？）に渡って使われ、多くの人々に親しまれるように選別し、最終的に自分が選んだと誇れる形式を選定、決定することが求められる。

ここで橋梁形式選定について考えてみよう。まずは、写真-4・1のような景色を思い浮かべて、ここに橋を架けようと考える。如何に時間が無くても大変でも、架設現地や周辺、前後に架かる橋梁等を自らの目、耳など五感で十分認識した後に、計画条件を決定することが必要だ。まさかと思うが机上の、それも周辺の写真等並べてそれを基に決定するようなことは最悪の結果を招くので止めた方がよい。計画条件とは、道路の区分、道路の線形、幅員構成、橋梁架設位置の決定である。

次にこれらを基に管理者協議を行い、その後橋梁の計画・設計・施工条件を決定する。ここで示す条件とは、橋台、橋脚位置、路面高さ、桁下高さ、施工及び架設条件及び橋に添架する物件等の決定を行う。以上が終わるといよいよ素案を7～8案程度作成し、一次比較選定で3案程度に絞り込み、二次比較選定を経て最終の形式決定となるのが一般的である。

ここからが、形式選定時において、私があえて取り上げた読者に考えてもらいたい問題を示す。形式選定を進める対象橋梁の位置づけとして大きく2つに分けられる。一つは、外観や質が大きく取り上げられるような、ランドマーク的な存在を求められる、社会的にインパクトが大きい場合がこれにあたり、一般的には、学識経

写真-4・1　ここに橋を計画してみよう！

験者等を含む委員会によって形式設定が行われる。もう一つは、道路の線上にある点として扱われ、形式選定は重要視されず、担当者レベルで形式選定が行われる場合がある。

私がここで取り上げたいのは二番目の担当者レベルで形式選定を行う場合、行政技術者の考え方と委託設計についてだ。新たな橋梁（架け替えも含む）を設計する場合、一般的には基本設計（概略設計）、詳細設計とを分離して委託発注する、それも失礼とは思うが建設コンサルタントが多くの場合請け負っている。二番目にあげたような場合、果たして基本設計を外部に委託発注することが必要なのであろうか？

古き昔、明治、大正の時代は、ご存知のようにほとんど全てを行政技術者が行っていた。民間にはそれだけの技術者がいなかったからなのだ。であるから、先の長大橋や景観を考えなければならない橋梁の形式選定は技術者の夢、花形であった。行政技術者が種々な条件を考え、建設される橋梁を頭の中でイメージし、構造形式を自らが決め、設計・施工を自らが主導して行っている。要するに、種付けから成人になるまで自らが関わっているから担当した橋梁への思い、愛情は人一倍なのだ。しかし、架けられた橋梁に対し、賛否両論となるのはあたり前、それら全てを自らが受け、対応してきたのが当時の行政技術者である。今現在、昔と同様に行うことは無理であるし意味もない。私はそれを現代に求めているのではない。話は戻るが、外部学識経験者を入れた形式選定委員会を開催するような橋梁の場合は、架設後に利用者や住民から選定した形式等が酷評されても、専門家の意見、日本を代表するデザイナーの選定との言い訳でそれらを抑えることはできる。であるから、学識経験者、橋梁形式選定委員会、設計コンサルタントの流れができる。しかし、架けられる橋梁が目立たない、単純スパンの、高欄も標準的な、いや、親柱も無いような橋梁の形式選定を外部に委託することが必要なのですか？

良く見かける風景に、防護柵が連担している中に突如として立派な、そして豪華ともいえる欄干の橋梁に出くわす。周囲の景観に全くマッチングしていない、異様な風景を担当者は分かっているのか分からないのか。今までの慣例となっている基本設計、詳細設計と続く外部委託発注の流れを当然と解釈し、15ｍ程度の橋を委託発注。

これでは行政技術者に技術力を必要としないわけだ。学生時代に授業で学んだ橋梁設計演習を遠い昔のように思い、失敗を恐れ安易な道を歩んでいるのではないだろうか？　行政技術者が積算マシンとなり、創造力を失い、魅力の無い技術者となった事例の一つ、形式選定をここであげた。何が問題か、それは全ての業務を外部発注しているこの状況が問題と私は感じている。経費の縮減ではなく、技術力の向上を考えましょうよ皆さん。

さてここで、比較的長い道路橋の形式選定の考え方を説明し、次に行政側だけでも橋梁形式選定が十分可能であると考える根拠を示すとしよう。事例は、市街地において道路橋の形式選定する場合、単純な桁形式、トラス、アーチ、斜張橋について形式の特徴と費用を算出してみた。

## (2) 形式の選定と工事費の関係

対象とする形式選定は、支持地盤が河床から40m程度下で深く、家屋の密集する市街地に建設する条件として考えた。仮想橋の渡河する河川は、管理者協議が大変な一級河川、橋の長さは、橋長が30m、１００m、４００mとし、複数の径間を選定し、車道が2車線道路で比較的広めの16mで歩道が自転車走行も視野に入れた4mとした。（表-4・1参照）次に川を跨ぐ河川及び橋下条件を橋長別に分け30m図-4・1、１００m以上を図-4・2のように考えてみた。ここで、橋長別の考え方は、表-4・2に示すように30mの場合は、当然単径間、１００mの場合は、標準的な3径間以下（径間としてバランスが良く、経済的なスパン長）、４００mの場合は、8径間以下として、形式別に一般的な適用支間を考慮し支間

表-4・1　橋梁建設工事費算定条件表

| 地域 | 桁下条件 | 橋長 | 幅員 | |
|---|---|---|---|---|
| | | | 車道 | 歩道 |
| 市街地 | 一級河川 | 30m、100m、400m | 16.0m | 2@4.0m |

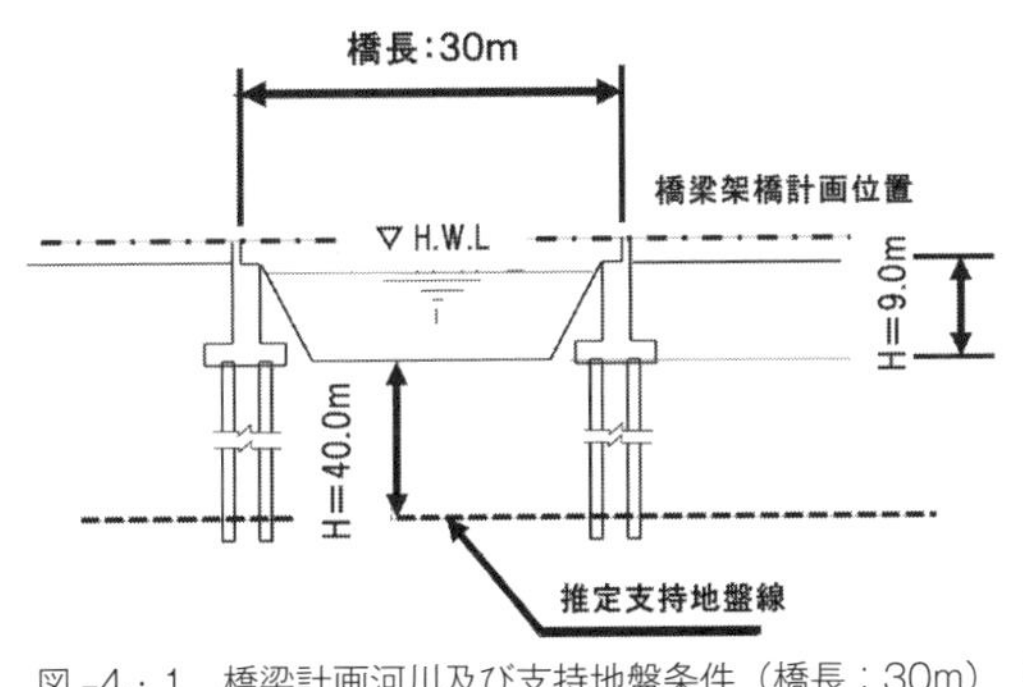


図-4・1　橋梁計画河川及び支持地盤条件（橋長：30m）

割りを行った。あくまで標準的な考えであることから、多少の誤差があることはお許し願いたい。

### ２・１　下部工及び基礎の選定

支持層が仮定条件のように河床下40ｍとなると、下部工及び基礎に多大な費用が必要となる。また、支持層に基礎を到達させるにも大掛かりな工事となる。さらに、家屋が密集する市街地に建設するとなると施工環境を重視せざるを得ず、基礎の施工は無振動・無騒音工法を採用することが標準である。このような条件で下部構造を詳細に選定すると、下部工の躯体は鉄筋コンクリート、基礎は杭基礎が一般的、施工方法は打ち込み杭は避けて、河川区域内も考えるとリバース工法のコンクリート杭、規模が大きい場合は鋼管矢板井筒工法を選択し概算工事費を算定した。

表－4・2　橋長別設定径間長

| 橋　長 | 設 定 径 間 数 |
|---|---|
| 30m | 1径間 |
| 100m | 3径間以下 |
| 400m | 8径間以下 |

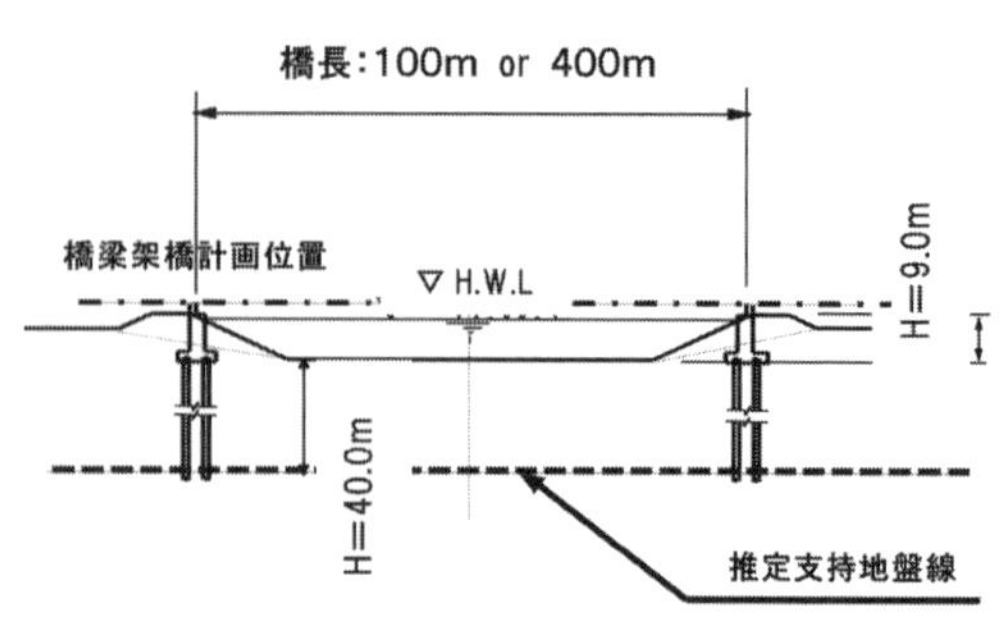


図－4・2　橋梁計画河川及び支持地盤条件（橋長：100 or 400 m）

### ２・２　上部工形式選定と工事費

次に住民や利用者の目に留まる上部工は、桁下高さを9・0ｍと河川計画洪水位を考えた空間をとり、橋梁形式別に仮定条件として横断勾配、舗装厚、床版厚、横桁高、下フランジ高などを決める。なお、仮定条件の代表事例として、鋼桁形式（表－4・3）、コンクリート桁形式（表－4・4）、下路式トラス橋及びアーチ橋（表－4・5）を示した。①鉄筋コンクリート（ＲＣ）床版の鋼橋、②鋼床版の鋼橋、③ＰＣ橋、④下路式トラス橋、⑤アーチ橋、⑥斜張橋6タイプを考えた。次に、重要な形式選定となる。種々な構造形式を試算し、決定した経験を持っているならば自己資料を基に考えることが可能となるが、現在では経験値から判断してとても無理である。

そこで、日本橋梁建設業協会（鋼橋）やＰＣ建設業協会（ＰＣ橋）等から出されている資料を参考にした選定表などを使って上部工の形式を決めることになる。この選定方法はあくまで、一つの考え方と捉え、何度も話すが、現地を踏査し、周辺環境条件等を基に種々な考えを巡らし、技術者としての持てる創造力で考えてほしい。

それでは、桁橋形式から順に単位平米あたりの単価と支間長別に工事費比較グラフを示そう。

イ．鋼桁形式（図Ⅰ-4・3参照）

対象とする橋梁をイメージするために写真Ⅰ-4・2を示す。今回検討した鋼桁橋の床版は、非合成桁として算定した。橋長30mの場合は、1径間、橋長100mの場合は、1～3径間のRC床版、100mだけが単位体積重量から鋼床版を選択した。桁構造は、支間長別にI桁、箱桁としている。同様に、橋長400mの場合は、適用支間を考慮して、3～8径間とし、4パターンで工事費を算出してグラフ化した。100mクラスは、支間長が長くなると比例して工事費は高くなる、400mクラスの場合は、支間長が2番目に短い90mが工事費が一番経済的となった。私は、径間数が増加するほど工事費が右肩上がりの傾向となると私は思っていたが、計算した結果が考えていた通りにならず、50mが高価となったのは意外であった。

ロ．PC桁形式（図Ⅰ-4・4参照）

PC桁の場合は、コンクリートであることからか、多少重たく感じる。（写真Ⅰ-4・3参照）

表-4・3　橋梁形式別仮定条件：
鋼橋（RC床版）

| | 高さ | 備考 |
|---|---|---|
| 横断勾配 | 160 | 8.0×2.0% |
| 舗装 | 80 | |
| 床版 | 200 | |
| ハンチ | 80 | |
| 主桁高 | H | |
| 下フランジ | 20 | |
| 余裕 | 60 | |
| Σ＝ | H+600 | 構造高 |

表-4・4　橋梁形式別仮定条件：
コンクリート橋

| | 高さ | 備考 |
|---|---|---|
| 横断勾配 | 160 | 8.0×2.0% |
| 舗装 | 80 | |
| 床版 | 0 | |
| ハンチ | 0 | |
| 主桁高 | H | |
| 下フランジ | 20 | |
| 余裕 | 90 | |
| Σ＝ | H+350 | 構造高 |

表-4・5　橋梁形式別仮定条件：
下路式トラス橋及びアーチ橋（RC床版）

| | 高さ | 備考 |
|---|---|---|
| 横断勾配 | 160 | 8.0×2.0% |
| 舗装 | 80 | |
| 床版 | 200 | |
| ハンチ | 80 | |
| 横桁高 | 2000 | 仮定 |
| 下フランジ | 32 | |
| 余裕 | 78 | |
| Σ＝ | H+2600 | 構造高 |

＊主構間隔約18m

ＰＣ桁で短支間の場合はポストテンションＴ桁、50ｍを超える場合は標準的な箱桁として考え、架設方式を固定式支保工、もしくは片持ち架設で考えた。ＰＣ桁の場合、地盤条件が支持層40ｍと深いこともあって、橋長30ｍでは、鋼桁形式と比較して単位面積当たり約6・1％工事費が高くなる結果となった。同様に橋長１００ｍでは、３径間では僅かであるがＰＣ桁形式が鋼桁形式と比較して安価となるが、支間長が長くなると支間長50ｍで約21・3％ＰＣ桁が高価となる。橋長４００ｍとなると4径間のみ鋼桁形式と比較してＰＣ桁が経済的となるが、他はいずれも鋼桁形式が経済的となる予想通りの結果となった。

　これは、従来から言われているように支持層が深くなることで上部工の重量増が工事費に影響していることが明らかとなった。やはり、軟弱地盤層が多い地域で鋼橋が多い理由がこれによっても裏付けられた。あたり前で

写真 -4・2　鋼Ｉ桁橋事例

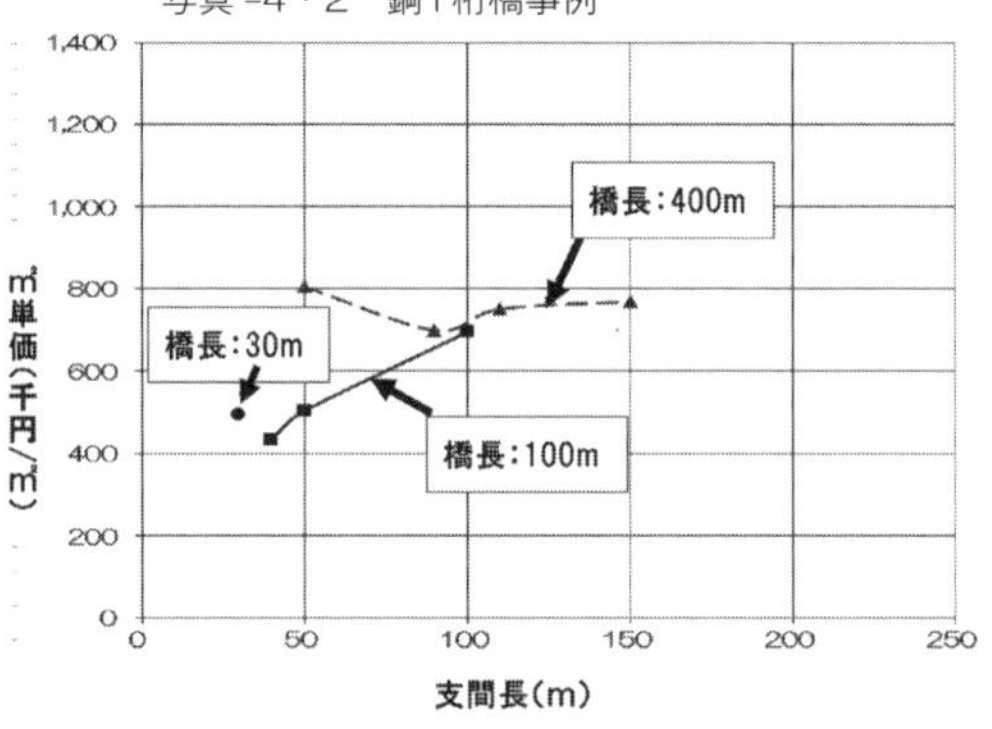


図 -4・3　橋梁形式別単価比較グラフ：鋼Ｉ桁橋

表 -4・9・1　橋梁形式別㎡単価（鋼桁）：橋長 30 m

| 径間長 | 支間長（m） | ㎡工事費（千円・㎡） | 橋梁形式 |
|---|---|---|---|
| 1 | 30.0 | 495 | 単純非合成Ｉ桁 |

表 -4・9・2　橋梁形式別㎡単価（鋼桁）：橋長 100 m

| 径間長 | 支間長（m） | ㎡工事費（千円・㎡） | 橋梁形式 |
|---|---|---|---|
| 3 | 40.0 | 433 | 3 径間連続非合成Ｉ桁 |
| 2 | 50.0 | 502 | 2 径間連続非合成箱桁 |
| 1 | 100.0 | 694 | 単純鋼床版箱桁 |

表 -4・9・3　橋梁形式別㎡単価（鋼桁）：橋長 400 m

| 径間長 | 支間長（m） | ㎡工事費（千円・㎡） | 橋梁形式 |
|---|---|---|---|
| 8 | 50.0 | 805 | 8 径間連続非合成箱桁 |
| 5 | 90.0 | 502 | 5 径間連続非合成箱桁 |
| 4 | 110.0 | 750 | 4 径間連続非合成箱桁 |
| 3 | 150.0 | 768 | 3 径間連続非合成箱桁 |
| 2 | — | — | 適用支間を超えるため除外 |

はあるが、支持層が浅くなればPC桁が経済的となる。

ハ．鋼トラス形式（図-4・5参照）

鋼トラス橋をイメージするために写真-4・4を示した。

鋼トラス形式の場合、橋長30mでトラス形式を採用することは、不経済でもあるので対象外とし、橋長100mと400mのみを計算することとした。道路橋、鉄道橋を問わずトラス形式の橋梁は数多くあるが、一部の特殊な事例（例えば、東京ゲートブリッジなど）を除くと近年嫌われる傾向にある。その理由は、本書の『景観と厚化粧』でも説明したように側面から見ると斜材が輻輳していること、格点構造が複雑なこと、リダンダンシー能力に劣っていること、それから好みの問題ではあるが外形が古臭いところなどであろう。

写真-4・3　PC桁橋事例

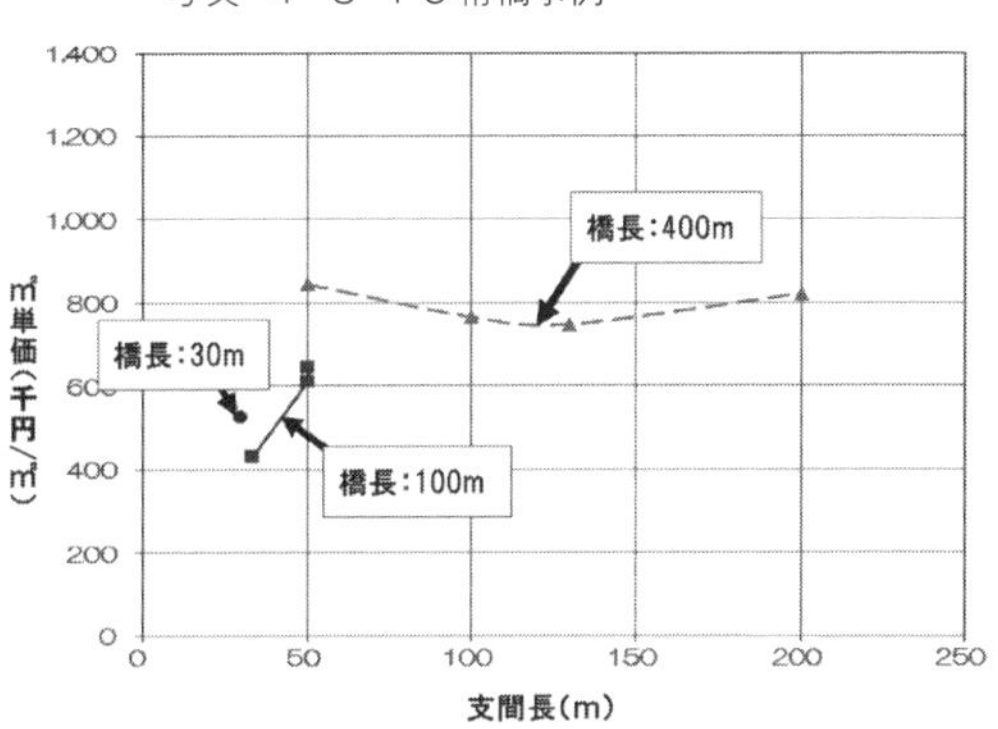


図-4・4　橋梁形式別単価比較グラフ：PC桁橋

表-4・10・1　橋梁形式別㎡単価（PC桁）：橋長30m

| 径間長 | 支間長（m） | ㎡工事費（千円・㎡） | 橋梁形式 |
|---|---|---|---|
| 1 | 30.0 | 525 | 単純PCポストテンションT桁 |

表-4・10・2　橋梁形式別㎡単価（PC桁）：橋長100m

| 径間長 | 支間長（m） | ㎡工事費（千円・㎡） | 橋梁形式 |
|---|---|---|---|
| 3 | 40.0 | 428 | 3径間連結ポステンT桁 |
| 2 | 50.0 | 609 | 2径間連続PC箱桁（固定支保） |
| 2 | 50.0 | 644 | 2径間連続PC箱桁（片持架設） |
| 1 | — | — | 適用支間を超えるため除外 |

表-4・10・3　橋梁形式別㎡単価（鋼桁）：橋長100m

| 径間長 | 支間長（m） | ㎡工事費（千円・㎡） | 橋梁形式 |
|---|---|---|---|
| 8 | 50.0 | 845 | 8径間連続PC箱桁（固定支保） |
| 5 | 100.0 | 766 | 5径間連続PC箱桁（片持架設） |
| 4 | 190.0 | 748 | 4径間連続PC箱桁（片持架設） |
| 3 | 200.0 | 822 | 3径間連続PC箱桁（片持架設） |
| 2 | | | 適用支間を超えるため除外 |

写真 -4・4　鋼トラス橋（下路）事例

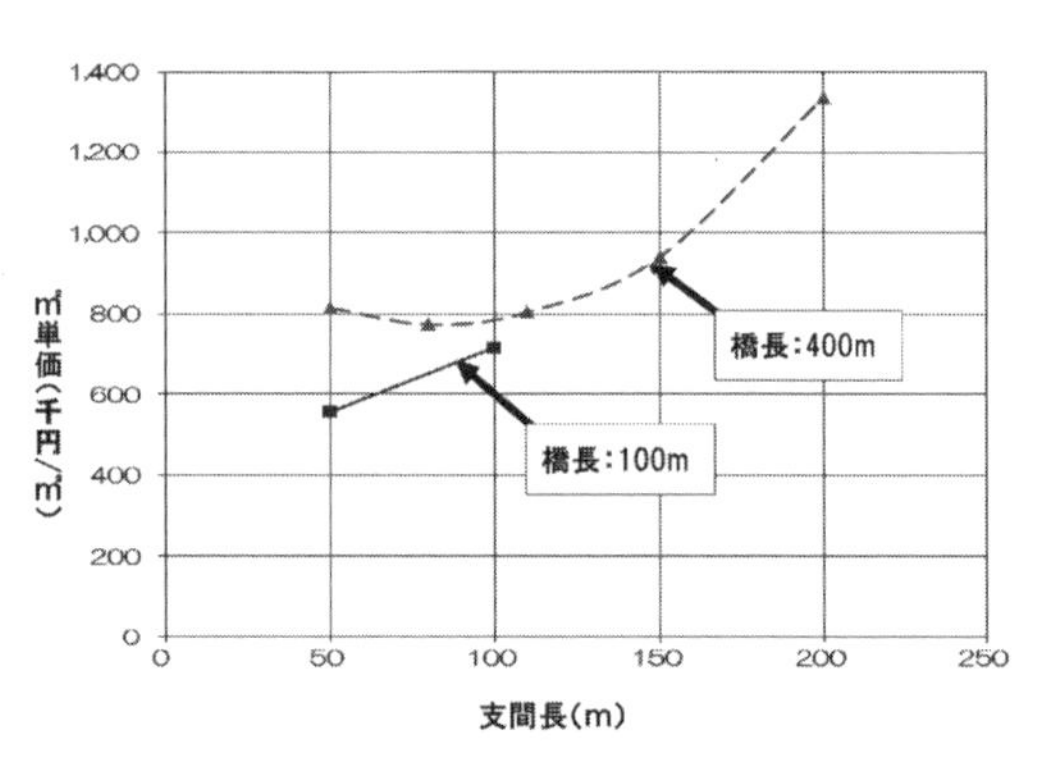


図 -4・5　橋梁形式別単価比較グラフ：鋼トラス橋

表 -4・11・1　橋梁形式別㎡単価（鋼トラス橋）：橋長 30ｍ

| 径間長 | 支間長(m) | ㎡工事費(千円・㎡) | 橋梁形式 |
|---|---|---|---|
| 1 | — | — | 適用支間として不適なため除外 |

表 -4・11・2　橋梁形式別㎡単価（鋼トラス橋）：橋長 100ｍ

| 径間長 | 支間長(m) | ㎡工事費(千円・㎡) | 橋梁形式 |
|---|---|---|---|
| 3 | — | — | 適用支間として不適なため除外 |
| 2 | 50.0 | 555 | 2 径間連続トラス橋(下路) |
| 2 | 100.0 | 715 | 単純トラス橋(下路) |

表 -4・11・3　橋梁形式別㎡単価（鋼トラス橋）：橋長 400ｍ

| 径間長 | 支間長(m) | ㎡工事費(千円・㎡) | 橋梁形式 |
|---|---|---|---|
| 8 | 50.0 | 845 | 8 径間連続トラス橋(下路) |
| 5 | 80.0 | 774 | 5 径間連続トラス橋(下路) |
| 4 | 110.0 | 804 | 4 径間連続トラス橋(下路) |
| 3 | 150.0 | 940 | 3 径間連続トラス橋(下路) |
| 2 | 200.0 | 1,334 | 2 径間連続トラス橋(下路) |

計算した結果、橋長１００ｍでは１径間で渡ると鋼桁形式より約３・０％、支間長50ｍで２径間となると10・５％高価となった。橋長４００ｍでは、最大支間長80ｍの５径間がトラス形式の中では一番経済的な支間割りとなった。今回の比較が全てにおいて完璧とはいえないが、トラス形式を採用したいとの大きな理由がない限り、一般的には鋼桁形式の方が経済的となる。

二、鋼アーチ形式（図−４・６参照）

鋼アーチの場合も同様に、下路アーチ橋を写真−４・５に示した。昔は、良く先に示したトラス形式とアーチ形式は橋梁形式のテーブルに対比して比較される場合が多かった。考え方としては、トラスが経済的、アーチは優美が的を射ているかもしれない。具体的に比較してみると、アーチ形式は、橋長１００ｍでは２径間の場合がトラス形式と比較して約16・0％ほど高価になるが、1径間の場合は0・1％と僅差となる。

また、橋長400ｍでは、トラス形式と同様に5径間がアーチの中では一番経済的となり、2径間の場合僅かではあるがアーチ形式の方が経済的となる結果となった。これはトラスもアーチも桁下余裕高から下路橋を前提に検討としたこともあるが、路上のアーチ構造の優美性が際立ち、橋上を通過する時に受けるトラス構造の圧迫感等を考えると、アーチ橋が優位といえる。アーチ橋の場合もトラス橋と同様で、鋼桁形式で架設条件を満足するとなると、鋼桁形式が経済的となる。

ホ．鋼斜張橋形式（図−4・7参照）

鋼斜張橋は、近年国内多くの場所で選定される事例が多い。写真−4・6でも明らかなように主塔が橋梁の中

写真-4・5　鋼アーチ橋（下路）事例

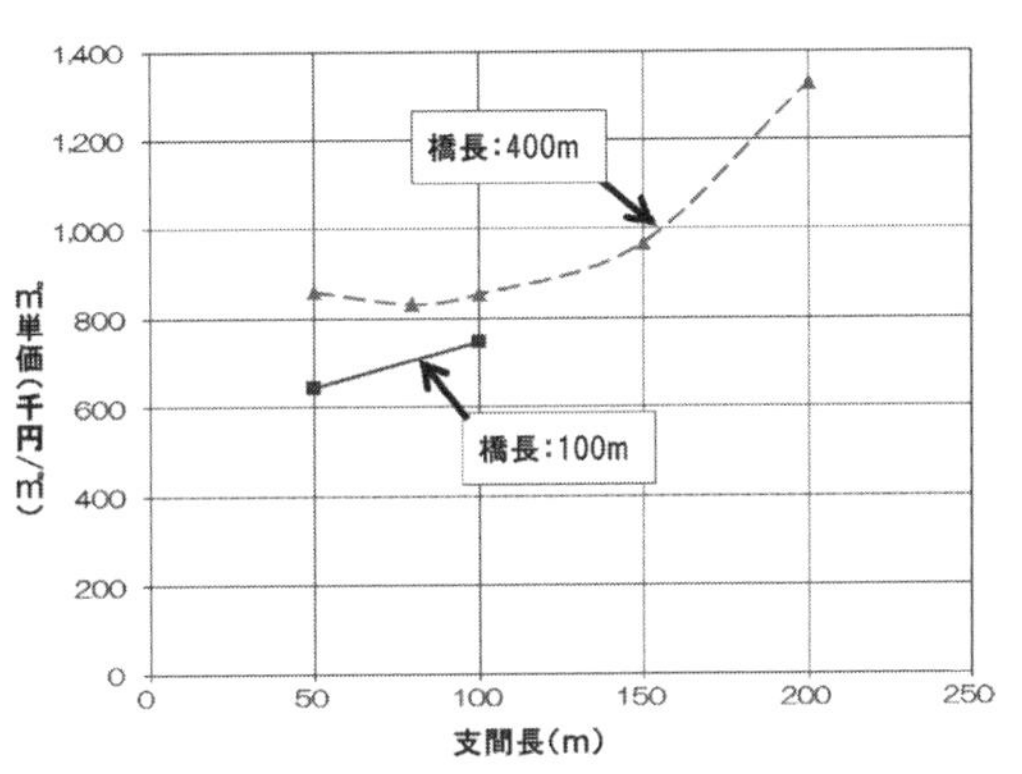

図-4・6　単価比較グラフ：鋼アーチ橋

表-4・12・1　橋梁形式別㎡単価（鋼アーチ橋）：橋長30ｍ

| 径間長 | 支間長（m） | ㎡工事費（千円・㎡） | 橋梁形式 |
|---|---|---|---|
| 1 | — | — | 適用支間として不適なため除外 |

表-4・12・2　橋梁形式別㎡単価（鋼アーチ橋）：橋長100ｍ

| 径間長 | 支間長（m） | ㎡工事費（千円・㎡） | 橋梁形式 |
|---|---|---|---|
| 3 | — | — | 適用支間として不適なため除外 |
| 2 | 50.0 | 644 | 2径間単純アーチ橋（下路） |
| 2 | 100.0 | 747 | 単純アーチ橋（下路） |

表-4・12・3　橋梁形式別㎡単価（鋼アーチ橋）：橋長400ｍ

| 径間長 | 支間長（m） | ㎡工事費（千円・㎡） | 橋梁形式 |
|---|---|---|---|
| 8 | 50.0 | 860 | 8径間単純アーチ橋（下路） |
| 5 | 80.0 | 832 | 5径間単純アーチ橋（下路） |
| 4 | 110.0 | 654 | 4径間単純アーチ橋（下路） |
| 3 | 150.0 | 968 | 3径間単純アーチ橋（下路） |
| 2 | 200.0 | 1,327 | 2径間単純アーチ橋（下路） |

央部に立つ姿は、先のアーチ橋と比較するとスッキリした景観となる。新大橋の話ではなぜ隅田川に必要なのかを疑問視したような説明をしたが、それは旧新大橋を架け替えなければ現存する貴重な遺産として価値が高い橋が残っていたのに、との個人的な思いからであった。

鋼斜張橋の場合、橋長１００ｍでは、支間割りから支間長50ｍで算出したがトラス形式と比較すると約80・7%高価、アーチ形式と比較するとこれも約55・7%高価となった。また、橋長４００ｍの場合は、支間割りから斜張橋形式では5径間が一番経済的となるが、いずれもトラス形式より約30・4%、アーチ形式より21・3%高価となる試算結果となった。しかし、径間数が少ないとその際は僅かとなり、2径間では逆にトラス形式より約9・8%、アーチ形式より約9・3%経済的となり、斜張橋のような吊り構造形式は、支間長が長くなることで経済

写真 -4・6　鋼斜張橋事例

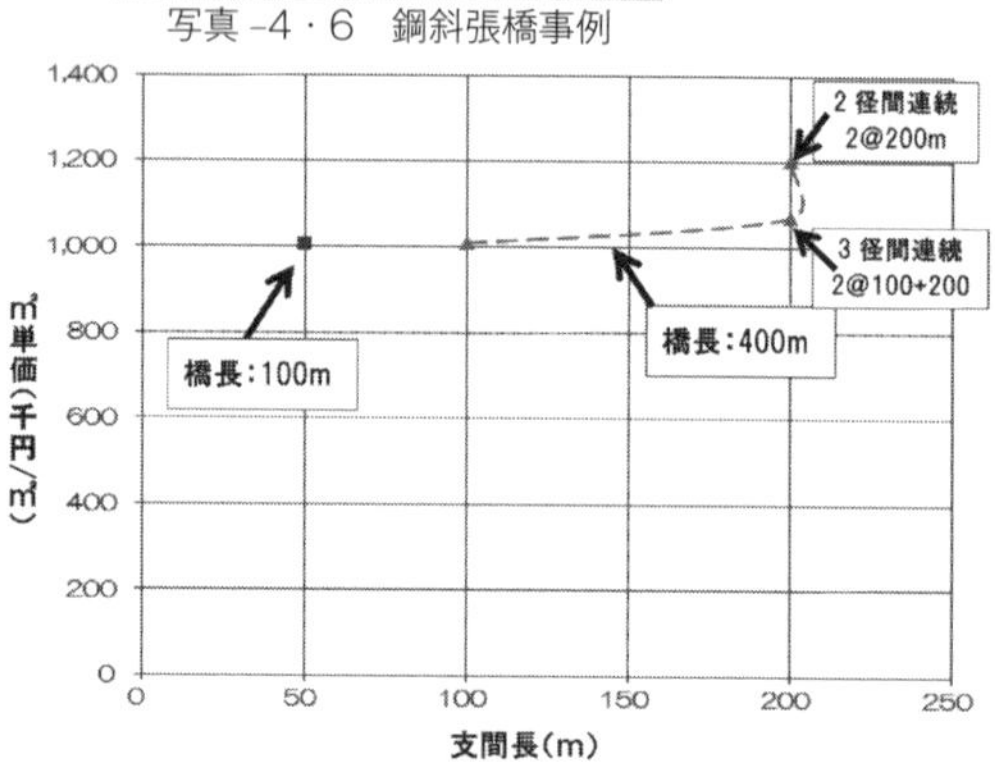

図 -4・7　単価比較グラフ：鋼斜張橋

表 -4・13・1　橋梁形式別㎡単価（鋼斜張橋）：橋長 30 m

| 径間長 | 支間長（m） | ㎡工事費（千円・㎡） | 橋梁形式 |
|---|---|---|---|
| 1 | — | — | 構造的に不適なため除外 |

表 -4・13・2　橋梁形式別㎡単価（鋼斜張橋）：橋長 100 m

| 径間長 | 支間長（m） | ㎡工事費（千円・㎡） | 橋梁形式 |
|---|---|---|---|
| 3 | — | — | 構造的に不適なため除外 |
| 2 | 50.0 | 644 | 2径間連続斜張橋 |
| 2 | — | — | 構造的に不適なため除外 |

表 -4・13・3　橋梁形式別㎡単価（鋼斜張橋）：橋長 400 m

| 径間長 | 支間長（m） | ㎡工事費（千円・㎡） | 橋梁形式 |
|---|---|---|---|
| 8 | — | — | 適用支間より不適なため除外 |
| 5 | 100.0 | 832 | 5径間連続斜張橋 |
| 4 | — | — | 支間割りが不適なため除外 |
| 3 | 200.0 | 1,070 | 3径間連続斜張橋 |
| 2 | 200.0 | 1,203 | 2径間連続斜張橋 |

的に優位となることが明らかとなった。

以上が、橋長30ｍ、１００ｍ、４００ｍにおける、鋼桁形式、ＰＣ形式、鋼トラス形式、鋼アーチ形式及び鋼斜張橋形式について工事費を算出、単位面積当たりの工事費を比較した結果である。

今回橋長別、橋梁形式別の比較を行った結果を整理すると、橋長30ｍ程度では、鋼桁がＰＣ桁より優位となり、橋長１００ｍとなると、３径間でＰＣ桁、２径間で鋼桁、鋼トラス、１径間となると鋼桁、鋼トラス、鋼アーチの順となる。大規模な河川を跨ぐとの考え、橋長４００ｍの場合、径間数が多くなると当然鋼桁形式が優位となるが、２径間と大きく支間長を取る条件で考えてみると、鋼斜張橋が優位となる。橋脚数は河川条件の河積阻害率によって決定されることや、通船条件による場合もあるが、河川内橋脚数などを勘案するとかなり形式選定も楽になる。

あくまで私が勝手に仮定した条件ではあるが、かなりの精度で橋梁形式の絞り込みが可能となることがお分かりと思う。ここで示した橋梁形式の考え方が全てとは言わないが、15ｍ程度の小橋梁であるならば、あえて形式の比較検討など行っても結論は決まっており、意味がなく、自分で構造形式を決めて詳細設計のみ発注すれば事足りるとの結論を示したかったことがお分かりか。

### ⑶ 行政技術者のあるべき姿

橋梁は、建設後１００年以上使われ、多くの人々に愛されることを求められる高価な社会基盤施設である。近年建設される多くの橋梁は、標準的な橋梁形式選定作業でさえも行政側で形式を絞り込む作業を行える技術者がほとんどいないと思う。逆に、景観上の配慮が不要であるのに、個人的な好み（コンサルタントの担当者の好み）で稀有を求めた構造や外観を採用したがために住民から反感をかい、担当技術者が説明に苦慮している事例を数多く耳にする。普通の形式で良い橋もあるはずだ。ＰＣエキストラドーズド形式、バタフライウェブを使う複合橋梁形式、長大径間の吊り橋や斜張橋を選定する状況の場合は、デザイン性や特殊な架設環境等を求められることが多く、高度な検討が行えるコンサルタントの出番であるかもしれない。

しかし、一般的な市街地や田園地帯に建設されるごく普通の橋梁の場合は、どの形式が経済的であるのか行政側が種々な実績や資料等から考え、基本設計（概略設計）レベルの検討を外注でなく自前で行い形式決定し、詳細設計から外注する方式が好ましいと考える、単純桁や擁壁の設計計算法を机上で学ばせ、簡単な構造計算を行わせることがあたかも優秀な技術者育成につながると考えている研修カリキュラムを目にするが、コンサルタントの技術者ではあるまいし意味がない。

このような無駄な技術を学ばせる研修機会が若手技術者に必要と考えるよりも、自らの技術力と想像力を養う機会となる形式選定の実践の場を与えることの方が必要でないのかと考える。学生が建築デザインに多くの興味を持ち、その分野に進む事例が多いのに比較し、橋梁デザインを手掛ける機会が少ないことから土木分野に進まない現状を変える意味からも、ここらで魅力あるデザインを自らが手がける環境に転換が必要と考えるが如何であろう。

基本設計を行政側が行うことに抵抗感のある方も多いかもしれないが、先に示す二つ目の事例のような場合、ほとんどが決まりきった第一次選定比較案がコンサルタントから示され、考える力のない行政技術者がお決まりの流れで形式決定したことにする。今回事例でも示したような方法で行政技術者側が主となって橋梁形式を考え、ステークホルダーである住民に分かり易く（自分が選定したのであるから、当然責任と自信を持って説明する姿がある）説明ができる環境と決定する仕組みを創るべきである。夢ある若手行政技術者の芽と才能を伸ばす、魅力ある技術者の育成方針への大転換を是非実現してもらいたいと願い、そして期待している。

# 2．夢を持つ技術者になること

まずは、学生が憧れている橋梁の型式選定、それも私が考える形式選定の有るべき姿、次に、自らが橋の形式を選定し、あわよくば自分で構造計算、設計図書作成や数量計算書取り纏めまでやってみませんか、と問いかけた。次は、私が、現場に行って技術者として目指すべき姿はこれだと思い、豊かな想像力に感動し、私も夢を持つ技術者になりたいと思った場面、数件を事例に説明しよう。

私がこれからの技術者に最も必要と考えている『想像力』とはである。想像力とは、何か。想像力、Imagination、大辞林によれば「想像する能力やはたらき」、想像とは「既知の事柄をもとにして推し量ったり、現実にはありえないことを頭の中だけで思ったりすること」と説明されている。私が重視しているのは現実にはありえないことを・・・ではなく、既知の事柄をもとにして推し量る方である。具体的に言えば、既に公表されている種々な事柄、世にある多くの学ぶべき事柄、既に起こっている種々な事象等を如何に多く知り、自分の知識として蓄え種々な場面で活用できるかが勝負の分かれ目となる。

それでは、想像力がどのような場面で機能するか事例を基に考えてみよう。

## ⑴ 技術者魂を感じること

私が出会った『技術者魂』を感じた橋、紹介する技術が高度で良いと判断するか悪いと判断するかは議論が分かれると思うが、東京オリンピック開催の2年前、1962年（昭和37年）に架設された鋼Ｉ桁橋である。橋長37･2m幅員20･7ｍの単に都市内の中小河川を跨ぎ、両岸には散策する遊歩道もなく、工場地帯にある何の変哲もないただの道路橋だが、実は技術者魂溢れる橋梁なのだ。現場で見なければ分からない、この橋梁もそうだ。

『橋梁の点検要領』策定のため、何種類かの構造形式と異なった環境の橋梁を選択、資料収集の目的で対象となった橋梁のベース点検を開始してすぐ、

「Ａ橋ですが、主桁端部がパラペットに接触しています。鋼桁の錆も結構あるし、このまま放置すると問題となりそうですが」

との現場からの報告。初めてこの奇妙な構造の橋梁に対面することになった。

現場に行って、確かにパラペットに桁が突き刺さっている、尋常ではない。そこで、橋台側面から主桁の状態を見ようと橋台敷（昔の橋梁には、多く目にした橋詰広場である。また、木橋であったことからか架け替えが頻繁（?）に行われていたために両サイドに橋台敷を持つ必要性があったようだ。）に回り込み、横から主桁側面を見て、何か変わったものがついていると思った（写真-4・7参照）。よく見ると、細い鋼管が数本、橋軸方向についている。初めは何だかわからず、写真に収めて帰ることとした。幸いにも、主桁は変形もなく、腐食は酷く心配ではあったが胸をなでおろした。職場に戻って改めて資料を調査、その結果が以下である。

構造形式は、ＳＭ50Ａ材を使った鉄筋コンクリート床版鋼単純合成桁橋であるが、先ほど不可思議な橋と感じた細い鋼管の説明資料はない。橋梁に詳しく、過去の種々な構造を知っている先輩に恐る恐る聞いてみると、

「高木君、何処の橋のこと。ひょっとしたら下町にあるＡ橋のことじゃない?」

「そうです、Ａ橋なんですがＰＣ橋のシース管みたいのがぶら下がっているのですがあれ何ですか?」

「あの橋、見に行ったんだ。あの橋こそ時代を先取りしようと我々の先輩が自分で考え、自分で計算した技術者として誇るべき橋だよ。鋼桁をＰＣ鋼材

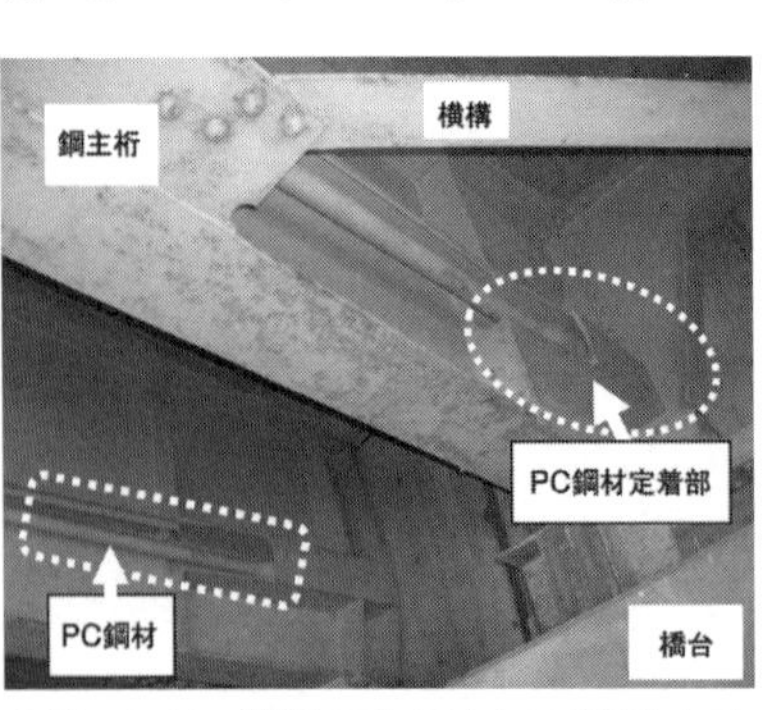

写真-4・7　鋼桁にプレストレスを導入している特異なＡ橋

で緊張することで経済性を追求したとのことらしいよ、それも日本で初めて」である。

それから、特殊な構造、A橋の資料調べを行い、その結果が以下である。主桁をＰＣ鋼材で緊張することによって、他の同規模の橋梁と比較すると確かに軽い。A橋は鋼材使用量が単位面積当たり１６１・６kg／㎡と、一般的な単純合成Ｉ桁橋の鋼材重量１８０kg／㎡（デザインデータブックより）より約10％軽くなっている。初めてこの外見が変わった橋梁を目にし、その構造の特徴や設計者の意図を聞いた時は、「新たな技術にチャレンジし、他にない橋梁を架けるぞ！」という設計者の強い意欲が感じられ、持てる技術によって思考錯誤しながら取り組む姿勢、鋼主桁をＰＣ鋼材で緊張する方法にチャレンジした技術者魂に溢れる、正に有益な教材と心を打たれた。

今でこそ、鋼桁をＰＣ鋼材で緊張する工法を目にすることはあるが、当時は橋梁設計直営時代だったとはいえ、担当技術者の優れた想像力と技術力を持って提案し、職場内で大いに議論を戦わせた結果生まれた貴重な橋梁であった思う。前にもさんざん述べたが、張りぼてのような化粧に凝った外観の橋梁は人は感動せず、価値が高い訳でもない。結局、どこかに『技術者魂、心』を感じられる様な橋梁を架けることが技術者冥利に尽きる事なのだ。結局、それが専門技術者となることに『誇り』を感じるような結果に自らを導くことになる。

その後、ここで紹介した橋梁はどうなかったというと、緊張しているＰＣ鋼材を詳細に調査したところ、数本が破断していることが明らかとなった。ＰＣ鋼材が破断していると言うことは、断面力不足となる。しかし、架け替えは直ぐには行えない。どうやって措置するかを考えた。その結果は、第一に桁が食い込んでいる橋台の動きを止め、桁への負荷を軽減する対策をまず行うこととした。

そこで、お決まりの土圧の軽減対策、橋台背面を掘削し、背面盛土材の軽量化を行うことである。土圧軽減対策はすんなり決まったが、橋台背面を掘削する時、食い込んでいる主桁をどうするかが問題となった。橋台をジャッキなど引っ張る案も検討したが、仮設が大がかりとなるので無理。最終的には、ＰＣ鋼材定着部の先、主桁端部を一部切断することが最適と結論付けた。その際、一番の心配であったことは、ＰＣ鋼材の破断が進展するのでは、そうなると桁が座屈するか、もしくは土圧によって桁自体が跳ね上がるのではと心配した。そこで、主桁及び床版の再計算を行ったが、幸いにも主桁とコンクリート床版の合成が高いので跳ね上がりの可能性は低いとの結論となり、時間はかなりかかったが緊急対策を無事完了させた。私が常々口にする「技術者に必要なのは①技術力、②想像力、③倫理観である」の中の二つ、技術力、想像力の原点がA橋にはある。

## (2) 工事費の算定にもやはり想像力

橋梁を新たに建設するために工事費算定の場面を頭の中に浮かべてもらいたい。「何だ、ただの金はじきだろう、そんなことに何で想像力が必要なんだ」と思う方は新しい構造物、過去に事例の無いような構造物の積算を行ったことのない幸せな人だと思う。この話は、ビッグプロジェクトで橋を架ける、私の経験した東京港連絡橋（現在のレインボーブリッジ）、臨海新交通システム（現在のゆりかもめ）を担当していた時代に遡る。

東京港連絡橋は、下部構造、上部構造とも自分の過去に経験した事の無い巨大構造物群であった。中央径間吊り橋部は当時の首都高速道路公団の設計・施工であったことからコメントはできないが、芝浦側と台場側の取付け部及び新交通システム全線の設計・積算に関与したので一部紹介する。

まず第一に設計・積算を開始したのは、お台場側のアンカレージ直近に位置する橋脚と芝浦側陸上部の橋脚である。対象となる下部構造は、最上段に首都高速道路、中間に新交通システム・ゆりかもめ、下段に臨港道路の三層構造（台場側は新交通システムと臨港道路が並走することから2層構造である）であることから当然規模も大きくなる。さらに、過去に設計や積算を経験したことの無い新たな構造である連続地中壁基礎、鋼管矢板井筒基礎、鋼殻ニューマチックケーソン基礎と目白押しだ。

設計コンサルタントが作製した図面や数量計算書を見ても対象構造物のイメージが全く湧かない。そもそも地上から30ｍ～50ｍに路面のある橋を設計したことがないこと、鉄道と連行バスの中間的存在である新交通システムを全く知らないこと、道路と鉄道の兼用工作物の設計・施工に関する経験がないことから、自分がこれから設計・積算を行う構造物がどのような物なのか全く想像できないのである。確かに設計図書には対象構造物の計算結果と各断面の寸法は記述されているが、頭の中で３次元に展開することができない。連続地中壁基礎は、１９７０年代から首都高速５号線では採用されていたが、社会人となったばかりの自分には他団体の行っている工事を知るすべもなく、それから十数年経過した後であるにもかかわらず連続地中壁とは「何ぞや」から始まった。

場所が岸壁に近いこと、工期を短く低騒音・低振動で行えることなどから連続地中壁の採用を決めたとしているが、施工機械として採用する回転式多軸式ＢＷ掘削機やエレメントの施工手順も首都高速道路公団に教えを受けたが、積算を行う自信が全くない。工事発注の期限はくる、いい加減な設計、積算を行えば、その後にくる工事監査や会計検査で苦労するのは明らかである。

そもそも請け負ってくれる業者がいるのか、それもできれば大手に、であった。困った。上司や同僚も私と同じで、これらに経験がないので相談もできない。周囲は私に対し、「橋に関係する種々業務に多くの知識がある、専門家と聞いている当然知っているはずだ、私に聞けば分かる」と思っている。恥を忍んで、今まで関係してきた大手建設業者に連絡し、関連しそうな工事現場を幾つか見せてもらうこととした。

相手も驚いたであろう。でも心の中ではやはりと思っていたかもしれない。そんな雰囲気の中、担当する技術者に幼稚な質問をし、これから発注しなければならない工事のイメージづくりから始めた。分からなければ、知ったような顔をせずに聞くことが第一だ。

下部工関連で特に苦労したのは、連続地中壁の壁体継手、掘削中の孔壁の保持とスライム処理、エレメント鉄筋かごの建込みに使用するクレーンの規模と鉄筋かご左右上下の継手処理、鋼管矢板の嵌合継手（写真-４・８参照）と止水モルタル、頂板と鋼管との結合部（モーメント鉄筋とせん断鉄筋）などである。設計は、基本的な構造力学の知識があれば指針や参考資料を基に何とかなる。

しかし、積算はそうはいかない。当時の積算は、現在多い、仮設を請負者が自由に選択できる任意仮設はほとんどなく、全て発注者が設計図書を作成し、その通り行なう指定仮設として積み上げで積算することから外形だけでなく、施工法の知識もなければ、施工機械の選定や労務費の積み上げもできない。

要は、対象構造物、使用する工法の知識と施工環境においてどのように工事を進めるかについて想像できなければ、積算どころか工事を監督する監督員にも工事内容を説明ができないことになる。このような試行錯誤、業者からの教えを受ける過程を経て設計照査、積算を無我夢中で行い、ようやっと工事発注にたどり着いた。

余談ではあるが、『世界都市博覧会』開催を数年後に迎え、組織として初めて発注する大規模橋梁工事及び経験の無い技術集団からの発注には、対応する業者側も容易に受注行為をしない。第六台場に近接する海上の鋼管矢板井筒基礎である大型橋脚は、多くの大手ゼネコンが受注を『お手並み拝見』と見送る中、マリコンのＢ社がようやっと受注、胸をなでおろす結果となった。

しかし、当然工事開始後は設計変更の嵐となった。また、芝浦陸上部の連続地中壁基礎形式の橋脚は、工事を分割して発注することとしたが、積算を終えた現資料では指名参加願いを提出する会社がいないことが判明。慌てて起工作業後の翌土日を使って全ての積算をやり直し、何とか滑り込みで請負会社が決定した。要は、設計・積算する行政側の手腕を見届けるまで危険な（損益となるような）工事には手を出さないのが儲け主義第一が大手ゼネコンの常識のようである。昔も今もちっとも変わっていないのが大手ゼネコンかもしれない。

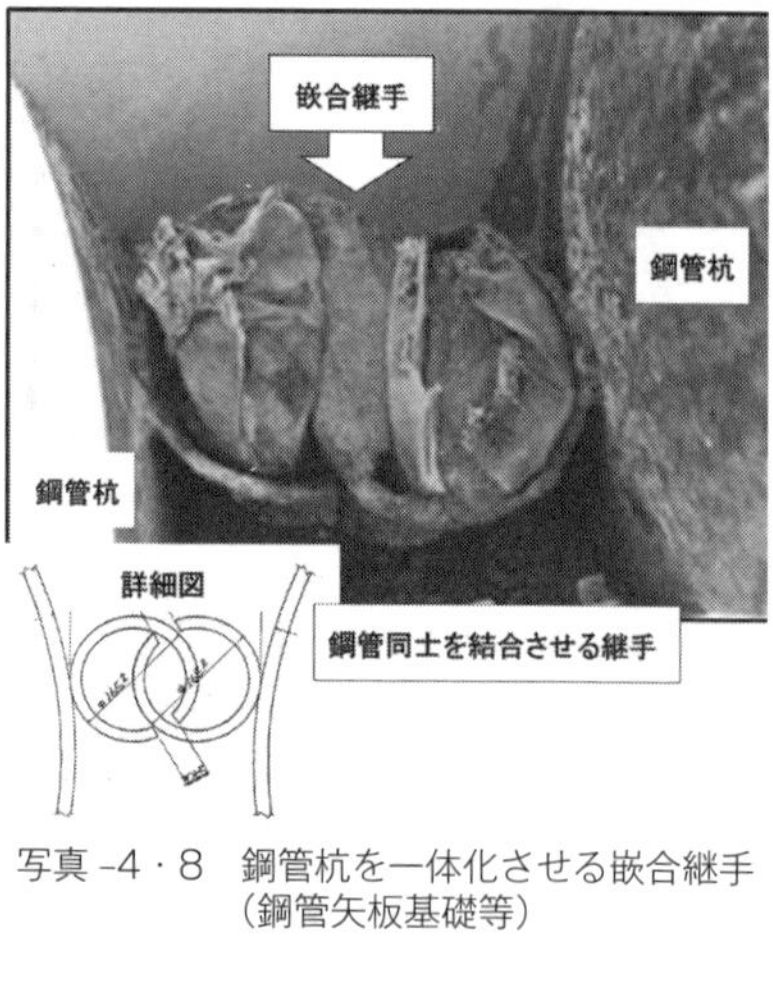

写真‐4・8　鋼管杭を一体化させる嵌合継手（鋼管矢板基礎等）

その後の工事発注は、軌道にのって順調に行い、下部も上部も起工段階で多少の問題が起こりはしたが全ての工事が完了し、高速11号台場線、臨港道路及び臨海新交通全線開通を無事迎えたことは私の誇りでもある。お分かりと思うが、先に示した紆余曲折を経て発注し、再積算まで行って請負業者が決まった2件の工事以降、全ての工事は、大手ゼネコンと大手ファブリケータ一色の請負状況となったのは言うまでもない。人の足元を見て仕事受注是非を決めているのが実態と感じた。

### (3) 自分が夢中になる仕事を見つけよう

私は幸いに「好きこそものの上手なれ」を自己満足で押し通し、長い間『橋』に関連する仕事を続けてきている。確かに上司に恵まれ、仕事と環境、技術を論ずる仲間にも恵まれてきた。自分の『味方』もいるが、その倍以上の『敵』もいる。であるからこの仕事を続けてこられたのかもしれない。

私の大きな転機となったのは、当時全く注目に値しなかった『橋梁の点検要領』を独自で策定する作業を１９８２年（昭和57年）から始めたことにある。たかが『橋梁の点検要領』の取り纏めぐらいとお考えの方は多いと思われるが、手を付けてから5年を要して１９８８年（昭和63年）にようやく地方自治体初の『橋梁の点検要領』の発刊となった。

その間、国内外の関連資料の調査はもとより、既設橋梁の変状調査方法の試行と開発、静的及び動的載荷試験、応力頻度測定の実施、非破壊検査技術の試行、下部探査技術の試行等新たな技術にチャレンジし続け、無となった計測技術やデータは山ほどある。しかしこの時、『維持管理』に夢中になって取り組み今多くの人から認められる自分の基礎となる種々なことを、徹夜してまでやり遂げてきた。

要は、夢中になれば、苦労も苦労ではなくなるということである。またまた、私の好きな広中先生の言葉をお借りすると「人は、何かに夢中なっている時は、たとえ苦労であっても、苦労を苦労と思わないのだ」とある。

私にとって、社会人として脂がのりきる時期にこの貴重な経験をしたことが大きかった。だれも相手にしてもらえなかった『橋梁の点検要領』策定や『維持管理』への取り組みが、その後の、先に示した東京港連絡橋・新交通システム建設室時代に培うことができた新たな自分の知識育成と、徹夜、徹夜の積み上げでこなした積算作業等、その都度生まれる新たな仕事に夢中になり、苦労を苦労と思わない性格へと変わり、種々な事業に私のアイディアが活かされた原点であると言える。

今まさに、いつ大地震が起こっても不思議でない地震国日本。急速に地球温暖化が進み、異常気象となった地球環境をいかにくい止めるか、具体的で効果的な策をスタートさせる重大な局面。多くの社会基盤施設の高齢化（老朽化）が進み効果的な施策や対策が必要な行政等どれをとっても技術者が関与しないことは在り得ない。私が経験し、実践してきたことは社会への影響は微々たることであるかもしれない。

しかし、多くの技術者に声を大にして言いたい。苦労を苦労とも思わないような自分が夢中になる対象を、取り巻く仕事環境から早く見つけ、大きく柔軟な想像力とここぞという時に打って出ていく勇気「博打根性」を持って、先に示した重大な課題解決に向け是非チャレンジしてもらいたいと。

## 3. 機能する真の技術者とは

本章の三番目の話は、地震等自然災害になどの有事に機能する、機能しなければならない技術者についてである。有事、特に大地震や巨大台風の発災は起こってほしくない。しかし必ず起こる有事である。自然災害後の対応は、理屈抜きの対応を求められることが多いので、数多くそれらを経験することが現場で役に立つ。

今回の話も、私が経験した中で有益と考えたことをお話しすることから、異なった経験をお持ちの方からすればそれは違うでしょうと異論をお持ちの方がいられると思うが、ご容赦願いたい。

まずは、行政に関係する人々の多くが耳にタコができるほど言われている『危機管理』についてである。

## (1) 危機管理とは?

私が危機管理について社会基盤施設を対象として考えると、平時のリスク管理と有事のリスク管理を総称してリスクマネジメントと考え、その一つとして話すことが多い（図-4・8参照）。しかし一般的には、「危機（Crisis）」とは、既に起きた事象や事故を指し、危機管理とは起こった危機に対して、我々が受けるダメージを可能な限り減らそうとする施策、行動などであり、どちらかと言うと受動的である。自然災害発災時などの危機に対する行政側の対応を問う時は、危機管理体制はどうなっているのか、発災時の対応が悪いと危機管理意識に欠けていると世間からキツイお叱りを受けることになる。

同様な表現に『リスク』があり、危機・クライシスとは区別していない場合もある。リスクとは、危機と異なって未だ発生していないダメージ、例えば、身体的、財政的な損失や危険等を指している。リスクマネジメントという言葉が巷には溢れているように感じるが、これは、これから発生するリスクに対し、ダメージを最小限、若しくは損失を受け無いように予測し、それらに計画的に対応する

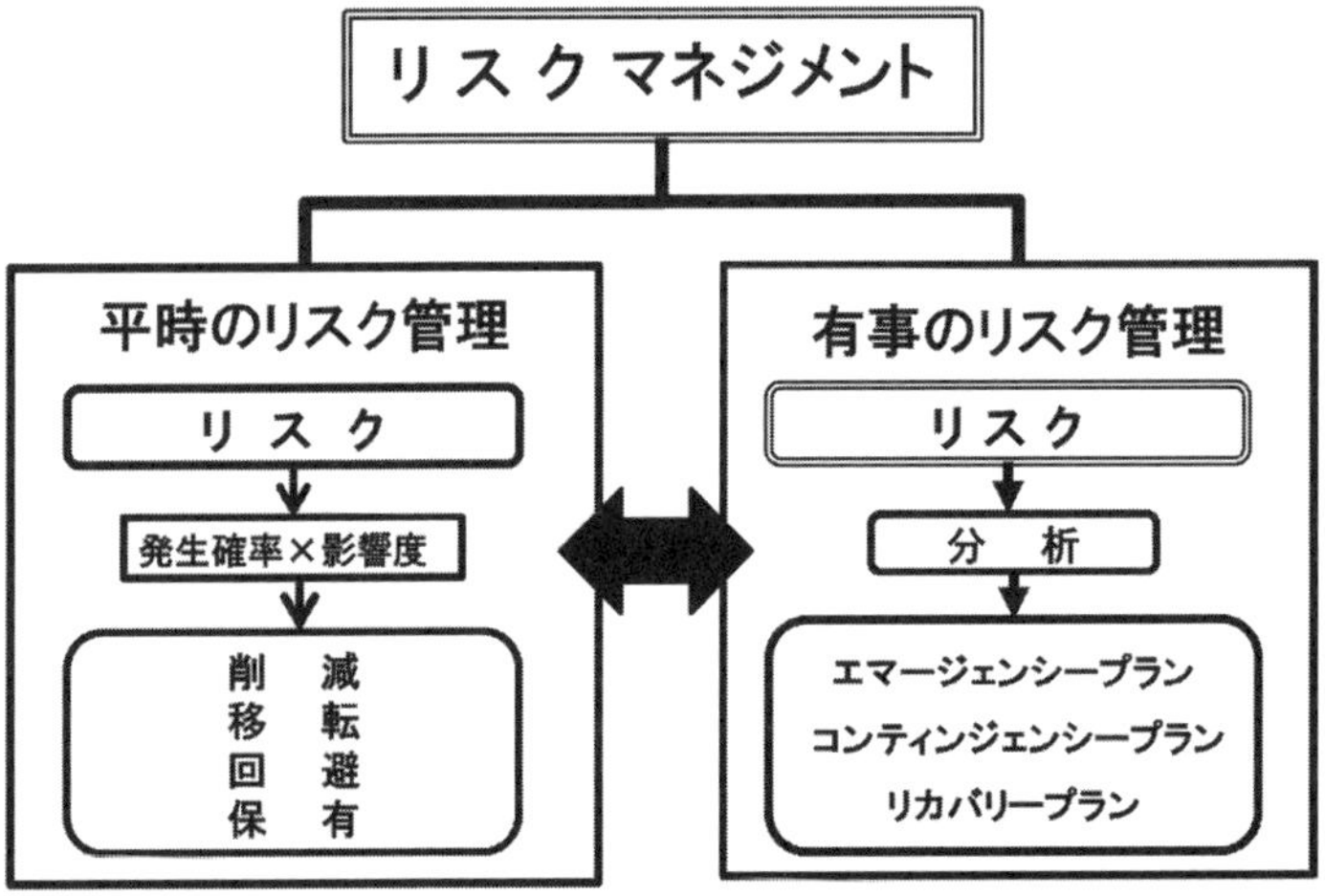

リスク マネジメント

平時のリスク管理
リ ス ク
発生確率×影響度
削 減
移 転
回 避
保 有

有事のリスク管理
リ ス ク
分 析
エマージェンシープラン
コンティンジェンシープラン
リカバリープラン

図-4・8 リスクマネジメント（インフラ）

能動的な施策、行動等である。

私がいつも話している図I-4・8に示したリスクマネジメントに戻るが、平時のリスクはリスクの発生確率と影響度によって分類し、対応処置としては、リスクが大きく影響度が計り知れない場合は、リスクを削減するようにマネジメントする。リスクが大きくても他に移したり（例えば、保険をかけるなど）、受ける対象から逃げることが可能であればリスクを移転したり、回避するようにマネジメントすることとなる。

また、リスクが小さく、影響度も受容範囲内であれば保有する。要は影響もほとんどないから持てるキャパシティの範囲内と理解し、起こりうる事象を考えないとすることである。以上のように平時のリスクマネジメントを解説している。

さて有事のリスク、災害や事故が起こった時に行政の対応を問われる危機管理である。有事のリスク管理には、エマージェンシープラン、コンティンジェンシープラン、リカバリープランの３つに分けられる。エマージェンシープランとは、災害時の人命救助等に必要な緊急連絡網や対応表などの計画を策定することである。コンティンジェンシープランとは、災害や事故などが発生した場合に起こる予期されない出来事に対し、備えて取るべき行動計画を策定することである。最後のリカバリープランとは、災害が発生した後にどのように原状回復するかの計画を事前に策定することである。

有事のリスク管理には、ハザードマップなどが有効に機能することになるが、直近の被災事例と対応を見ると確立されているとはいえない。社会基盤施設を対象とする有事のリスク管理には、自然災害だけでなく、管理瑕疵となる事故や建設時に発生する事故（建設中の事故が発生、対応を問われているが）の対応も含まれる。

平成28年に発生した熊本地震に対する有事のリスク管理は、十分であったといえるのであろうか？　自宅から避難勧告を受けて、指定された避難場所に移った人々が、「避難した場所が危険となった」と説明を受け、雨の降りしきる中移動する姿が放映されるたびに何故か悲しくなった。技術者として、災害時に十分に機能すると説明してきた道路網や鉄道網が破綻したのは、技術力不足、組織としての甘えが露呈したのではないだろうか？

異常豪雨、雨水の流れ、ハザードマップ策定、皆、技術者が責任を持って行わなければならない業務であろう。東日本大震災の時、想定外というような発言は二度としないと言ったのはだれか。茨城県常総市役所は、避難場所でありながら、堤防決壊からかなりの時間が経過した後に、水没の危険性が明らかとなった。多くの住民は、「以前説明されたハザードマップ、避難訓練・・・は何だったのか、行政は信頼できない」と思い始めたのではないか。

また、熊本地震では、多くの構造物が2回以上の強い揺れで破壊したが、平時のリスク管理は十分であったであろうか？　以前から一部の学者がこの事に対し、何度も注意喚起していたことに聞く耳を持たなかった結果がこのような事実を生んだと私は理解しているが。一般的な構造物は、地震によって損傷（外観では見えない損傷でも）すると固有周期等が変化し、2度目の大きな揺れを受けると損壊することは種々な実験で明らかにされている。

例えば、一般的な道路橋の場合、健全であれば固有周期が0・5秒前後であるが、地震の揺れで損傷すると約2～3倍に変化し、その後、大きな地震動、それも固有周期と合致すると最悪倒壊してしまう。

また、熊本地震では高速道路を跨ぐ橋梁が倒壊し、道路を塞いだ。平成8年度以降、全国的に進めてきた国の施策において、跨線橋・跨道橋の耐震補強が最優先と分類されていたはずだ。言い訳はいい。倒壊した跨道橋は耐震補強が終わっていなかったのか？　もし、耐震補強が終わっていたのであれば、これはまた別の議論になるし、どちらにしても猛省すべき重要な問題である。

東日本大震災では、津波による被害が大きく報道された。しかし、余震が本震よりも大きく、余震で多くの構造物が被災した事実を報道した数は極端に少なかったと記憶するが、その時すでに、これから起こる熊本地震の最悪の被災状況を天の声が警告していたのかもしれない。熊本地震については、多くの技術者が種々な立場で検証を行い、次の大地震への有益な警告を発するだけでなく、阪神・淡路大震災、東日本大震災等で学んだ知見を加え、これから起こるであろう巨大地震の被災を最小限としてくれるものと期待している。しかし、私は、心の隅に熱しやすく冷めやすい日本人の体質を再び問われる最悪の事態となるのではと危惧もしている。

## (2) 偉大な技術者との出会い

川島先生との出会いは、建設省・土木研究所に先生が勤務されていた時、偶然ではあるが阪神・淡路大震災の被災地でお会いした時が最初である。当時の私は、東京都の被害調査団の一員として被災直後に現地派遣され、連日、新大阪の宿舎から神戸まで歩いて調査していた正にその時が繋がりのスタートであった。当時の記憶をたどってみると、多くの調査団が現地調査に入ったことから、種々な場所で多くの技術者に出会っている。当然、国内だけでなく、海外からの緊急調査の方も数多く目にしている。

私が川島先生と繋がるきっかけとなったのは、現地調査を始めてから2日目、神戸の臨海部における被害状況、特に液状化現象とその被害について調査を行っている時であった。

被災地で液状化現象によって、砂まみれとなって激しく段差の出来た橋梁取付け部の写真を撮っている時、後ろで声がした。後ろを振り向くと、ヘルメットを被った背の高い外国人が2人立っていた。現地調査に来たニュージーランドの技術者である。

背の高い方の人から、

「今、貴方は何を調べているのですか？　橋の支承部を撮影しているようですが」

と聞かれ、

「橋が落ちなかったのは、沓座の長さか、あるいは落橋防止装置が機能したかなどを観察している」

と答えた。その後、二言三言、言葉を交わした後に、私と彼との会話を聞いていたもう一人が

「あなたは世界的に著名な川島先生をご存知ですが？　今、どこにいるのか連絡がとれませんか？」

と問いかけられた。川島室長に会ったこともない私は、

「私は、川島室長の名前は知っていますが、直接お会いしたことはありません。ですので、川島室長の連絡先も今どこにいるのかも分かりません」

と拙い英語で答えると、

「残念です。是非、直接お会いして今回の地震について意見を聞きたかったのに」

と答え、落胆した顔が見て取れた。今でも彼らの地震に対する探究心とその場を寂しそうに離れていった後ろ姿が思い出される。その時強く感じたことは、国内の学者、それも行政側の研究者で土木研究所耐震研究室長である川島先生の名前が、世界の多くの技術者に認められ慕われている状況に、感心するとともに羨ましく感じたことを覚えている。

その後、偶然ではあったが、運よく川島室長にお会いすることができた。川島先生から被災の状況とメカニズムについてお聞きした時は、とても感激するだけでなく、機会があれば是非ゆっくりとお話を伺いたいと思った。それ以降川島先生には、東京都の技術研修講師をお願いし、何度もお世話になっている。

当時の私は、地震の知識と言えば、大学生の時知った静的震度法による水平及び鉛直地震係数による設計手法と保有水平耐力法を齧った程度であるから、川島先生の話されていた動的解析や現行基準の誤り等のハイレベルな話のほとんどが理解できず、今だから言えるが『馬の耳に念仏』状態であった。

一回目の研修は、当然私も受講し、川島先生の活弁に聞きほれ、研修資料を何度も読み直したことは言うまでもない。その後も川島先生は大変お忙しい中、嫌な顔一つせずに職員研修所に何度も足を運んでいただいた。東京工業大学に移られてからも毎年のように職員研修をしていただいたことは、東京都の技術職員にとって他に自慢すべきことである。

私の考える川島先生の凄さは、公務員には珍しく、日本語だけでなく、英語でもいつもの調子でポンポンと活

弁を揮えることと、その熱意が聞く人全員に伝わり、何か役立つことをしなければと皆が感じることである。今後、国内外で通用する川島先生のような技術者が育つことを期待して止まない。

川島先生が執筆された『地震との戦い　何故橋は地震に弱かったのか』の第四章に『技術の進歩を阻むガンとなっていた震度法』の記述がある。その中に『大地震を見込んでいるから、震度法で耐震設計すれば大地震でも壊れないと固く信じられていた震度法であったが、長い思考停止状態から脱してみると・・・。この結果、当然の事として、震度法で設計された橋には設計地震力の過小評価という後遺症を残した。・・・つまり、「外力」「解析法」「抵抗力」が、それぞれより事実に近い設計体系を目指さない限り、永久に新しい研究成果が設計に反映できないことになる。震度法はいつの間にか技術の進歩を阻害するガンになっていたのである』というのがそのポイントと思う。

『熊本地震』の道路橋被害は、斜面崩壊とともに崩落した『阿蘇大橋』や九州自動車道を塞いだ『府領跨道橋』などが大きく報道されたが、そのほかの橋梁に関する被災状況の報道は極めて少ない。地震予知の難しさ、前震、本震と大きな地震が続いた場合の構造物の壊れ方、耐震補強が機能しなかった現実、新耐震設計でも今回の熊本地震のような複数の発災が重なると壊れることなどあげたらきりがない。しかし、川島先生がよく話されている過去の地震から多くを学び、それらを一つひとつ解決することが重要で、研究者や技術者が疑問を感じていることについて過去の慣例から無駄であると安易に判断を下すことが最悪な結果を生む。

川島先生が示した「・・・技術の進歩を阻害するガンになっていたのである」と示唆していることを我々技術者は全く理解せず、多くの技術者の耐震に関する考えや指示が後手に回っているのではと感じる場面が熊本地震による被災においては多すぎる。先日も南海・東南海地震の発生確率とプレートのひずみについて公表されていたが、果たして大地震発災への備えは十分であるのか？　根本的な事への対応、分かっている事への対応が執られておらず、防げる被災を対応・措置のまずさで防ぐことが出来ず、想定外でしたとの発言を再びするのではと思い、ぞっとするのは私だけであろうか。残念である。
次に、発災後に行う災害復旧における技術者の能力について考えてみよう。

## (3) 災害復旧こそ真の能力を問われる

国が補助する災害復旧事業とは、自然災害によって被災した公共土木施設を迅速・確実に復旧することである。中でも私の関係してきた国土交通省河川局が管轄する災害復旧事業の特徴は、様々な公共土木施設（河川、海岸、砂防設備、林地荒廃防止施設、地滑り防止施設、急傾斜地崩壊防止施設、道路、港湾、漁港、下水道、公園等）が対象で、通常事業の補助率が55％程度であるのに対し、67％（2／3）と高率で、年間の災害復旧事業費が標準税収の2倍を超えると補助額が１００％国費になるなど地方への手厚い補助が特徴といえる事業である。被災した施設の復旧は、原形復旧が原則となっているが、被災した原因を除去することが基本であることから、再度被災を防止するために『原形復旧不適当』もしくは『原形復旧困難』の理論が成り立てば、施設の改良が大きく可能となる。

また、災害復旧事業と同時に施設改良復旧事業を行うことが可能で、専門用語『関連』によって改良の幅はかなりの範囲に拡大することが可能となり、災害復旧事業を活用することで社会基盤施設の多くは大きく改良することが可能といえる。社会基盤施設が自然災害によって被災した時に災害復旧事業を有効に活用するか、無駄にするかは被災した地方自治体の技術者の能力次第といっても過言ではない。

## (4) 若手技術者の提案を活かす

災害復旧として大きな経験を積み、災害復旧の基礎を学んだのは、１９８２年（昭和57年）の豪雨災害である。この年は、８月１日の台風10号、９月12日の台風18号、10月８日台風21号と３度の大型台風来襲によって関東全域、特に都心部も大きな被害を受けた年である。

台風の直撃を受けた東京は、これまで経験したことの無いような雨によって都内の多くの河川が計画洪水位を超え、河川施設のみならず、河川を跨ぐ多くの橋梁が被害を受けた。都内の道路施設に関する被害状況の取りまとめを行っていた時、耳を疑うような報告が入った。都心と多摩を結ぶ主要幹線道路の所沢街道が空堀川を跨ぐ空堀橋の話である。報告では、「空堀橋の袂にある自転車屋から電話があり、店の横に架かる橋の上を自動車が跳ねるように走って行った。何かおかしいのでは？」とのことであった。

現場事務所からの通報を受けすぐに上司に報告したところ、その場で所沢街道・通行止めと緊急調査を指示された。豪雨の中30分くらい経過した後の報告で驚愕の事実が判明した。「空堀川を跨ぐ道路橋が無い、流失した」との連絡である。要は、所沢街道を通行する車が、流失しかかった橋を運よく跳ねながら飛び越えたようである。嘘のような本当の話である。私の話題提供は、その後の対応についてであり、その後の種々な行動が私の災害復旧対応スキルの基礎を築いている。

台風も過ぎ去り、天候が回復したところで主要幹線の橋梁流失現場に出向いた。現地を確認すると、確かに架かっていたはずの橋梁が無い。走行していた車が水位を増した空堀川に嵌まり込まなかったのが不思議なくらいである。その理由は、坂道を下ってきた車両は、橋梁の上を越流している水たまり（実際はかなりの速さで流れていた）を発見、スピードを緩めずに通過したので挟まらなかったのだ。要は、カースタントで行われる〝離れ技〟と同じ理屈だ。

主要幹線道路であることから即日復旧・供用開始を幹部から指示され、関係者が集まって検討を開始した。しかし、会議の結論は、当然ではあるがどう考えても無理とのことであった。

その時、未だ橋梁技術者としての内部評価もほとんどない自分の頭にひらめいたことがあった。急場しのぎで仮設構台のようにH鋼材を組み合わせれば設計も軽微で済むし、施工も短期間で済むとの安易な提案（私はそうは思っていないが）をした。検討会で恐る恐る手を挙げ、自分の考えを説明すると、

「そんなことが本当にできるのか、主要幹線所沢街道だぞ！」

「高木君、君が説明している仮設構造物が事故を起こしたら誰が責任を取るんだ！」

後押ししてくれると期待していた先輩までもが
「職員が自ら設計、施工したのは昔の話、今は無理、無理！」

との反対意見、橋梁会社への問い合わせ、依頼する意見が主を占めた。しかし、大東京都をしても現実は厳しい。期待していた回答は全国いたるところで被災している状況下では少なくとも2週間から3週間はかかるのである。しかし、東京都のメンツとして、主要幹線の橋梁が流失し、通行止め1カ月の報道は絶対避けたい、との意見が幹部から出され、短時間での供用開始が命題となった。

1時間ほど検討会が経過した時に部長が発言、

「髙木君の説明には信頼性が足らないかもしれないが、代替案が無ければ短期で構築できそうな簡易橋梁を試してみようじゃないか」

と私の提案を後押し。それからが大変である。私の拙い知識と経験で簡易計算を開始した。提案した仮設の架台（橋梁とは恥ずかしくて言えない）は、右岸側橋台は枕梁方式、左岸側橋台は、道路に多少の縦断勾配があることからH鋼材を打ち込みタイロッドで控えを取る構造を考えた。上部構造は、枕梁の上をH鋼材で渡し、床版として使う覆工板をボルトと溶接で固定した構造とし、その晩には鋼材断面及び数量試算及び図面が描けた。

しかし、またもや大きな問題に直面。私が算出したH鋼材と工事について、

「そのようなストックはあるわけ無いし、今から発注しても直ぐには入手は無理、施工だってできっこない、他をあたって下さい」

との素っ気ない地元業者の返事。ため息がでる。私の提案を後押ししてくれた幹部の落胆する顔が目に浮かぶようである。ここで諦めないのが私の長所であり、短所でもある。ここでも『博打根性』が機能する。

今であれば、絶対無理であろうし、禁じられていることかもしれないが。以前建設事務所で種々なお願いをして助けてもらった大手ゼネコンC社の課長に電話、

「災害対応で忙しいのは百も承知で連絡しました。お願いがあります。これからファックスするH鋼材を明日にでも東村山の災害現場に持ち込んでもらえませんか?」

と依頼。すぐに返事の電話。

「これは無理だよ、仮設材が不足していて全国どこでも困っている。我が社も当然、あちらこちらから緊急工事の依頼がある。髙木さんの熱意は分かるけど無理だね・・・」

当然いつものごり押し。

「何とか私を、東京都を助けてください。吉報を待っています」

翌朝、連絡があり、

「髙木さん、何とかなりそうですよ。今日の夕方までには持ち込めそうですが、打設する機械やトラッククレーンありますか?」

地元業者には無いと聞いていたので、

「全部含めてお願いできますか?」

しばらく沈黙の後に、

「高いですよ」

との会話があったかは定かではないが、数日後には、私の誤っていたかもしれない計算と図面を基に事例の無い簡易橋梁が完成。とりあえず都内の主要幹線・所沢街道の機能は確保された。

供用開始後にC社の技術者に聞いた話であるが、やはり私の設計を心配して再計算したそうである。私が計算した結果は一部に誤りはあったが、大きな修正の必要はなかったとのことであった。その後、空堀橋は、災害復

旧事業を適用、私の簡易橋梁から信頼できる仮橋、本橋と架け替えられた。

今は、武蔵野の大地を流れていた荒れる空堀川も大断面の新空堀川へ付け代わり、苦労して災害復旧で勝ち取った道路橋の姿は今はない。ＩＣＴ化の進む現在、若手の技術者は私のような行動をとることは無いのかもしれないが、緊急時の対応が必要となる事態は必ずある筈である。その時、真の技術者としての実力が試されるのであるのだが。

## ⑸ 望ましい仮橋位置はここだ

自然災害、それも火山噴火に伴って発生した泥流によって流失した道路を復旧した時の考え方、斜面崩壊した多く箇所で採用される仮橋設置の位置決定が、その後の復旧に大きなカギとなることについて説明しよう。

### 5・1　被災直後の判断ミス

同時期に起こった道路災害において、珍しく2か所の道路を橋梁に変えて採用した事例の一つを紹介する。一つは、私のその後の災害復旧業務の基礎ともなった今回紹介する仮橋設置、本橋の位置決定であり、もう一つは市が管理している木橋の流失を簡易鋼橋によって災害復旧した橋梁災害経験談の一つだ。いずれの災害復旧もその後の自分に大きな知識を得る経験となったと共に、技術者として必要な判断力と決断力を養った貴重な業務であった。

第一の話題は、沢を流れる土砂によって道ごと流失した箇所の災害復旧である。当時の私は、そもそも災害復旧とはどのような事かも全く分からない素人であった。東京都の西多摩にある奥多摩有料道路（現在の奥多摩周遊道路）が台風に伴う豪雨によってあちこちで道路が流失、どのように復旧するかを短期間で判断し積算、いかに好ましい災害復旧査定を行うかが業務の到達点であった。

ここで、有料道路の復旧に災害復旧事業が適用できるのか疑問をお持ちの方がいると思われるので説明すると、当時の奥多摩有料道路は、夜間は一般道路として開放し、奥多摩湖畔住民の生活道路として使用している実績があった理由から国の災害復旧補助の適用が可能となったのだ。当然大きな被災箇所は、災害復旧を得意とする先輩諸氏が行い、私は、被災範囲も比較的中規模である道上斜面の崩壊による道路被災の復旧を担当した。

災害現場を見て感じたことは、まずは、道路がどの程度の期間で復旧できるか（崩落した道路を従前と同様な盛土構造によって短時間で機能回復）であった。災害復旧のベテラン曰く、「災害復旧は、原形復旧が原則。原則を逸脱すると災害査定時に苦労するぞ」との言葉が印象深い。しかし、被災状況から考えると道上の斜面を切り取り、法枠やグランドアンカー等の斜面対策で復旧するには被害斜面の形状が悪く、復旧するのにかなりの高さまで切土が必要となることから、斜面対策で復旧することは困難な状況と判断した。

そこで、住民の生活道路としての機能確保のための仮橋設置を応急復旧対策として第一に行うことになった。当時の私は、本復旧道路の線形などは全く頭になく、豪雨による土砂崩壊による仮橋流失を避けた位置に当然のごとく仮橋位置を選定、業者に指示した。これが大きな失敗で、後に大きな禍根を残すことになった。

それは何故かである。道路の線形を考えることを得意とする方はお分かりと思うが、写真-4・9に示すように仮橋を復旧後の航空写真で示す仮橋設置箇所に決定し、指示したことである。原形復旧ばかりが頭の中を占め、災害復旧事業の適用には原形復旧だけでなく、原形復旧不適当や原形復旧困難と言う選択があることを理解しないまま仮

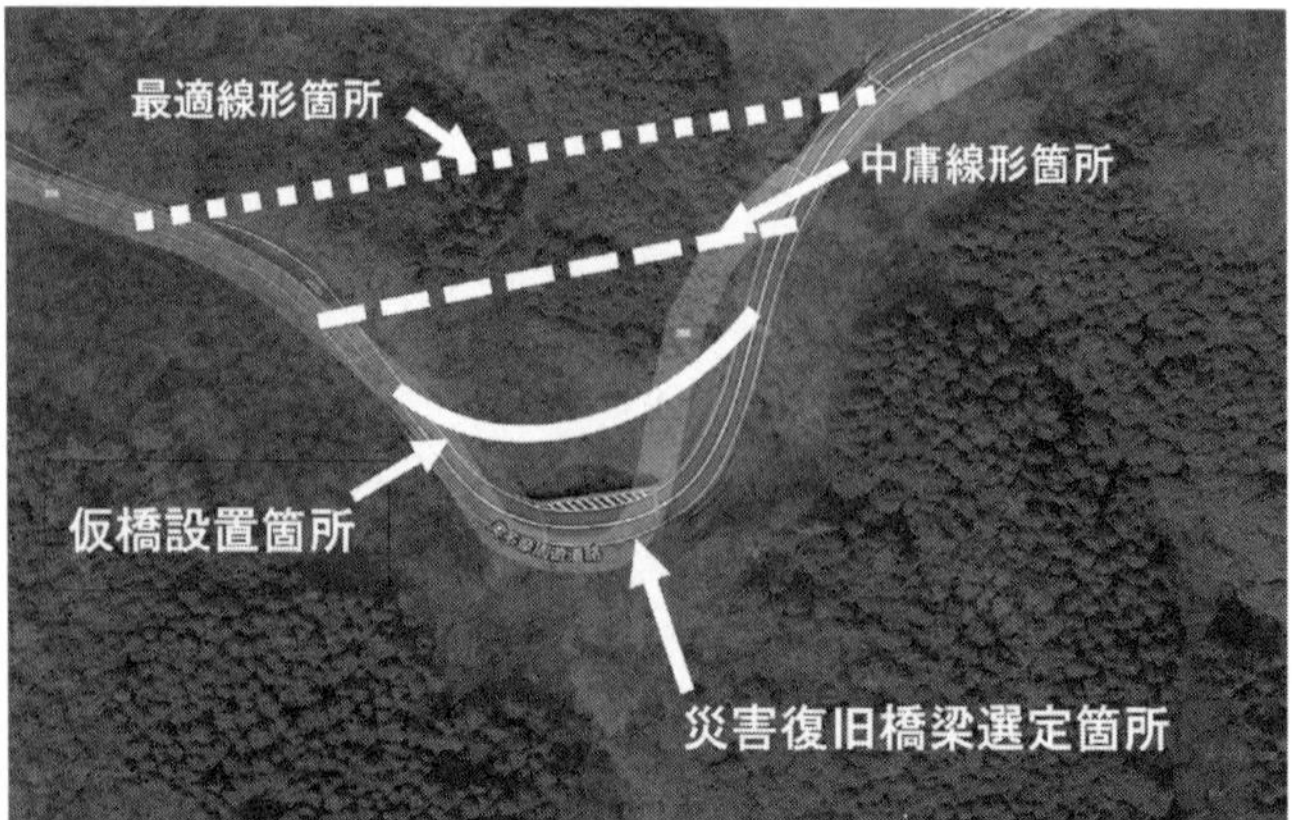

写真-4・9　災害復旧橋梁選定位置状況

橋設置箇所の選定を行ってしまったことが後に後悔を生む。

この仮橋選定時の位置決定判断が、その後大きな損失となった。災害復旧を行うには、被災した箇所において『公共土木施設災害復旧事業費国庫負担法』の摘要ができる。そのためには、災害復旧被災原因を明らかにすることが第一である。次に、再度同様な被災を受けることが無いように復旧することが重要で、施設がどのような構造物でどこに設置するかを決定した後に、災害査定に必要な関連資料を作ることになる。

災害査定資料を作成する段階で、自分が大きな失敗をしたことに気付いた。仮橋を架設した箇所が被災箇所の前後道路のつながりから最も好ましい位置（災害復旧事業適用の最適線形）で、仮橋の位置に本復旧の橋梁位置を選択することが最適であることは明らかである。しかし、慌てて仮橋位置を誤った箇所を選択し、設置したために、被災した道路（急峻な斜面に無理やり造った道路であるので線形が好ましくない箇所が多い）から僅かしか離れることが出来ない位置に本復旧せざるを得ない現状が明らかとなった。

国への事前説明、被災地での災害査定、最後の朱入れ作業が進むごとに「失敗した。もう少し、種々な事を幅広く見られる余裕が自分には不足している」と何度も後悔を繰り返す内に災害査定も終わり、詳細設計、工事の発注そして会計検査を経て、現在の奥多摩周遊道路に架かる『市道橋』が完成、供用開始した。当時の先輩方は、「髙木君、良かったね。道路を橋で復旧することは今まで無かったし、道路災に大きな足跡を残せたね」と言って褒めてはくれたが、自分の中では「失敗した。チャンスを物にできなかった」という後悔の念が一杯であった。

余談ではあるが、災害査定、朱入れ作業を経て災害復旧事業費が確定した後に、建設省（現国土交通省）の査定官と大蔵省（現財務省）の立会官（りっかいかんと呼ぶ、知らないでたちあいかんと呼ぶと激怒されるから要注意である）に仮橋設置位置と復旧について聞いたところ、「髙木さんが言うとおりですが、だからと言って図の最適線形箇所の地点まで本橋を離すことはまあ限り無く無理です。災害復旧として妥当なのは、仮橋が設置してある箇所でしょう。まあ、中庸線形箇所も可能な場合もありますが、これにはかなりの説明作業が伴うでしょう」とのことであった。災害査定のプロになるにはかなり数多くの経験と関連する知識が必要と感じた瞬間であった。

次に、その経験を活かした三宅島での災害復旧における仮橋設置位置決定と道路線形改良事業について話をしよう。

## 5・2　火山噴火による被災と災害復旧

紹介するのは、2000年（平成12年）6月26日に、三宅島・雄山付近の火山活動が活発化したことから三宅島緊急火山情報が気象庁より発表され、同年9月2日に全島民避難した後に行った災害復旧の話である。

三宅島は、東京から南南西約180kmの海上に浮かぶ直径約8kmのほぼ円形をした伊豆諸島のなかでは3番目に大きい島である。三宅島は、2002年（平成14年）写真-4・10に示すように雄山が噴火し、その後発生した火山泥流によって島の多くの道路が被災し復旧作業に日々追われてはいたが、私の記憶に残る第一、異様な作業環境、具体的に言うと二度と経験することのない有毒火山ガスとの戦いであった。

有毒ガスの話は後に譲るとして、仮橋設置の話に戻すことにしよう。三宅島を周回する東京都が管理する道路としては、三宅環状線（第212号）のほか2路線があり、島のメインとなるのは海岸沿いの延長約32・88kmの周回道路である。周回道路の被災箇所は、軽微な箇所を含めると20数箇所にも及んだが、火山の噴火によって被災したのは、数箇所であり、ほとんどは、泥流による被災であった。雄山の噴火によって、三宅島の山頂付近には1mを越える火山灰が積もったことから、雨が降るたびに火山灰と水が混じり合って流下、堆積したスコリアを巻き込み、大量の土石流となって山麓へと流れ出した。土石流は、渓流の底や側面を大規模にガリ侵食し、斜度が10度を下回ると堆積し始め、最終的に海へ

写真-4・10　雄山の噴火状況（三宅島）

流下するか、斜度が2度を下回る平地において、扇状的に広がり堆積した。

話題とする仮橋設置は、三宅島の南端に位置する『立根』である。『立根』は、被災状況が噴火当時は、道路上に一部スコリアの泥流跡はあるものの被災はほとんどなかった。しかし、日を重ねるごとに道路は道上から流れ出る土石流によって抉り取られ、最終的には道路が流出し、写真－4・11に示すように崩壊は進み、最後は道上の擁壁の基礎もあらわになる危険な状態となった。

ここで、道路災害の復旧ポイント仮橋の設置位置である。先の事例で紹介した奥多摩の沢に位置する道路と異なって図－4・9で分かるように前後道路の中心線から見通すと線形上からは理想的な位置となるのは土石流が流れ出る位置から10m程度離れた位置が望ましい。奥多摩で仮橋の設置位置を勉強している私は、

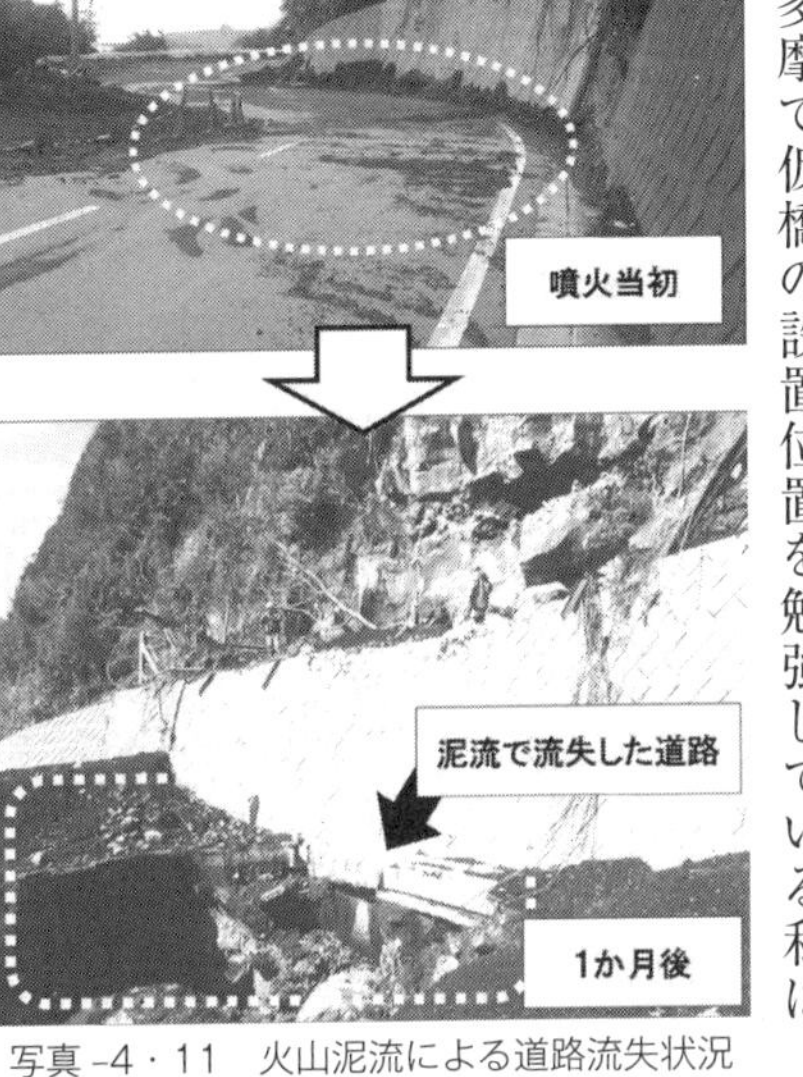

写真－4・11　火山泥流による道路流失状況

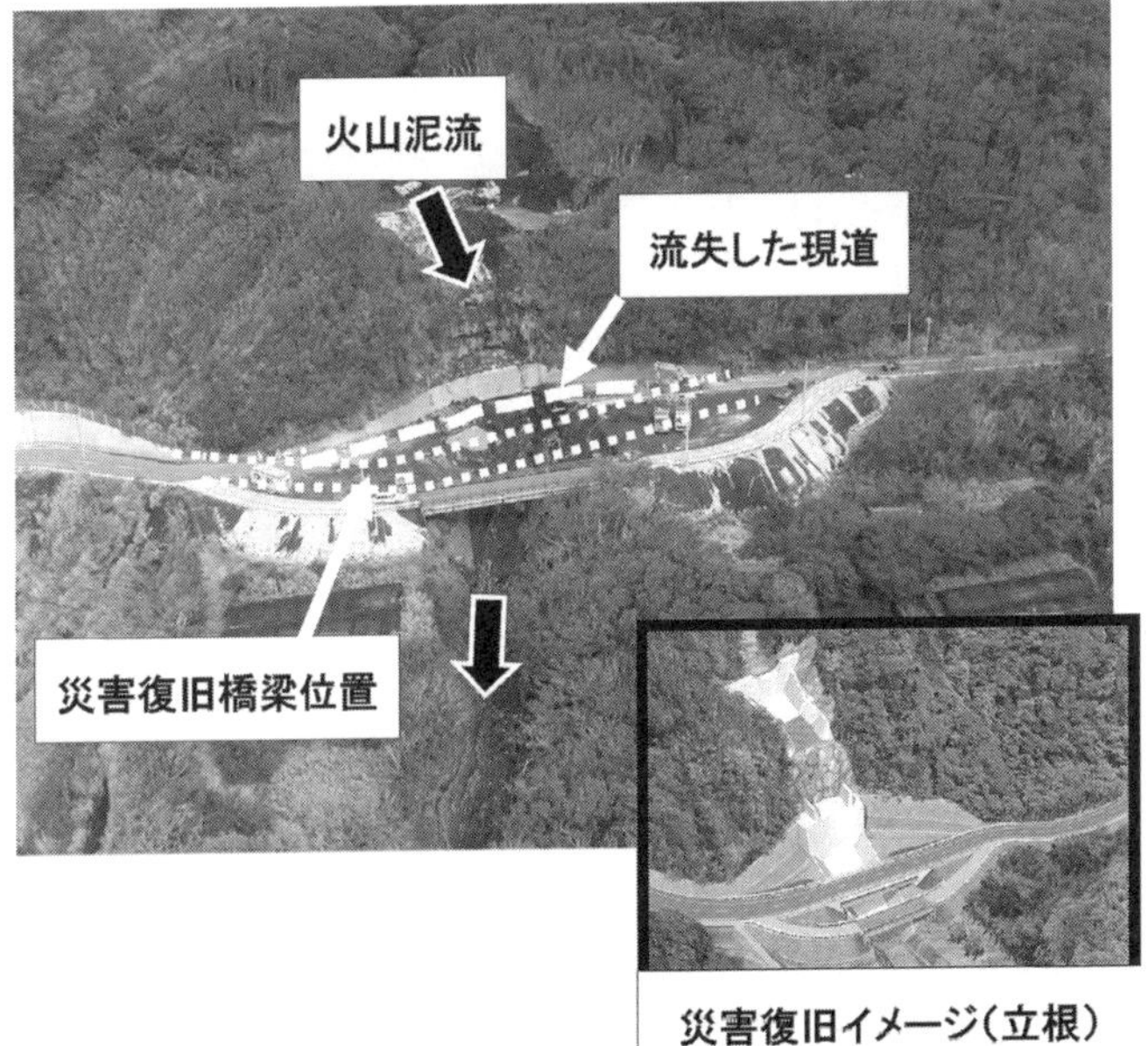

図－4・9　災害復旧事業・仮橋本復旧位置図

道路から20m程度離れた位置に仮橋を設置し、本橋をその内側とする案で災害復旧イメージを創り、縦横断線形及び構造形式の選定作業を行った。当然、雄山から流れ出る土石流の流量を算定したが、明らかとなったのは理想的な橋梁設置位置に土石流の落下位置が重なる可能性が高いことであった。

そこで、原形復旧困難であるとの資料の他に、土石流を回避する海側に大きく線形を振った案とジャンプするように落下してくる土石流を抑える副ダムを計画した案の２つの対比案を作成することとした。土石流を副ダムで抑えることで望ましい線形位置に本橋を設置することが可能となる。しかし査定官への説明は難しい。そもそも道路災害復旧にダム建設を考えた事例が無いからだ。そこで、海側に振る案の建設コストと維持管理コストを吊り上げ、パット見、選定不可となるように仕組んだ。苦労は実るもので査定官、立会官とも首をかしげたが無事私案が認められた。過去の経験に基づいて決めた三宅島復興の礎、立根の仮橋はこのような苦難の末、写真−4・12に示すように架設され、復旧活動を本格化することが可能となる仮の周遊道路が完成した。

余談ではあるが、火山ガスが噴出する島内で行なわれた災害査定は想像を超える状況であった。査定が始める前は、「火山ガスはガスマスクさえ付けていれば心配ない。現地査定は必ず行う」と意気込んでいた国の査定官は、危険状態を告げるサイレンが鳴った途端、全てを放り投げて車に逃げ込む姿は、申し訳ないが滑稽であった。

このような状況もあったが三宅島の災害査定は無事完了した。ここでも発揮するのは、技術者の想像力と決断力である。自然災害は起こらない方が良い。しかし、不幸にして起こった時は必ず『災害復旧事業』を行うことになる。災害復旧に関係する技術者の多くに期待するのは、原形復旧原則論による災害復旧案の選択、判断だけでなく、『災害復旧事業』の適用限界や関連事業獲得にチャレンジする勇気を持って作業を行ってもらいたいと常に思っている。

写真-4・12　三宅島復興の礎・立根の仮橋

## (6) 有事に必要な技術者とは？

異常な天然現象を起因とする自然災害は、発災に関して事前にある程度予測が可能な場合もあるが、基本的には何時起こるか分からないのが一般的である。自分の経験を基に自然災害に対応する技術者について先の仮橋設置の話とは別に話題を提供するとしよう。

自然災害としては、地震、火山噴火、台風、集中豪雨（ゲリラ豪雨）が対象で、それぞれ発災の量的な程度が規定され、災害復旧事業の適用条件を決めて行っている。災害復旧には、行政技術者の役割り（災害査定など）は大きいが、それも地元業者やコンサルタントの助けが必要となる。今回は、いざという時にどのような行動をとるかで信頼を勝ち取るか、失うかについて視点を変えて話すとしよう。

### 6・1　技術者同士の信頼感と大きな成果

三宅島の火山噴火は、２０００年から遡る事17年前の昭和58年（１９８３年）に経験はしていたが当時若手技術者の一人であった自分には全く出番はなく、３年後の昭和61年（１９８６年）の『伊豆大島・三原山噴火』も同様であった。島が噴火するとは大変なことで、最悪全島民避難となるとの話や、溶岩流の上に避難道路を施工、まだ熱いアスファルト路面上に緊急車両を走らせ避難路を確保したなど勇敢で能力ある先輩の活躍等、当時、災害対応にあたる第一線の行政技術者の判断力と決断力の凄さにただただ感嘆している自分がそこにいた。２０００年となると、私も社会人となって27年が経過、周囲からも技術者として認められるポジションになりはしたが、先に話題提供した東京都全域が豪雨によって被災した57年災害の貴重な体験も忘れかけていた時である。

先ず『三宅島雄山など火山活動』によって震源地を新島・神津島沖とするマグニチュード6・4の地震が襲い、新島と神津島に大被害をもたらし、三宅島も火山活動が活発化した。その後何回となく大きな揺れを伴う群発地震が発生、新島及び神津島の復旧を的確に行う目的で最前線に判断力のある技術者を選別、各島への派遣となった。

当然、私も災害派遣グループの一員として選ばれ、神津島へ派遣となった。

神津島に近づくと、以前目にしていた頂上に美しい高山植物が生育する『天井山』の白色で美しい山肌が一変しているのに驚き、斜面のあちこちで崩落している状況を目にしてこれは大変なことになっていると感じた。島内で行うことは、被害状況の調査と応急復旧工事の一日も早く着手することである。作業場は島内の体育館を仕切って仮の事務室を作り、朝から晩まで外業の調査と内業の算定作業の繰り返しであった。第一に行う現地調査は、二次災害防止するために車両はほとんど使えず、歩いて島内の崩落している個所を隈なく調べなくてはならない。夏であるから蒸し暑くて、すぐに汗が噴き出す、体力勝負である。

連日昼間は島内の道路を調査。夜になると何日で復旧できるかの算定を行った。その結果、応急復旧工事で島内道路の交通機能復旧に16日間と算定し報道発表。約束通り7月18日には片側相互通行での供用開始となった。

一方、別部隊が行った新島は、神津島と同様に主要道路は1路線であるが、新島村若郷から新島港に至る路線と若郷漁港へ通じる路線がある。7月16日には被害の全容が明らかとなり、新島港と空港のある本村地区から若郷漁港のある若郷地区への応急復旧工事の算定となった。神津島の先行した実績から、新島の応急復旧も同様と判断したのか、経験を活かせば確実に施工が可能と結論付けた。しかし、群発する地震の影響による斜面崩壊の増加と応急復旧計画の甘さが露呈、2週間での復旧を公言したにもかかわらず、仮開放は、1週間以上延び8月7日となってしまった。

島は違うが、この差は何が原因かである。一つは、現地調査の甘さが工期算定に大きく影響したこと、もう一つは、最も重要な請負業者（作業員）と行政側担当者に運命共同体のような一体感が欠けていたためなのだ。連日続く地震によって増加する崩土撤去作業の遅れが明暗を分けた。

神津島において、崩土処理を我身を捨てて日夜、作業を続けてくれた島内業者と私らとの一体感は、実は不測の事態から生まれたものであった。私が、地震に揺れる神津島に入ってすぐに感じたことは、何か担当している業者がよそよそしい。熱意がないことであった。業者の監督員は、私が声をかければ返事はするが、進んで計測の手伝いをすることは無い。

島に入って3日経過した昼、島の中心地で役場のある神津島港の裏側にある『多幸湾』に向かうと、湾に繋がる道路は崩落した土砂で塞がれている状態であった。同行した業者の監督に崩土を除去するバックホー手配を指示、塞いでいる土砂を除去することとした。翌日、島内業者と斜面の崩土撤去を開始したところ、しばらくして、余震で島は大きく揺れ、当然斜面から落石。慌てて全ての作業を中止し、我々は命からがら安全な場所へ退避した。しかし、その場から慌てふためいて退避したために、作業中のバックホーのエンジンを止めなかったことが判明。このままでは落石によってバックホーは転倒、オイル漏れ炎上の可能性が高くなった。島内業者の監督に

「今、揺れがおさまったようだから、バックホーのエンジン止めに行ってください」

と指示すると

「監督さん、私は死ぬのやだから・・・」

と。作業を指示している私の立場としては、困った。火災でも起こせば島民の信頼は一気に無くなる。そこで意を決した私がバックホーに向かって走り出すと、作業員も後を追うように走ってきてエンジン止め、その場は終った。翌日から業者の態度が180度急変したのは言うまでもない。地震が群発する状況下で危険を冒してまで作業を行うことは禁止であり、私が指示した崩土処理は大きな誤りであったと思う。しかし、地震や台風などの有事の際に頼れるのは、工事を行ってくれる作業員と請負会社の技術者である。仕事を請け負う業者と発注者との一体感が無ければ良い仕事ができないのは当たり前なのだ。

机上でのプランを現場に持ち込み、作業員を人とも思わない技術者が多くいるとの話をよく聞く。私の神津島での行動は、褒められた行動ではないし、事故が起こらなかったのはラッキーだけであったのかもしれない。し

かし、バックホー事件以降、島内業者は種々な作業を嫌な顔一つせず、早朝から日が沈むまで私に協力してくれたのは事実であり、私のその後を彼らが作ったと今でも思っている。

## (7) 自然災害と技術者

地震、台風、集中豪雨、火山噴火など自然災害は、いつ発生するか分からない。しかし、いつ起こってもそれに対応できるように日ごろからの備えが大切である。多くの研究者が自然災害を含めてリスクマネジメントの有効性を説いている。私もリスクマネジメントは必要であると思ってはいるが、それよりも自然災害による復旧活動に関連する技術者に重要なことは、日ごろからの備えである。一度災害が発生すると、全てが待ったなしとなる。

先に示した災害復旧における仮橋設置位置の選択判断ポイントも当然であるが、幅広い知識とそれらを日々学ぼうとする前向きな意欲が無ければ災害時に機能する技術者になることはできない。自分も阪神・淡路大震災で得た経験は、より高いレベルの技術者を目指すステップであったし、前回、今回で述べた被災時の自己体験は技術者として必要不可欠な判断力と決断力を磨くステップとなっている。阪神・淡路大震災、東日本大震災、熊本地震と巨大地震が何度も襲う我が国の技術者は、これから発災が予測されている巨大地震に適切に対応できているのであろうか？　住民や利用者に安全・安心を提供するとの発言は当然であるが、種々な被災で得た教訓をその後に生かせず、川島先生が警告した『技術の進歩を阻害するガン』状態となっているのではないだろうか？

２００４年（平成16年）新潟中越地震発災後に、東京都を含め、関東地方、東北各県から新潟県において支援活動を行い、種々な災害復旧事業を行った。私もその時に地方自治体支援活動として災害復旧事業を現地派遣で支援活動した。当時、長岡市の施設で新潟県や市町村の多くの職員と夜まで議論し、一つの技術者の輪ができたと思っている。そこで得た経験やつながりが、その後の多くの自然災害発災時に機能し、他の地方自治体でも困っていれば助けようとの強い思いが、多くの行政技術者に育っているのは事実である。

社会基盤施設を建設し、維持管理を行っているのは誰であるのかをもう一度深く考える時が今ではないのか？問題が起こったら学識経験者を中心とした委員会で議論すれば、学識経験者に任せれば、と思ってはいないだろうか。確かに意見を聞くことは必要とは思うが、『いざ鎌倉』状態の時に種々な行政の立場を理解し、判断できる総合力を持った学識経験者がこの世の中にどれほどいるのか今こそ考えるべきと思う。

最後に、三宅島の火山噴火、全島民避難、火山有毒ガスの中での復旧活動時に大きな復興への礎となったのは、先に示した立根の仮橋設置工事であった。東京・竹芝ふ頭から積み込まれた仮橋用の鋼材の組み立て作業を、有毒ガスが流れ出る風向きを計測しながら行ったことは、多くの島民や作業を行っている作業員に光を灯したことになった。そのためか、復旧が終わった今日も周回道路の外側にその記念として仮橋が残されている。これは関係者として喜びでもあり、災害復旧時に機能する技術者として日々励むその後の強い力となっていると感じているのは私だけであろうか。

自然災害が起こるたびに被災地から人が離れ、大都市に移り住み、多くの人々が故郷に戻らない現実を考えると、我々技術者が一体となって有効な手段を講じない限り過疎は果てしなく広がる。それには、技術者の多くが自ら考え、他に頼らない『機能する有能な技術者』となり、地方自治体の技術職員の強力な輪を築くことが重要であると考えるがいかがであろうか？　地元の名士・地方自治体職員との評価が住民から自然にあがり、定着し、愛する地元を守る貴重な人びととの評判を是非聞きたいものである。そうならなければ、日本は救えない。

# あとがき

私の記憶から消し去ることのできない、〝中央道・笹子トンネル天井板落下事故〟から節目の5年が経過した。事故が起こった事を聞いた時に私の中に沸いた怒りは未だに治まるどころか増すばかりだ。その理由は、何時ものことではあるがメンテナンスの風は吹くが本流となる事はなく、直ぐにより大きな更新、建設の風に取って代わられる現実を肌で感じるからなのだ。国内の社会基盤施設の維持管理は、5年前の「メンテナンス元年」、「最後の警告！今すぐ本格的なメンテナンスに舵を切れ」と言葉は踊り、社会は一気にメンテナンス社会確立へと向かいかかったが熱しやすく冷めやすい国民性が多くを消し去った。私は歯がゆい。日本の大手企業はそんなに箱モノを造りたいのか、メンテナンスが嫌いなのか、それにぶら下がる数多くの技術者はそれらを容認するのかと。

筆者は、昨年の夏、イギリス・スコットランドに行く機会に恵まれ、世界遺産『フォース橋』を三度訪れた。『フォース橋』は、北海からの潮風を日々浴びてはいるがその雄姿は見る人、使う人に感動を与え続けている。何故だろう。建設した当時、今から約130年も前、フォース湾には人工の建造物は一切ない時代に異様な鋼鉄製の恐竜のような鉄道橋を建設することに反対をした人は数多くいたであろう。しかし、スコットランドの首都エジンバラと北の主要都市・ダンディを結ぶ生活路、物資輸送路が必要と判断、理解され、当時の最先端技術を駆使して建設されたと聞いている。その後、時が経ち社会の状況は大きく変化を遂げたが、フォース湾の異様な建造物『フォース橋』は、重要な鉄道網の重要施設として日々メンテナンスされ、未だ一日200両の列車が通っている。長く現役として使いつづける事は更新するよりも難しい。しかし、長く使いつけたからこそ、スコットランド人、イギリス国民としての象徴にもなったと考える。スコットランドでゴルフをした時のキャディの言った言葉が忘れられない。筆者を指して、「貴方は、橋梁技術者ですか？　当然、私の愛する『フォース橋』を知っていますようね」

と。

米国・ニューヨークの顔『ブルックリンブリッジ』も、今から三十数年前老朽化が問題となり、大問題となった。その時は、ニューヨーク市民の強い力でトンネル代替案等を潰して今の『ブルックリンブリッジ』がある。当時、ニューヨーク市と東京都が姉妹都市であったことから市の橋梁技術者・技監シュワーツが東京都に来た際、彼の考えを聞いて感動した。彼曰く、「ハドソン川に架かるブルックリンブリッジを始めとしてマンハッタンブリッジなどを架け替えることは容易です。しかし髙木さん、使える物は長く使いましょう、市民の愛する橋梁を技術者の好みで架け替えるのは止めたいですね。貴方も橋梁技術者として、隅田川の橋を見守っているではないですか。架け替えるのは何時でもできますよね」と。技術者の本来の姿をその時垣間見、衝撃を受け、その後私はメンテナンスの道を歩み始めている。私は、本書を読まれる方々に私の言わんとする事は何かを考えてほしい。そして、今ある多種多様の建造物を一日も長く使う習慣とそれに反する技術者の尻を叩いてほしい。その厳しい行為こそが未来の望ましい日本を造ると信じているからなのだが。

本書は、技術が何だかわからない人、技術者の御託が嫌いな人、技術屋の机上の空論に嫌気がさした人、そして、これからが技術者の勝負と感じている人に読んでもらおうと、自分なりに分かり易く書いた気になっている。しかし、読み返してみると、随所に難解な部分があり、まだまだ直さなければとも感じる。しかし、一日も早く本書を世にだし、多くの人の目に触れ、私の真意をくみ取ってもらうことが先と思い、筆を置くこととした。悲惨な事故が起こる芽を摘み取ることが先だからだ。

最後に、私の拙い文書を半年にわたって苦闘し、本にまで組み上げていただいた株式会社ぎょうせいには特段の感謝を表したい。

２０１８年1月

髙木　千太郎

【著者略歴】

**髙木　千太郎**（たかぎ せんたろう）

一般財団法人首都高速道路技術センター上席研究員。
昭和49年東京都建設局入都、平成元年同港湾局建設部東京港連絡橋新交通システム建設室主任、平成４年同建設局道路建設部道路橋梁課主査、平成17年建設局道路管理部専門参事（橋梁構造担当）、（公財）東京都道路整備保全公社道路アセットマネジメント推進室長を経て現職。
法政大学デザイン工学部兼任講師、日本大学理工学部非常勤講師、国士舘大学理工学部非常勤講師、九州大学大学院工学府非常勤講師
**【専門分野】**橋梁工学、アセットマネジメント、維持管理
**【主な著書】**『橋があぶない』（ぎょうせい、共著）『巨大構造物ヘルスモニタリング』（NTS、共著）

**これでよいのか！インフラ専門技術者**
**－ 大修繕時代をどう生き抜くか －**

平成30年２月15日　第１刷発行

著　　髙木　千太郎

発　行　株式会社ぎょうせい

〒136-8575　東京都江東区新木場１－18－11
電話　編集　03－6892－6508
営業　03－6892－6666
フリーコール　0120－953－431

〈検印省略〉　URL：https://gyosei.jp

印刷　ぎょうせいデジタル㈱


ISBN978-4-324-10402-6
（5108374-00-000）
〔略号：インフラ技術〕